高职高专教育国家级精品规划教材
普通高等教育"十一五"国家级规划教材
中国水利教育协会策划组织

中国水利概论

（第3版·修订本）

主　编　郭振宇　王飞寒
副主编　张　宏　周长勇　张　茹
　　　　赵海滨　方　琳　李俊杰
主　审　拜存有　焦爱萍

黄河水利出版社
·郑州·

内容提要

本书是高职高专教育国家级精品规划教材，是普通高等教育"十一五"国家级规划教材，是按照教育部对高职高专教育的教学基本要求和相关专业课程标准，在中国水利教育协会的精心组织和指导下编写完成的。全书系统介绍了中国水利事业的发展概况，内容包括中国的水资源、自然环境与水利、水利工程基本知识、中国水利的发展、中国水系的开发利用、中国水资源存在问题与对策、水利法治、水文化与水利科技等。读者通过本书可以系统地了解到中国水利的过去、现在和未来，提高和加深对中国水利事业的认识。

本书适用于高职高专水利水电建筑工程、水利工程监理、水利工程施工等专业教学使用，也适用于水利工程管理、水土保持等专业的教学，还可供水利水电工程技术人员阅读参考。

图书在版编目(CIP)数据

中国水利概论/郭振宇，王飞寒主编. —3 版. —郑州：黄河水利出版社，2019.5 （2025.7 修订本重印）

高职高专教育国家级精品规划教材

ISBN 978-7-5509-2253-2

Ⅰ.①中… Ⅱ.①郭…②王… Ⅲ.①水利史-中国-高等职业教育-教材 Ⅳ.①TV-092

中国版本图书馆 CIP 数据核字(2019)第 020241 号

组稿编辑：王路平 电话：0371-66022212 E-mail：hhslwlp@163.com
陈俊克 66026749 hhslcjk@126.com

出 版 社：黄河水利出版社 网址：www.yrcp.com
地址：河南省郑州市顺河路黄委会综合楼 14 层 邮政编码：450003

发行单位：黄河水利出版社
发行部电话：0371-66026940、66020550、66028024、66022620(传真)
E-mail：hhslcbs@126.com

承印单位：河南承创印务有限公司

开本：787 mm×1 092 mm 1/16

印张：13.5

字数：320 千字 印数：5 001—6 600

版次：2003 年 12 月第 1 版 印次：2025 年 7 月第 3 次印刷
2009 年 6 月第 2 版
2019 年 4 月第 3 版
2025 年 1 月修订本

定价：40.00 元

第3版前言

本书是根据《中共中央关于认真学习宣传贯彻党的二十大精神的决定》,中共中央办公厅、国务院办公厅《关于推动现代职业教育高质量发展的意见》,国务院《国家职业教育改革实施方案》(简称“职教20条”),教育部《职业院校教材管理办法》《高等学校课程思政建设指导纲要》《职业教育产教融合赋能提升行动实施方案(2023—2025年)》,教育部、财政部《关于实施中国特色高水平高职学校和专业建设计划的意见》,水利部、教育部《关于进一步推进水利职业教育改革发展的意见》等文件精神,在中国水利教育协会的精心组织和指导下,由中国水利教育协会职业技术教育分会高等职业教育教学研究会组织编写的高职高专教育国家级精品规划教材。该套教材以学生能力培养为主线,体现出实用性、实践性、创新性的教材特色,是一套理论联系实际、教学面向生产的精品规划教材。

为了不断提高教学质量,编者于2025年1月,根据最新的规范、标准、规定等,结合教育部关于高等职业院校水利工程、水利水电建筑工程等相关专业的教学标准,以及教学实践中发现的问题和错误,对全书进行了系统的修订完善。

本书主要介绍中国各大江河的流域概况,中国水利建设的发展过程、现状、存在问题以及远景规划。全书共分五章,主要内容包括中国的水资源、自然环境与水利、水利工程基本知识、中国水利的发展、中国水系的开发利用、中国水资源存在问题与对策、水利法治、水文化与水利科技等。

本书第1版、第2版均由黄河水利职业技术学院杨邦柱教授和郭振宇副教授担任主编,杨邦柱教授英年早逝,在此深表怀念,并对杨邦柱教授及其他参编人员在本书编写中所付出的劳动和贡献表示感谢!本书自2003年12月第1版、2009年6月第2版出版以来,因其通俗易懂,深入浅出,集知识性与趣味性于一体等特点,受到全国高职高专院校水利类专业师生及广大水利行业从业人员的喜爱。

随着我国水利事业的发展,特别是21世纪以来我国越来越多的大型水利水电工程相继建设与竣工,原书中的部分内容与目前我国的水利现状不相适应。为了进一步提高本书质量,我们按照国家级精品课程及职业院校对教材建设的基本要求,并结合目前我国水利事业的现状对本书进行了全面补充、修订和完善。

本书编写人员如下:黄河水利职业技术学院郭振宇、王飞寒、赵海滨、方琳,杨凌职业技术学院张宏,山东水利职业学院周长勇,山西水利职业技术学院张茹,河南水利与环境职业学院李俊杰。本书由郭振宇、王飞寒担任主编,郭振宇负责全书项目规划与统稿;由张宏、周长勇、张茹、赵海滨、方琳、李俊杰担任副主编;由杨凌职业技术学院拜存有教授、黄河水利职业技术学院焦爱萍教授担任主审。

黄河水利职业技术学院郑万勇、王卫两位同志对本书的修订提出了宝贵的意见,并提供了大量工程资料,对本书的顺利修订作出了很大贡献,在此表示衷心的感谢!

由于编者水平有限,错误与不当之处在所难免,恳请广大读者批评指正。

编　者

2025 年 1 月

目 录

第一章 中国的水资源

第一节 水资源的概念及其特点

水是生命的源泉,是影响社会发展和人类进步的重要物质,是生态环境系统中最活跃和影响最广泛的因素,是工、农、牧、副业等生产中最重要的资源。在人口不断增长,工农业生产迅速发展和人民生活水平日益提高的情况下,进一步认识水资源在国民经济中的地位和作用,以便更好地合理开发、利用、管理、保护和节约水资源,具有重要的现实意义。

一、水资源的概念及水的用途

(一)水资源的概念

水资源一词很早即已出现,其含义随着时代的前进而不断丰富和完善。在《英国大百科全书》中,水资源被定义为"全部自然界任何形态的水,包括气态水、液态水和固态水"。在联合国教科文组织和世界气象组织共同制定的《水资源评价活动:国家评价手册》中,把水资源定义为可以利用或有可能被利用的水源,具有足够数量和可用的质量,并能在某一地点为满足某种用途而可被利用。

因此,水资源可以理解为在人类长期的生存、生活和生产过程中所需要的各种水,既包括数量和质量的含义,又包括它的使用价值和经济价值。

水资源概念有广义和狭义之分。狭义水资源是指人类能够直接利用的淡水。换句话说,是指自然界水循环过程中,大气降水落到地面后形成径流,流入江河、湖泊、沼泽和水库中的地表水,以及渗入地下的地下水。人们通常把它用来满足工业用水、农业用水和生活用水的需求,一般以径流量来表示水资源的数量。广义水资源是指人类能够直接或间接利用的各种水和水中物质。只要能作为生产资料和生活资料,在社会生产中具有使用价值和经济价值的水都可称为水资源。它包括地球上所有的淡水和咸水,既包括天然的水,又包括工程措施蓄水、引水、提水和生物措施涵养的水。

(二)水的用途

水的用途很广,主要用于日常生活、工业、农业灌溉、水力发电、航运、渔业、旅游等方面。水与一个国家的国民经济发展状况、工业和农业等特殊部门在国民经济中的重要程度,水的使用效率和社会变化、风俗习惯等有密切的关系。从全球来说,农业是最大的用水部门,其用水量占总耗水量的80%。

水是一种可再生的、可重复使用的资源。但由于水在时间上和空间上的分配极不均匀,因此世界上不少国家和地区已经出现水资源不足和用水紧张的局面。可见,加强水资源的合理利用和科学管理,对人类社会的发展意义重大。

二、水资源的特点

(一)储量的有限性

地球表面有70.8%的面积覆盖着水。据估算,地球上水的总体积为13.86亿km^3,其中海洋水量占96.5%,陆地水量只占3.5%。陆地上的水体并非全为淡水,淡水量仅为0.35亿km^3,其中0.24亿km^3分布于冰川、多年积雪、两极和多年冻土中,现有技术条件难以利用。便于人类利用的淡水主要存在于江河、湖泊和地表水中,仅有0.1065亿km^3,占淡水总量的30.4%,占地球水体总储量的0.77%,然而这部分淡水正是人类使用的基本水资源。

目前世界上一些国家和地区已缺水,今后的情况将更加严峻。总之,水资源量是有限的,并非取之不尽、用之不竭的。

(二)补给的循环性

水是一种动态资源,具有循环性。水循环是一个庞大的天然水资源系统,水汽以雨水的形式从空中降落到陆地上,经地面或地下流向下游,汇入海洋,再经太阳辐射蒸发回到大气层中,这样循环往复,使地表和地下的淡水处在水循环系统中,源源不断地获得大气降水的补给,水便可以不断供给人类利用和满足生态环境平衡的需要。

(三)时空分布的不均匀性

水资源循环过程在自然界中具有一定的时间和空间分布。全球年径流量为46848 km^3,其中:亚洲为14410 km^3,占全球年径流量的31%;南美洲为11760 km^3,占25%;北美洲为8200 km^3,占17%;非洲为4570 km^3,占10%;欧洲为3210 km^3,占7%;大洋洲为2388 km^3,占5%;南极洲为2310 km^3,占5%。

同一地区在不同时间水资源的分布也不均匀,年际之间有枯水年和丰水年,年内有枯水期和丰水期。

(四)用途的不可替代性

地球在漫长的地质年代里,经历过多次骇人听闻的大灾难。台风、龙卷风、海啸、地震、火山等可以在几小时,甚至在几分钟内就能把整个城市摧毁,使千百万人丧生。在这些灾害发生的整个自然过程中均有水的参与。一切生物体内都含有水。没有氧气可以有生命存在,但是没有水便没有生命。如果缺乏水,植物就要枯萎,动物就要死亡,物种就会绝迹,人类就不能生存。因此,水是维护动植物生命和人类生存所不可替代的物质。

水资源在国民经济建设的各行各业中占有重要地位,没有水各项建设事业就不可能有发展前景。水既是生活资料,又是生产资料,工业生产、农业生产和人们日常生活都要消耗大量的水。水是推动人类进步和社会发展的不可替代的资源。

陆地上川流不息的溪涧江河,碧波荡漾的湖泊,飞流而下的瀑布,它们赋予了大自然丰富多彩的壮丽奇观。因此,水又是自然环境和生态环境美丽景色不可替代的物质。

(五)利害双重性

水是重要的自然资源,当一个地区水资源数量适宜且时空分布均匀,将为区域经济发展、自然环境的良性循环和人类社会进步发挥重大作用。然而,在水量过多或过少的地区,往往又产生各种各样的自然灾害:水量过多容易造成洪水泛滥,内涝渍水;水量过少容易形成干旱等自然灾害。

水资源开发利用不当同样为祸人类。水利工程设计不当,管理不善,造成垮坝事故,引起土壤次生盐碱化,有的甚至引起生态环境发生重大变化;工业废水、生活污水、有毒农药的施用等容易造成水质污染,环境恶化;过量抽取地下水会造成地面下沉、诱发地震等。这些都是违背自然规律、水资源利用不合理引起的灾害。

自然灾害或人为引起的灾害,都会严重威胁人类的生命和财产安全,造成严重的经济损失。因此,水资源开发应实行综合开发,合理利用,兴利除害,保护环境。

第二节 中国的水资源概况

一、中国的水资源现状

水作为一种资源,主要表现在水量、水质和水能三个方面。自然界的水虽然很多,但大部分不能直接用于生活和工业、农业等生产。从保护自然环境和维护生态平衡的角度看,一般不宜动用静态储水,而适宜取用逐年可以得到恢复和更新的动态水,即参加循环的水量,它们包括河川径流、浅层地下水和土壤水。全球陆地上的循环水量平均每年只有119 000 亿 m^3,人类各种可用水量只有不超过这个数量,水才能成为取之不尽、用之不竭的自然资源。随着人口的增长、社会经济的发展和人民生活水平的不断提高, 水的问题日益为世界各国所重视。

中国多年平均年水资源总量为 28 124 亿 m^3,其中多年平均年河川径流量为 27 115 亿 m^3,多年平均年地下水资源量为 7 279 亿 m^3,在地表水资源总量上仅次于巴西、俄罗斯、加拿大、美国、印度尼西亚,居世界第六位。由于中国人口众多,故人均水资源占有量低。1995 年人均占有水资源量约为 2 023 m^3,仅为世界平均值的 1/4。按国际上现行标准,人均年拥有水资源量在 1 000~2 000 m^3 时会出现缺水现象,少于 1 000 m^3 时会出现严重缺水的局面,中国黄河、淮河、海河流域年人均水资源占有量为 350~750 m^3,这些地区用水紧张的状况将长期存在。可见,中国的水资源并不丰富。

中国地域辽阔,由于南北纬度的差异,东西距海远近的悬殊,加之地形变化复杂,全国降水量的地区分布极不均匀,总的趋势是由东南向西北递减。秦岭、淮河以南年降水量一般在 800 mm 以上,属于湿润地区,其中台湾东北部最大年降水量达 6 569 mm,是中国降水量最多的地区。秦岭、淮河以北年降水量一般小于 800 mm,属于干旱和半干旱地区,其中新疆南部塔里木盆地和青海西部柴达木盆地年降水量不足 25 mm,是中国降水量最少的地区。

受季风气候的影响,中国降水的年际变化很大,年内分配也很不均匀,且降水越少的地区年际和年内的变化也越大。中国南部地区最大年降水量一般是最小年降水量的 2~4 倍,北部地区一般是 3~6 倍,且常有连续丰水年和连续枯水年出现。中国多数地区的雨季为 4 个月,南部在 3~6 月或 4~7 月,此 4 个月的降水量占年降水量的 50%~ 60%;北部雨季多为 6~9 月,4 个月的降水量占年降水量的 70%~80%。中国最大月降水量比最小月降水量一般都多十几倍甚至几十倍。

降水是中国河川径流最主要的补给来源,所以中国河川径流量的时空分布和降水量的时空分布有着基本一致的规律和特点,河川径流的年际和年内变化与降水量的年际和年内变化有着十分密切的对应关系。降水量多的湿润地区,一般也是河川径流量充沛的丰水地区,降水量少的干旱地区往往也是河川径流量贫乏的缺水地区。南部地区最大年径流量一般为最小年径流量的2~4倍,北部地区一般为3~8倍。多数地区连续最大4个月的径流量一般占全年径流量的60%~80%。

中国水资源的地区分布不均匀,南多北少,东多西少,相差较大,与人口、耕地、矿产和经济的分布不相匹配。中国华北和东北南部地区水资源紧缺,供不应求的矛盾非常突出。广大西北地区水资源贫乏,在经济有了较大发展后,水资源将成为制约经济发展的重要因素。

由于中国的水资源并不丰富,因此无论是发展农业、工业,还是进行城市建设规划,都应首先考虑水资源的现状和开发的可能性,不能不顾水资源条件而盲目发展。水资源是国家的财富,属全民所有,不受行政区划和部门的干扰。对水资源的开发,一定要统一规划、综合治理、综合利用、综合经营,为整个国民经济的发展服务,这是兴办水利事业的基本原则。对发电、防洪、灌溉、水运、给水等要统筹规划,全面安排,按照各部门的需要,制订最优开发方案,尽量减少它们之间的矛盾,最大限度地照顾各方要求,使水资源得到最有效的利用,使国民经济所得到的总效益最大。

二、中国水资源的开发、利用与管理

(一)中国水资源的开发与利用

中国水资源开发利用历史悠久。从上古时代起,中国劳动人民就致力于水旱灾害的防御,几千年来,建设了大运河、都江堰、灵渠等一批著名的水资源利用工程,且这些工程在抵御水旱灾害方面发挥了重要作用。但是到了19世纪,由于帝国主义列强入侵以及连年战争,近代水利处于停滞状态。直到1930年前后,中国才有一些近代水利工程。但是由于国民党反动统治及日军侵略,已有的水利设施年久失修、破烂不堪。1949年中华人民共和国成立后,在中国共产党的领导下,全国人民进行了大规模的水利建设,水利事业得到迅速发展,防洪除涝、农田灌溉、城乡供水、水土保持、水产养殖、水力发电、航运等都取得了很大成就。

中国的水资源开发利用发展过程大致可分为如下三个发展阶段。

1. 初期阶段

这一阶段的主要特点是:对水资源进行单目标开发,主要是灌溉、航运、防洪等。其决策的依据也常限于某一地区或局部的直接利益,很少进行以整条河流或整个流域为目标的开发利用规划。由于在初期阶段,水资源可利用量远大于社会经济发展对水的需求量,给人们的印象是,水是“取之不尽,用之不竭”的。

这一阶段大致可从有文字记载的大禹治水开始,到中华人民共和国成立为止。虽然中国历史上在水资源开发利用中取得了不少成就,但到1949年,中华人民共和国成立前遗留下来的水利工程已寥寥无几,即便是留下来的也残缺不全。据统计:当时全国江河堤防和沿海海塘总长只有4.2万km,且残破不堪,防洪标准很低;全国超过1亿m^3容积的大型水库只有6座(包括中朝界河上的水丰水电站),容积0.1亿~1.0亿 m^3 的中型水库也只有17座(其中有两座是20世纪50年代续建完成的);灌溉面积1 600万 hm^2(2.4亿亩),且保证程度不高。用于防洪的工程设施很少,水电设施更少,水土流失严重,不少土地盐碱化、沙化。

2.第二阶段

这一阶段水资源的开发利用目标由单一目标发展到多目标的综合利用,开始强调水资源统一规划、兴利除害、综合利用。在技术方法方面,通过规划与一定数量的方案比较,来确定流域或区域的开发方式,提出工程措施的实施程序。但水资源开发的侧重点和规划目标以及评价方法,大多以区域经济的需求为前提,以工程或方案的技术经济指标最优为依据,未涉及经济以外的其他方面,如节约用水、水资源保护、生态环境、合理配置等问题。在这一阶段中,由于大规模的水资源开发利用工程的建设,可利用水资源量与社会经济发展的各项用水逐步趋于平衡,或天然水体环境容量与排水的污染负荷逐渐趋于平衡,仅个别地区在枯水年份、枯水期出现供需不平衡的缺水现象。

这一阶段可从中华人民共和国成立开始,到20世纪70年代末,中国北方一些地区开始出现缺水现象为计算期。这一阶段中国进行了大规模的水资源开发治理,水资源开发利用程度提高,供水能力增强,农田灌溉面积扩大,为中国经济和社会快速发展提供了保障。据统计,1949年全国总供水量1 031亿 m^3,其中农业供水量1 001亿 m^3,工业和城市供水量仅30亿 m^3,年人均用水量187 m^3;1959年全国总供水量达1 938亿 m^3,其中农业供水占94.6%,工业和城市供水占5.4%,年人均用水量316 m^3;1980年全国总供水量3 912亿 m^3,其中农业供水占88%,工业和城市供水占12%,年人均用水量450 m^3。在此期间,全国灌溉面积由1949年的2.4亿亩增加到6.7亿亩,解决了4 000万人和2 100万头牲畜饮水困难;全国水电装机容量由1949年的16万kW发展到2 100万kW,其中小水电装机容量为757万kW;内河通航里程由1949年的7.36万km,至1978年时,已发展到13.6万km。

在此期间,中国的水污染防治工作也开始进行,1973年,全国开展了以工业点源为重点的水污染治理工作,先后在全国建了4万多套工业废污水处理装置。以后又进行了以城市为重点的区域环境综合治理,水污染治理范围从分散的工矿企业点源扩展到几十至几百平方千米的区域治理,且水污染防治工作取得了一定的成效。

3.第三阶段

在这一阶段,水资源开发利用开始强调要与水土资源规划和国民经济生产力布局及产业结构的调整等紧密结合,进行统一的管理和可持续的开发利用。规划目标要求从宏观上统筹考虑社会、经济、环境等各个方面的因素,做到水资源开发、保护和管理的有机结合,使水资源与人口、经济、环境协调发展,通过合理开发、区域调配、节约利用、有效保护,实现水资源总供给与总需求的基本平衡。

这一阶段从20世纪70年代末、80年代初开始直到现在。在此阶段,由于人口的迅速增长和经济的快速发展,对水资源的需求量越来越大,或者因水污染的影响,表现出较为普遍的缺水现象,尤其在华北地区和部分沿海城市,随着人口的增加和经济的发展,水资源紧缺现象日趋严重,并出现愈来愈严重的水环境问题,如水污染、地下水超采、海水入侵等。这一阶段中,水的问题日益引起人们的广泛关注,水的资源意识、水的有限性认识为大家所接受。为解决以城市为重点的严重缺水问题,重点兴建了一批供水骨干工程,开展了全民节水工作,使一些城市水资源供需矛盾有所缓解。

在此期间,中国的水污染防治工作得到了相应的发展。特别是通过淮河、太湖等严重污染的教训,在水污染治理工作中认识到,水污染的防治工作必须兼顾上下游、左右岸、干支流,要以流域为单元进行综合防治,贯彻"节污水之流(减少污染负荷),开清水之源(增加河流的稀释自净能力)"的治理污染的原则。在管理上采取流域与区域相结合,团结治水,共同治污。同时充分利用水利工程设施,合理调度水,提高水体的自净能力。从1976年起,我国逐步成立了以流域为单元的流域水资源保护机构,并制定了流域水污染防治条例和有关法规。在综合治理水污染方面,遵循"谁造成污染,谁承担责任"的原则,并把水污染综合防治作为流域总体开发规划的组成部分,纳入社会经济发展规划。重点保护饮用水水源,改善水质,实行计划用水、节约用水的方针。根据河流、湖泊、水库的不同功能要求和水质标准,制定流域水资源保护规划并组织实施。同时积极发展生态农业,防治水土流失,控制面源污染,改善生态环境。

(二)中国水资源管理

中国水资源管理工作从20世纪80年代以来逐步加强,水资源管理体系现已初步建立,主要表现在以下几点。

1.初步建立了水资源管理的法规体系

水资源的法规体系包括《中华人民共和国水法》(以下简称《水法》)等有关水资源开发、利用、管理、保护的法律和法规。1988年经全国人大常委会审议通过,正式颁布了《水法》。《水法》是总结中国几十年的经验、教训,为加强水资源开发、利用、保护、管理而制定的一部水的基本法,是水资源管理的基本准则,是水资源科学管理方案得以实施的保证。《水法》的颁布与实施标志着中国水资源管理步入了法治的轨道。

《水法》作为水的基本法,内容比较概略,有些规定也比较原则。一些规范性条款还需要制订配套的专项法律和行政法规,地方上也需要因地制宜地根据《水法》和行政法规,制订更为具体的实施办法、细则和规章,以逐步形成比较完善的水法规体系。

在《水法》颁布的前后,我国于1979年颁布了《中华人民共和国环境保护法(试行)》,1984年颁布了《中华人民共和国水污染防治法》及其实施细则,还制定了水环境基础标准、质量标准、排放标准、方法标准,这些都有力地推动了中国水污染防治工作的开展。我国1991年6月29日第七届全国人民代表大会常务委员会第二十次会议通过了《中华人民共和国水土保持法》。1997年颁布了《中华人民共和国防洪法》。

2.建立了水行政管理机构与体系

1988年3月,国家撤销水利电力部,重新组建水利部作为国务院的水行政主管部门,负责全国水资源统一管理工作。依据《水法》的规定和水利部的职责,水利部又明确了七大流域机构作为水利部的派出机构,在流域范围内代表水利部行使水行政管理职能。各省(区、市)人民政府也相继明确了省水利部门为各省级政府的水行政主管部门,市、县两级的水资源管理机构也相继成立,从而使全国水行政管理体系基本建立。

依据《水法》的规定和水行政主管部门的职责,1989年确定了各级水行政主管部门水资源统一管理的目标,即:统一管理地表水、地下水水量与水质,江河湖库水域与岸线;统一进行水的立法、调查评价、规划、水量调配,制订水的长期供求计划,实施取水许可制度以及其他重要的水行政管理工作;依法促进水资源的综合开发利用,并对开发利用和保护实行统一的监察管理;组织地区间、行业间水事活动,协调水事纠纷;节约用水的监督管理;推进流域管理与区域管理相结合的制度。同时,面向社会各用水行业,实行全面服务。

我国最早的水务管理体制改革从深圳开始。在城市发展的实践和连续发生的旱涝灾害中,深圳市政府首先认识到水资源分割管理的弊端和水务统一管理的重要性,于1993年7月组建了深圳水务局,对城乡涉水事务进行统一管理,收到了明显成效。改革开放以来,作为基础性的自然资源和战略性的经济资源,水资源越来越成为经济社会发展的主要制约因素,水资源分割管理的体制越来越不适应生产力发展的要求。1998年中央政府机构改革后,积极倡导并推动了以城乡水务统一管理为重点的水资源管理体制改革。

3. 开展了水资源评价和水中长期供求计划工作

1980年由水利部牵头组织完成的"中国第一次水资源评价"及"中国水资源利用",第一次查明了全国水资源的数量、质量与时空变化规律,同时把地面水、地下水作为一个统一的水资源来分析,避免以往重复估算造成的失误。水资源评价工作使人们的观念有了转变,对水有了数量的概念,明确水是一个有限的不可替代的重要资源。

1989年开展了北方缺水的7省(市)水中长期供求计划工作,为在全国范围内开展水中长期供求计划工作做了前期准备。1997年完成的"全国水中长期供求计划"工作,以全社会和国民经济发展的宏观指标为依据,调查统计了1993年全国各省(区、市)和各流域水资源开发利用的实际状况,分析预测了2000年和2010年社会经济各部门的需水要求,今后可能出现的不同供需水情况和缺水状况,系统地考虑了缺水对整个社会和经济的影响以及供水工程建设的资金来源,分析研究了中国供水工程发展战略布局,为国家制定国民经济和社会发展计划,各流域和各省(区、市)确定其水利发展计划与规划提供了依据。

4. 进行水资源宏观分配,制定了部分流域分水方案

1987年国务院办公厅转发的国家计委和水电部《关于黄河可供水量分配方案报告的通知》,是中国首次由中央政府批准的黄河可供水量分配方案。1998年进一步完善黄河可供水量分配方案,区分丰、平、枯水平年来水情况下各省(区、市)的分配水量,同时编制不同保证率内各时段的水量分配控制指标,并要求各省(区、市)在此基础上制定工农业发展规模。1989年国务院批准了海河流域漳河分水方案,1998年批准了黑河干流(含梨园河)水量分配方案等。

由于我国南方水资源丰富,北方水资源贫乏,南水北调成为国内大范围水量调配的必然手段。南水北调通过东、中、西三条调水线路,将长江、淮河、黄河及海河有机联系起来,形成中国水资源南北调配、东西互济的格局。南水北调工程将在较大程度上突破制约我国北方国土资源利用、经济社会发展及生态环境保护的瓶颈,整体提升我国北方水土资源的承载能力,对支撑我国经济社会可持续发展具有基础意义。

5. 实施取水许可制度

取水许可制度是国家加强对水资源管理的一项重要措施,也是水资源管理的一项基本制度。其基本原则是,凡利用水利工程或者机械提水设施直接从江河、湖泊或者地下取

水的一切单位和个人,都应当按照国务院颁发的《取水许可制度实施办法》和水利部颁发的《取水许可申请审批程序规定》,获得取水许可证方能取水。

1990年水利部开始组织实施取水许可制度基础工作,要求查清各地水资源开发利用的现状,并对其合理性进行评价,为实施取水许可制度奠定了基础;1993年国务院颁布《取水许可制度实施办法》后,水利部发布了《取水许可申请审批程序规定》及授予各流域机构取水许可管理权限的通知等,全国各流域机构和各省(区、市)分别制定了取水许可的管理细则,并在全国范围内开展了取水登记、发证工作,使取水许可管理工作步入轨道。

取水许可制度的推行,明确提出"水权""水使用权",使水资源合理分配、有效利用有了可操作的行政措施,有效制止了不合理引用,促进了高效用水。

自1996年起,水利部组织开展了以取水许可年审、计划用水、节约用水为基本内容的取水许可监督管理工作,加大了对取用水全过程监督管理力度,进一步规范了取水户的取用水行为。截至2007年底,全国取水许可证保有量58万套,共批准许可水量35 459亿 m^3。

6. 实行水资源有偿使用制度

为了促进水资源的合理利用和节约利用,从1982年开始,我国首先在大中城市实施水资源有偿使用制度,对直接从城市地下取水的用户征收水资源费。水资源费的征收,对维护水资源国有资产、促进资源合理配置和节约用水发挥了良好作用,并为建立全国统一的水资源有偿使用制度奠定了基础。

7. 建立全国用水统计与公报制度

自1995年开始,水利部试行北方17省(区、市)水资源公报及部分省开展的用水统计年报制度,对水资源的有效利用及资源合理配置起到了促进作用。1998年水利部决定在全国各省(区、市)开展水资源公报编制工作,按年度发布省级和全国的水资源公报。该项工作是水资源统一规划、管理和保护的基础工作,是编制水供求计划和国民经济及社会发展规划的重要依据。

8. 加强水资源保护,形成了具有中国特色的水环境评价制度

中国的水污染防治工作从抓污染源调查、监测开始,逐步开展了主要江河的水质评价工作、稀释自净规律的研究、污染源和水质污染预测,到综合防治规划与管理,基本形成了具有中国特色的水环境评价制度。

从20世纪70年代开始,全国已进行了两次水资源质量评价,完成了全国七大江河排污水量调查统计,对全国污染严重的水体分别进行了综合防治规划并逐步实施,全国七大流域机构都已结合流域规划的修正补充进行了水资源保护规划,流域水污染保护条例正在加紧起草。在环境影响评价和环境保护方面,对单项工程的环境影响评价已由叙述分析发展到采用数学模型进行定量化计算,由单项工程对环境影响的评价延伸到流域治理工程群对环境影响的评价,并将工程建设对环境的影响评价工作纳入基本建设程序,使之具有了法律的强制性。以上工作为工程项目布局、建设和管理提供了环境保护所必需的参考数据。

第三节 水能资源概况

水能资源是河川径流所具有的天然资源，是能源的重要组成部分。水力发电就是利用河流中蕴藏的水能来生产电能。中国的水能资源非常丰富，水能资源总量位居世界首位。

一、水力发电的特点

（一）水力发电的优越性

水力发电是利用江河中水流的流量和落差来发电的，最常用的方法是在河流上建筑拦河坝，将分散在河段上的水能资源集中起来，然后靠引水管道引取具有压力能的水流去驱动设在厂房中的水轮发电机组，在机组的转动过程中，将水能转变为电能。水力发电具有很多优越性：

（1）不耗燃料，成本低廉。建设水电站除修建发电厂房和安装发电设备外，还要修建挡水、引水、泄洪等水工建筑物。水电站建成投产以后不需要消耗燃料，运行和维修费用很低，工程使用寿命很长，总的劳动生产率较高，且不需要运输发电所用的材料，所以发电成本比火电、核电低得多。

（2）水火互济，调峰灵活。电力用户的用电量时刻都在变化，因此电网中的日负荷有高峰也有低谷，日平均负荷线以上的负荷为峰荷，低谷线以下的负荷为基荷，介于二者之间的为腰荷。火电站、核电站从开机到正常运行通常需要几个小时，宜于担负基荷运行；而水电站启动灵活，1~2 min 就能从停机状态达到满负荷运行、并网供电，便于调整出力，在与火电联网运行中是担负峰荷与腰荷的可靠电源。联入电网的水电站则利用调度灵活，宜于担任调峰、调频，事故备用等优点，与火电站配合运行，互相补充。

（3）综合利用，多方受益。如果水电站枢纽具有容量较大的水库，除发电外，还可以兼顾防洪、灌溉、航运、供水、旅游、水产养殖等，发挥综合利用效益。

（4）水能资源取之不尽，用之不竭。煤、石油、天然气、铀等矿物资源是不可再生的，越用越少。水能资源则是随水循环（降水→径流→蒸发→降水）周而复始地不断再生的能源，取之不尽，用之不竭。太阳能、风能、潮汐能等也是再生能源，但大规模地开发利用的技术不如水力发电成熟，并且成本很高，发电不稳定，因此目前还不能大量利用。

（5）电站环境优美，能源洁净。水电站多建在僻静的山谷之中，远离城市、厂矿。大坝上游形成的水库，碧波荡漾，水体清洁，没有环境污染，空气清新，环境幽静，湖光山色，可以成为风景游览区。

由于水力发电具有许多优点，所以优先发展水电是世界各国能源开发中的一条重要经验，只有当水能资源开发程度较高时，才能多建火电、核电。在环境问题日益受到全球重视的今天，水电的开发利用更加受到重视，即使是水能资源开发充分的国家，也都又重新研究过去认为不值得开发的水能资源。显而易见，对于水能资源蕴藏丰富的中国来说，水力发电事业任重道远，有着宏伟的发展前景。

煤电、水电、核电等是我国电力结构中主要的组成部分。根据 2013 年中国统计年鉴，中国的煤炭资源储量为2 299亿t,富煤、缺油气的能源禀赋决定了煤炭在一次能源消费中的重要地位。但是能源过度依赖于煤炭,则必然会导致碳排放的大幅增加,同时也会给环境带来较大的负面影响。因此,为了满足节能减排战略的需求,并进一步降低对化石能源的依赖,大力发展水电、核电、风电、太阳能等非化石清洁能源是中国能源结构调整的必由之路。我国水力资源丰富,水电发展具有高效、低碳、经济等诸多优点,且资源主要分布在缺少煤、油等化石资源的西南地区,水电开发在过去十年间为西部大开发提供了充足的动力,水电的建设投资也带动了西部地区国民经济各行业的快速发展,并通过西电东送为东、中部的经济发展提供能源保障。

(二)水力发电的不利因素

水电开发受自然条件的制约,存在以下不利因素:

(1)水能资源只能就地开发,不少地区的水能资源很丰富,但由于当地经济不发达,交通不便,难以充分开发和利用。大部分水电站至负荷中心或与电网连接点距离遥远,需要修建昂贵的输变电工程。

(2)水电站的出力随河水流量的变化而变化,中国大部分河川径流的年内和年际变化较大,水电站丰枯期的出力也随之发生变化。为了较好地利用水能资源,在有条件的地方需要修建一些调节水库,但修水库淹没土地多,人口搬迁困难。水电建设需要进行充分的前期工作,建设资金较多,建设周期较长。

(3)水力发电工程建设对生态环境有着不可忽视的影响。主要包括移民问题,对泥沙和河道的影响,对气候、水文、地质、土壤、水体、鱼类和生物物种的影响,以及对文物景观、人群健康的影响等。例如,水库修建后改变了下游河道的流量过程,往往会使下游河道水位大幅度下降甚至断流,并引起周围地下水位下降,从而带来一系列的环境生态问题。

二、中国的水能资源

(一)丰富的水能资源

中国幅员辽阔,江河纵横,湖泊众多,水能蕴藏量极为丰富。我国水能资源理论蕴藏量折合年发电量61 900亿kW·h。经济可开发年发电量约17 600亿kW·h,相当于世界水资源量的12%,居世界首位。

中国不仅有得天独厚的大江大河水能资源,而且具有丰富的小水电资源和潮汐水能资源。据统计,全国小水电资源理论蕴藏量为1.57亿kW,相当于年发电量13 700亿kW·h。其中,可开发的小水电资源为0.7亿kW,相当于年发电量2 500亿kW·h。中国小水电资源,不仅蕴藏量大,而且分布面广,全国2 300多个县中,有1 104个县的小水电可开发资源超过1万kW,并且这些小水电资源多集中于国家电网供电范围以外的地方,开发条件非常有利。

(二)中国水能资源的特点

中国水能资源除总量丰富外,还具有以下特点:

(1)水能资源在地区分布上很不平衡,主要集中在经济相对滞后的西部,尤其是西南。经济比较发达的东北、华北和华东3个地区,其水能资源合计只占全国可开发水能资源的6.8%,水能资源相对较少。尤其是华东地区,可开发的水能资源很少,加之人口密度大,开发受到水库淹没制约,不能充分利用。东北地区待开发的大型水电资源中相当一大部分位于国际河流上,其开发需要通过国际协商才能确定。华北地区水能资源的开发首先要满足供水的需要。中南地区的水能资源较东部丰富,占全国可开发水能资源的15.5%,经济也比较发达,对水电开发比较有利。西北地区可开发的水能资源占全国的9.9%,其中黄河上游干流是水电富矿区,到20世纪80年代末已开发了相当大的一部分。西南地区集中了全国可开发水能资源的67.8%,绝大多数巨型水电站都位于这个地区,由于地区经济发展水平的限制以及其他一些原因,只开发了极小部分。

(2)中国河流主要由降雨形成径流,年内水量分配很不均匀。洪水期流量过大,常常形成水患;枯水期流量过小,常常无法满足工农业用水需求。因此,在水电开发时,一定要充分调节水量,统一考虑防洪、发电、灌溉、供水、航运等综合利用功能。

(3)水电资源集中但开发利用程度低,东西开发差异极大。中国水电资源相对集中在一些高山大河地区,不少水电站的装机容量超过100万kW,三峡水电站装机容量达1 820万kW,在金沙江上修建的溪落渡水电站装机容量也将超过1 000万kW。这些大型水电站,水头高、单机容量大,带来很多技术难题,且淹没损失大,移民数量多,在人口较密地区尤为突出。

21世纪我国水电发展方针是,重点推进水电流域开发,使水电开发率有大幅提高,加快大型水电建设,因地制宜地开发中小型电站。

三、中国水能资源开发

中国的第一座水电站——云南石龙坝水电站建成于1912年。20世纪50年代,我国对永定河、古田溪、龙溪河、以礼河、猫跳河等河流进行了梯级开发,修建了淮河流域的淠史河水电站群。20世纪50年代后期开工建设的水电站有40余座,其中大型水电站有新安江、新丰江、柘溪、丹江口、刘家峡、盐锅峡、三门峡等。1950~1970年,包括水电在内的电力工业受整个经济的影响,发展速度减缓。自1970年起,电力工业又迅速发展,大中小型水电站装机容量迅速增长,先后建成了乌江渡、葛洲坝、龙羊峡等各具特色的大型和巨型水电站。

在20世纪70年代增加的水电装机容量中,中小型水电站占了较大比重。到80年代,大型水电站有一定增长,而中小型水电站的增长值降低,水电发展明显地落后于整个电力工业的发展。90年代以来,中国水电装机年平均增长343万kW,年平均增长率为8%。2004年9月,以黄河上游公伯峡水电站首台机组投产发电为标志,中国水电总装机容量突破1亿kW。

中国水电开发方针是大、中、小并举,以大型为骨干。在20世纪70年代末进行的全国水力资源普查工作中,规定装机容量大于25万kW的水电站为大型水电站。根据当时的统计,全国单站容量25万kW以上的大型水电站有203座;单站容量在500 kW以上可开发水力资源中的装机容量和年发电量比重分别达74.4%和75.5%,单站容量在200万kW以上的特大型或巨型水电站有33处,占全国可开发水能资源容量和电量的37.8%和47.4%。这些巨型水电站绝大多数分布在西南地区。

四、中国水电发展规划

(一)发展现状

20世纪70年代,根据中国能源开发规划,有关部门提出了开发10个水电基地的设想,即在那些水力资源丰富、开发条件良好的河流或河段上,比较集中地开发建设10个大型水电基地,作为20世纪末到21世纪初的骨干电源,以后又增加2个水电基地,共计12个水电基地。由于中国水能资源丰富,开发利用程度较低,所以水能开发利用有着宏伟的前景。中国近期和远期规划可开发的水电基地有如下12个:

(1)黄河上、中游水电基地。黄河上游,从龙羊峡至青铜峡全长918 km,水流落差1 317 m,可建15座水电站,总装机容量1 246万kW;黄河中游可建10座水电站,装机容量600万kW。

(2)红水河水电基地。红水河属于珠江水系的西江上游,可建10座水电站,装机容量600万kW。

(3)长江上游水电基地。长江上游规划4座水电站,其中葛洲坝水电站,装机容量271.5万kW;三峡水电站装机容量1 820万kW,2008年底已全部投入运行。

(4)金沙江水电基地。可建8座水电站,装机容量5 100万kW,其中有4座是500万~1 000万kW的巨型水电站。

(5)雅砻江水电基地。可建11座水电站,装机容量1 910万kW。

(6)大渡河水电基地。可建16座水电站,装机容量1 760万kW。

(7)乌江水电基地。可建8座水电站,装机容量624万kW。

(8)澜沧江水电基地。可建15座水电站,装机容量2 073万kW。

(9)湘、鄂、赣水电基地。湖南规划73座水电站,装机容量841万kW;湖北规划27座水电站,装机容量523万kW;江西规划37座水电站,装机容量366万kW。

(10)浙闽地区水电基地。浙江规划22座水电站,装机容量313万kW;福建规划43座水电站,装机容量467万kW。

(11)东北水电基地。规划67座水电站,可装机容量1 024万kW。

(12)雅鲁藏布江墨脱水电基地。位于墨脱县境内的大河湾,若用40 km的隧洞引水,可装机容量4 000多万kW。

12个大型水电基地可装机容量约为20 535.75万kW,年发电量9 465.54亿kW·h。

到2015年底,全国水电总装机容量达到31 954万kW,其中大中型水电22 151万kW,小水电7 500万kW,抽水蓄能2 303万kW,水电装机占全国发电总装机容量的20.9%。2015年全国水电发电量约1.1万亿kW·h,占全国发电量的19.4%,在非化石能源中的比重达73.7%。

"十三五"期间(2016~2020年),全国规划新开工常规水电和抽水蓄能电站各6 000万kW左右,新增投产水电6 000万kW,2020年水电总装机容量达到3.8亿kW,其中常规水电3.4亿kW,抽水蓄能4 000万kW,年发电量1.25万亿kW·h,折合标煤约3.75亿t,在非化石能源消费中的比重保持在50%以上。随着"西电东送"能力不断扩大,2020年水电东送规模达到1亿kW。预计2025年全国水电装机容量达到4.7亿kW,其中常规水电3.8亿kW,抽水蓄能约9 000万kW,年发电量1.4万亿kW·h。

(二)面临形势

生态环保压力不断加大。随着经济社会的发展和人们环保意识的提高,特别是生态文明建设,对水电开发提出了更高要求;随着水电开发的不断推进和开发规模的扩大,剩余水电开发条件相对较差,敏感因素相对较多,面临的生态环境保护压力加大。

移民安置难度持续提高。我国待开发水电主要集中在西南地区大江大河上游,经济社会发展相对滞后,移民安置难度加大。同时,有关方面希望水电开发能够扶贫帮困,促进地方经济发展,由此将脱贫致富的期望越来越多地寄托在水电开发上,进一步加大了移民安置的难度。

水电开发经济性逐渐下降。大江大河上游河段水电工程地处偏远地区,制约因素多,交通条件差,输电距离远,工程建设和输电成本高,加之移民安置和生态环境保护的投入不断加大,水电开发的经济性变差,市场竞争力显著下降。此外,对水电综合利用的要求越来越高,投资补助和分摊机制尚未建立,加重了水电建设的经济负担和建设成本。

抽水蓄能规模亟待增加。总量偏小,目前仅占全国电力总装机的1.5%,而能源结构的转型升级要求抽水蓄能占比快速大幅提高;支持抽水蓄能发展的政策不到位,投资主体单一,电站运行管理体制机制尚未理顺,部分已建抽水蓄能电站的作用和效益未能充分有效发挥,需要统筹发挥抽水蓄能电站作用。

第四节 中国水资源开发利用成就与前景展望

特殊的自然地理条件,决定了除水害、兴水利历来是中国治国安邦的大事。水利兴则天下定,仓廪实,百业兴。历代善治国者均以治水为重。然而,从1840年鸦片战争开始,列强入侵,连年战争,到1949年中华人民共和国成立前,中国已是山河破碎,河流水系紊乱,水利基础设施非常薄弱,水旱灾害十分频繁。中华人民共和国成立后,党和政府对水利高度重视,领导全国各族人民,进行了大规模水利建设,取得了举世瞩目的成就。

一、中华人民共和国成立后的水利建设成就

(一)防洪体系有效地减轻了洪水的灾害,保障了人民生命财产安全和社会稳定

中华人民共和国成立后,按照“蓄泄兼筹”和“除害与兴利相结合”的方针,对大江大河进行了大规模的治理。截至2013年底,全国已建成水库97 721座,其中大型水库687座,中型水库3 774座,小型水库93 260座。全国主要江河初步形成了以堤防、河道整治、水库、蓄滞洪区等为主的工程防洪体系,以及预测预报、防汛调度、洪泛区管理、抢险救灾等非工程防护体系,使中国主要江河的防洪能力有了明显的提高。

(二)农田水利事业的发展,有效地改善了农业生产条件

中华人民共和国成立以来,党和政府十分重视抗旱工作,通过大规模的水利建设,抗

旱减灾能力有了很大提高。我国已经建成设计灌溉面积超过30万亩的大型灌区447个,1万~30万亩的中型灌区5 967个。现有塘坝、小型泵站、机井、水池、水窖等独立运行的小型农田水利工程2 000多万处,大中型灌区末级渠道、小型灌区固定渠道约300万km,固定灌溉管道约180万km,相应的配套建筑物约700万座,难以计数的田间工程几乎覆盖了所有的农田灌溉面积。

目前,我国实现了粮食等农产品供给由长期短缺到总量基本平衡、丰年有余的历史性转变。

(三)供水事业有效地促进与保障了城乡社会经济的发展和人民生活水平的提高

中华人民共和国成立后,兴建了大量的蓄水、引水、提水工程,形成了比较完善的供水保障体系。为了满足城市迅猛发展对水的需求,中国修建了一大批远距离城市供水水源工程,如引滦(滦河)入津(天津)、引滦(滦河)入唐(唐山)、引碧(碧流河)入连(大连)、引黄(黄河)济青(青岛)、引青(青龙河)济秦(秦皇岛)、东江—深圳供水、西安黑河引水等,使城市供水能力显著提高。

(四)水土保持有效地改善了生产条件和生态环境

我国是世界上水土流失最严重的国家之一,水土流失是我国的头号环境问题。"种一坡,打一车,收一箩,蒸一锅"是人们对水土流失后贫瘠土地的生动描述。不仅如此,水土流失还会直接造成江河湖库淤积,加剧洪涝灾害,同时还会严重破坏生态与环境。中华人民共和国成立以来,通过建设基本农田、营造水土保持林,以及建设淤地坝、塘坝、蓄水池、谷坊等小型水利水保工程来治理水土流失。经过初步治理,有效地保护了国土资源,减轻了对河道和水库的淤积,促进了当地经济的发展。采取以小流域为单元,山水田林路统一规划、综合治理等措施,走出了一条开发性治理的路子,加快了治理步伐,改善了水土流失区的生产、生活条件,经济得到了较快的发展。

(五)水力发电已成为日益重要的能源供应

我国水能资源蕴藏量居世界首位,全国技术可开发装机容量5.42亿kW,经济可开发装机容量4.02亿kW,是仅次于煤炭的常规能源。中华人民共和国成立以来,我国水电事业持续快速发展,特别是改革开放后,水电装机以每10年翻一番的速度加快发展,取得了举世瞩目的成就。水利水电科技水平显著提升,成功解决了水电建设的一系列世界级技术难题,水电设计、施工和设备制造技术均已达到国际先进水平。水电发展在增加能源供应、改善能源结构、保护生态环境、促进民生改善、减少温室气体排放等方面发挥了重要作用,为我国经济社会持续快速发展做出了重大贡献。

二、21世纪水利事业展望

中华人民共和国成立后,我国水利建设取得了举世瞩目的成就,但是我国的洪涝灾害、干旱缺水、水生态环境恶化三大问题仍十分突出,特别是水资源短缺,已经成为制约我国经济社会发展的重要因素。水资源配置问题、水资源节约问题、水资源保护问题,将成为21世纪我国水资源可持续开发利用的重要任务。回顾过去,水利事业成就辉煌;展望未来,水利发展任重道远,前景光明。

从当前和长远看,我国水利发展与经济社会可持续发展的要求相比,还存在不小差距,有些问题还十分突出,主要表现在以下四个方面。

(一)洪涝灾害频繁仍然是中华民族的心腹大患

洪涝灾害是我国发生最为频繁、灾害损失最重、死亡人数最多的自然灾害之一。随着全球气候变化和极端天气事件的增多,局地暴雨洪水呈多发、频发、重发趋势,流域性大洪水发生概率也在增大,而我国防洪体系中还有许多薄弱环节,一旦发生大洪水,对经济社会发展将造成极大的冲击。

(二)水资源供需矛盾突出仍然是可持续发展的主要瓶颈

我国是一个水资源短缺的国家,特别是随着工业化、城镇化和农业现代化的加快推进,水资源供需矛盾将日益突出。一是水资源需求量大。全国用水总量已近6 000亿m^3,其中农业用水约占62%。我国灌溉农业的特点,决定了以农业为主的用水结构将长期存在。根据对今后20年用水需求预测,在强化节水的前提下,水资源需求仍将在较长的一段时期内持续增长,特别是工业和城镇用水将增长较快。二是水资源供给能力不足。根据全国水资源综合规划成果,现状多年平均缺水量为536亿m^3,工程性、资源性、水质性缺水并存,特别是北方地区缺水严重。三是用水方式粗放。我国单方水粮食产量不足1.2 kg,而世界先进水平已达2~2.4 kg;万元工业增加值用水量约116 m^3,为发达国家的2~3倍;农业灌溉用水有效利用系数只有0.5,远低于0.7~0.8的世界先进水平。我国正处在快速发展期,用水需求呈刚性增长,加之用水效率还不高,水资源对经济社会发展的约束将更加凸显。

(三)水资源缺乏有效保护仍然是国家生态安全的严重威胁

由于一些地方不合理的开发利用,缺乏对水资源的有效保护,导致水生态环境恶化,对国家生态安全造成威胁。一是水污染问题突出。据2009年全国水资源公报,监测评价的16.1万km河长中,有6.6万km水质劣于Ⅲ类。二是河湖生态状况堪忧。据全国水资源调查评价,经济社会用水挤占河湖生态环境用水量年均达130多亿m^3,相当于河湖基本生态环境用水量的20%~40%,导致河湖水生态严重退化,特别是北方干旱缺水地区尤为突出。河道断流、湖泊萎缩现象比较严重,与20世纪50年代相比,全国湖泊面积减少了1.49万km^3,约占总面积的15%。三是地下水超采严重。长期地下水超采,导致一些地区发生地面沉降、海水入侵等严重的环境地质问题。

(四)水利发展体制机制不顺仍然是影响水利可持续发展的重要制约

目前制约水利可持续发展的体制机制障碍仍然不少,突出表现在水利投入机制、水资源管理等方面。一是水利投入稳定增长机制尚未建立。我国治水任务繁重,投资需求巨大,由于没有建立稳定增长的投入机制,长期存在较大投资缺口。一方面,水利在公共财政支出中的比重还不高,波动性较大。另一方面,水利公益性强,又缺乏金融政策支持,融资能力弱,社会投入较少。此外,农村义务工和劳动积累工政策取消后,群众投工投劳锐减,新的投入机制还没有建立起来,对农田水利建设影响很大。二是水资源管理制度体系还不健全。目前我国的水资源管理制度体系与严峻的水资源形势还不适应,流域、城乡水资源统一管理的体制还不健全,水资源保护和水污染防治协调机制还不顺,水资源管理责任机制和考核制度还未建立,对水资源开发利用节约保护实行有效监管的难度较大。三是水利工程良性运行机制仍不完善。2002年以来,国有大中型水利工程管理体制改革取得明显成效,良性运行机制初步建立,但一些地区公益性水利工程管理单位基本支出和维修养护经费还不能足额到位,有些农村集体所有的小型水利工程还存在没有管理人员、缺乏管护经费的问题,制约了水利工程的良性运行,影响了工程效益的充分发挥。

做好21世纪的中国水利,解决中国日益严重的水问题,实现江河安澜,山清水秀,水资源供需平衡,就必须把水资源与国民经济和社会发展紧密联系起来,进行综合开发,科学管理,做好水资源的开发、利用、治理、配置、节约、保护六方面的工作。

做好水利工作,首先要切实搞好水利规划,逐步建立完整、科学的全国水利规划体系。其次是要抓住重点、分步实施。按照规划的要求,根据轻重缓急,一步步地实现规划目标。再次是要进一步建立和完善水利投资体系和制定有关的经济政策,保障规划目标的完成。最后是要坚持依法治水、科学治水,使治水法治化、规范化,提高治水的科技含量,更多地依靠科技进步解决水的问题,走可持续发展的道路。

第二章　自然环境与水利

第一节　中国的自然环境对水利的影响

中国幅员辽阔，地貌类型多样，气候复杂，河湖众多，植物种属和土壤类型极为丰富，加上适中的地理位置和复杂的地质、地貌结构以及几千年来人类对自然环境的影响，非常有利于农、林、牧、副、渔业的发展。但是，中国的自然条件也有其不利的一面，频繁的旱涝灾害、北方大部分地区的干旱少雨、严重的水土流失，都是威胁农业生产、制约国民经济发展的重要因素。

一、地理位置

中国土地辽阔，陆地总面积约960万km^2，占全球陆地面积的1/15。国土四面延伸，南北方因纬度不同，昼夜长短差别较大，海南省一年中最长的白昼为13 h，而黑龙江省漠河一年中最长的白昼达17 h以上。随着纬度的改变，自北向南跨越了寒温带、温带、暖温带、亚热带和赤道带，而以暖温带和亚热带面积分布最广。

中国位于亚欧大陆东南部，东临太平洋，由东向西或由沿海向内陆则从湿润、半湿润过渡到半干旱、干旱区，其中湿润地区占全国总面积的30%，这种地区热量和水分的良好配合，为农业发展提供了得天独厚的条件。

二、地貌

地貌是地理环境、地域差异的主要标志，也是地理环境中最基础、最重要的因素之一。它不仅控制热量与水分的重新分配，而且影响着地表物质的迁移、生态系统的演变及自然资源的分布规律。

地貌是由内力、外力及地表组成物质相互作用而形成的。地壳运动所造成的构造格架，控制了全国海陆分布轮廓，如地势起伏、各种地貌的地域配置。流水、风力、气温、生物等外力在不同地域、不同时期，通过各种形式，对地壳表层物质不断进行风化、剥蚀、搬运、堆积，从而使中国具有了辽阔的东部平原以及资源极为丰富的丘陵地带。总之，在漫长的地质历史演化过程中，独特的自然地理条件为中国塑造了较为齐全的地貌。除山地、丘陵、高原、盆地和平原外，还发育了山岳冰川地貌、冻土地貌、风沙地貌、黄土地貌，以及在长期湿热条件下形成的红土层地貌、岩溶地貌等。

中国复杂的地貌不仅对自然景观的形成与演变有影响，同时对自然区域分异起着重要作用。耸立于中国西部的青藏高原，作为江河源地影响了广大范围内的自然地理过程；西部的大山大岭与大盆地相间使盆地更加干旱；东部丘陵分布较广，对景观的分异影响虽较小，但大兴安岭、太行山、秦岭、南岭却因对水热状况起着重新分配的作用，致使两侧气候条件迥然不同,成为区域分异的明显界线;平原地区河湖众多,对灌溉、航运、调水等的发展都极为有利;西南地区垂直高差大,河流水力资源丰富,多级开发水能的条件好。

复杂的地貌也常给经济的发展带来很多的负面影响,如岩溶地区地表水资源渗漏,黄土易被暴雨冲刷造成严重的水土流失,甚至淤塞河道,给农业生产和交通建设带来一定的困难。

三、气候

气候是自然地理过程最主要的因素之一,它影响着区域自然地理环境的形成与分布。大陆性季风气候是中国气候的主要特征。冬夏季风在很大程度上控制着全国绝大部分地区天气、气候的变化,致使中国东部地区冬季寒冷干燥,夏季炎热多雨;内陆深处的西北部则因受夏季风影响微弱,水循环不活跃,地表水贫乏,气候干旱。中国的气候不仅东西差别大,而且冬夏季差异也大,这是因为冬季季风主要来源于高纬度地区,风向偏北,寒冷干燥,而夏季风来自低纬度地区和海洋,风向偏南,暖热湿润。

中国水汽的输送主要来自太平洋和印度洋,北冰洋输入的水汽较微弱。大部分地区降水比较丰富,全国平均年降水量可达 650 mm。夏季风的来向与强弱,对降水量的时空变化有很大的影响。降水量从东南沿海向西北内陆逐渐递减。

在季风环流控制下,中国降水集中,降水强度大,是一个多暴雨的国家。每当进入雨季,暴雨就开始出现,即使在江淮一带的绵绵雨期,也常常会出现暴雨、大暴雨。暴雨的分布与整个降水的分布有着类似的规律,即南方多、北方少,沿海多、内陆少,东部多、西部少。

暴雨,尤其是特大暴雨,对中国国民经济的发展和国防建设都极为不利。中国暴雨分布区域广,强度大,几乎每年都有特大暴雨发生,造成大范围的水涝灾害,引起严重的水土流失,使江河水位猛涨,淹没农田,堵塞交通,影响工农业生产,威胁着人民生命财产的安全。

在中国江淮流域,除暴雨外,梅雨对这一区域的农业生产影响也较大。“黄梅无雨半年荒”,说明了它的重要性。梅雨是长江中下游、淮河流域每年 6~7 月的大范围降水天气过程,多为连续性降水,有时后期多阵雨、暴雨。正常梅雨期长约 20 d,最长达 63 d。梅雨与中国东部农业生产密切相关,梅雨为农作物提供了大量水分,为作物生长创造了有利的条件,但梅雨来得过早、水量过大、雨期太长,也会造成洪涝灾害;若来得过晚,雨期短,甚至空梅,又给干旱造成可乘之机。

总之,中国气候既有大陆性季风气候特点,又有着明显的地带性规律。因距海远近不同,季风风向、水分多少的区别,又具有了降水地区分布很不均匀的特点。在夏季风控制下,高温与多雨相一致。中国气候上的这些特点,对自然地理过程的发生、发展和生产实践有极为重要的意义。如水热条件的地带性差异,为不同地带提供了发展农业的潜力。针对中国气候上的利与弊,近半个世纪,中国开展了一系列的水利工程建设,营造了防护林带,加强了水土保持,对灾害性天气能及时准确地进行预报。只要遵循自然规律,加强对灾害性天气、气候的科学研究,不断增强抗灾灭灾的能力,就可以把灾害带来的损失减少到最低程度。

四、植被

我们通常把在地表成群地生长在一起，占有一定空间并与外界自然条件发生密切联系的植物群称为植被。植被是自然地理环境中的一个组成部分，也是自然地理环境形成发展中最活跃的因素，它的形成、结构和分布反映了中国各地区自然地理条件的复杂性和规律性。

不同的自然条件，特别是气候条件，会产生不同的植物群落，表现出不同的植被类型。中国的植被复杂多样，有森林植被、草原植被、荒漠植被等类型。

森林对降水有截留作用，有利于保持水土。森林地面的落叶层和林木根系可以涵养水源，枯枝落叶还有助于土壤团粒结构的形成，使土壤的保水、透水性能改善，洪水季节因森林有涵水养水的功能而延缓洪峰的到来，削减了洪峰流量。林木根系对土壤有固结作用，能减少泥沙入河、入湖。黄河中游地区因森林资源匮乏，主、干、支流含沙量高，致使下游河床淤积问题严重。

中国草原植被很丰富，草原是发展畜牧业的最好地方，草被能防风固沙、防止水土流失和土壤沙化、碱化，在干旱、半干旱地区是不可缺少的生态系统。

不论是森林还是草原，受人类利用改造的影响都比较大，变化发展也较快。为了保持水土、涵养水源、防风固沙，自1950年起中国在东北西部、内蒙古东部开展了防护林建设，在河北西部一些河流两岸、河南东部的黄河故道、陕西榆林沙荒区，以及辽宁、山东、福建、广东等沿海沙滩区开展了大规模的防护林带建设。20世纪70年代末开始兴建的东北、华北、西北"三北"防护林工程，均起到了良好的效果。

第二节　水利工程对环境的影响

水利水电工程在防洪、发电及水资源综合利用方面发挥着巨大的效益，同时对周围环境也产生着各种影响。这些影响有些是有利的，有些是不利的。由于各项工程的目的、作用不同，所处的地理位置、环境条件有差异，故对周围环境影响的主要方面也是不相同的。因此，在工程修建前必须对不利影响进行分析和识别，特别是对那些间接的、潜在性的、长期积累性影响进行预测，从而提出改善不利影响的措施，把不利因素转变为有利因素，为人类创造出更有利的生存环境。

兴修水利是改善人类生存环境的一个重要手段，许多人烟稠密、物产富饶的地方，是历史上长期兴修水利改造自然的结果。但水利工程是环境大系统的组成部分，要从长远利益出发，尽可能减少不利的影响。

一、对自然环境的影响

(一)局部气候

一般气候状况是受大气环流所控制的，但修建大中型水库及灌溉系统等工程后，会对局部小气候产生一定影响，主要表现在以下方面：

(1)降雨量。水库蓄水后形成了很大的水面面积，在太阳辐射下，蒸发量增多，大量的水汽进入空中,空气湿度增大,降雨量略有增加。因水库的低温效应,使降雨分布发生变化,一般迎风面降雨量增加,背风面降雨量减少。

(2)气温。水库是一个具有很大热容量的水体。夏季里,库水温度低于周围陆地温度,冬季则高于周围陆地温度,使库区附近气候变得冬暖夏凉,日平均温差减少,对气温起到了调节作用。广东新丰江水库建成后,日平均温差减少0.5~10 ℃,冬季最高气温增加6.3 ℃,夏季最低气温降低8.6 ℃,无霜期增加15~40 d,空气相对湿度增加3%~5%。

(3)雾。水库建成后蒸发量加大,相对湿度增高,有利于雾的生成,导致雾日增多,但如果风速增大,气温又达不到露点温度,即使水汽丰富也不易成雾。因此,具体的地点、时间是否成雾,还受气温、云量、风速等因素影响。

(二)水文

水库修建后改变了原河道的水文特性,拦截了洪水,调节了下泄流量,不仅发挥了防洪效益,而且在灌溉、发电、工业及城镇给水、航运、养鱼等方面也得到了综合利用。由于水库改变了下游原河道的水位和流量,对周围环境产生如下不良影响:

(1)水库拦蓄了非汛期的基流,往往造成下游河道水位下降甚至断流,导致地下水位下降,或下游天然湖泊、池塘断绝水源,入海口也会因河水流量减少而造成咸水倒灌、海岸线后退等。

(2)以发电为主的水库,多在电力系统中担任峰荷,下泄流量的日变化幅度大,致使下游河道水位变化较大,对航运、灌溉和养鱼等均有较大影响。

(3)河道附近多为工农业集中发展的地区,人口稠密,相应工业废水、生活污水的排放量较大,当水库下游河道流量大幅度降低甚至断流时,水质将急剧恶化,不仅影响下游人民生活用水和工农业用水,还会对该地区的环境质量造成巨大影响。

(三)泥沙

水库建成后将引起原河道的冲淤平衡条件发生变化,这在多泥沙河流上表现得尤为突出。其特点是库区上游淤积和下游冲刷。

(1)水库淤积。修建水库和电站等建筑物,河流断面扩大,流速变缓,水流挟带的泥沙因此而在库区沉淀、淤积。水库淤积不仅造成了水库库容的减小,还降低了防洪标准,缩短水库寿命,加剧库区周围土地的盐碱化,影响上游航道和枢纽建筑物的正常运行。

(2)对下游的影响。水库蓄水拦沙后,下泄清水产生对河道的冲刷现象,冲淤部位有所改变。冲淤条件的变化可引起河床的再造,直接影响两岸的堤防、建筑物、航运、供水、水情、河口的稳定,致使原河道的建筑物失去稳定,对灌溉、引水、航运、冰情等均会产生较大影响。大型水库调节径流变幅大,对水沙的影响甚至可达入海口,出现河口再造、海岸线后退、淹没村庄、地下水盐化等问题。

水库的兴建虽然保证了灌水的时间和数量,但水库下泄清水还使水中悬移质减少,大量的肥料被水库截留,使农田减少了泥沙,引起土壤肥力下降。埃及在著名的尼罗河上修建了阿斯旺高坝,使下游两岸农田得不到河泥,使得地力下降,每年需要1.3万t氮肥才能补偿,河口水沙条件也失去平衡,在地中海的海流与波浪的冲击下,每年海岸线侵蚀后退平均30 m,最长达3 km,一些旅游避暑胜地因此而消失,著名的沙丁鱼也因食物中断和沿岸排污,严重减产达97%。

(3)改善水库泥沙淤积的措施。在多泥沙河流上修建水库,给上、下游带来复杂的生态影响,可采取以下改善措施:加强流域中、上游的水土保持工作,从根本上控制水土流失;采取引洪淤灌、打坝淤地等工程措施,拦截入库泥沙;掌握水库及河道的冲淤规律,合理调度水库,既调水又调沙,发挥综合利用效益等。

(四)水质

在水库蓄水的最初几年里,水质受库床土壤、植被影响,有机质含量多且多腐烂氧化,致使水质恶化,几年后有所恢复并形成稳定的水库生态系统和水质状况,此后水库的管理和人类活动将是导致水质变化的主要原因。

(1)建库后对水质产生的有利影响。库内大体积水体流速低、滞留时间长,一方面使悬浮物沉降,浊度、色度降低;另一方面藻类繁殖活跃,其呼吸作用产生的二氧化碳使水中的钙、镁离子产生沉淀,降低了水体硬度。库内水长时间滞留也有利于有机质降解和细菌死亡,有利于水体的净化。

(2)建库后对水质产生的不利影响。库内水体流速小,降低了水、气界面交换的速率和污染物的迁移扩散能力,因此复氧能力弱、水体自净能力低;水体透明度大,利于藻类光合作用,若入库水流营养物质多,水深较小,则易形成富营养化,导致鱼类死亡,加剧建筑物侵蚀、闸门锈蚀,加快工程老化,甚至危害人类;悬移质长期沉积于库底,若含有毒物质或难降解的重金属,则形成次生污染源;排放的废水进入水库,将影响库内水质。

(3)改善水库水质的措施。加强水源保护,防止水体污染。对流域内污染源进行彻底清查并分批治理,严重者令其停产、搬迁;加强库区管理,禁止向库内排污、倾倒垃圾和在水中清洗车辆、船舶等;合理调度,改善水库水质,除利用深孔泄洪、提高底层水温外,每年应有一定时间使库水位降到最低,让库底处于氧化环境,加速沉积物氧化、分解;用空压机向深层水体输送空气,向水库深层增氧,改善水质,并加强水库水质的预测预报,为改善水质提供科学依据。

(五)地质

在修建水利工程过程中,大量的土石方开挖和施工爆破,对原岩体边坡稳定将产生不利影响。竣工蓄水后,在巨大的坝体荷载和库水压力作用下,坝基和两岸均会破坏原有自然山坡的稳定平衡,影响岩体的稳定和原有的地质构造,严重时导致滑坡、错动等,甚至会诱发地震。此外还会出现库区淹没、塌岸等问题。

(1)对地震的影响。大型水库蓄水后会诱发地震。水库诱发地震多发生在新第三纪以来新构造运动曾活跃过且水深和蓄水量较大的区域,震中多紧靠水库或在距水库25 km的周边地区,震源深度极浅,一般为3~10 km,因此地震烈度较高、破坏性大。水库地震活动与蓄水过程有着明显的相关性,但震级不高,一般低于6.5级。

为防止水库诱发地震的发生,在地质条件较差以及地震活动区建坝时,应选用抗震性能好的坝型和材料,水库蓄水后应加强对地震的观测,若发现微震应严格控制水位升高速度,减小负荷,消除诱因。

(2)对库岸稳定的影响。水库蓄水后因水位变化和波浪作用,使原岸坡失去平衡发生滑塌破坏或诱发山体滑坡。因此,水库蓄水前应对岸坡进行削坡处理,对可能滑坡的山体,应事先进行清除或设置排水、加固等工程。

(3)水库渗漏。水库蓄水后,坝基承受水头可产生渗透。当库区边缘山脊很单薄、裂隙发育或有断裂带、溶洞等,不仅漏水量大,影响水库运用,还会影响周围地区的工程地质和水文地质条件。若是污水库、尾矿库,渗漏还将污染周围地区。故水库建成后应加强监测,对渗漏量大的地区和部位,及早采取防渗加固措施。

(六)生态环境

水利工程的修建,改变了天然河道的水文情势,直接影响原有生物的个体和种群。有些生物在新的环境下消失,有些生物适应了新的环境,经过自然选择和人类影响,重新形成新的生态平衡。

水库蓄水后,库区原有的树林及植被因淹没而消失,水生植物和陆生植物随之生长,植物种群发生变化。水库周围气候变得温暖湿润,有利于陆生植物生长,而下游水量减少在干旱半干旱地区会引起植物死亡,导致生态环境恶化。新安江水库建成后,马尾松、杉木林长势旺盛,引进的果树柑橘长势良好,喜获丰收。

水利工程还会影响水生动物和野生动物的觅食和栖居地,引起生态系统的变化。野生动物受到的影响,就是生活环境的变化。有的野生动物适应这种环境,它们就到这里的水面安家落户,如野鸭、鸟、水鸡等。新安江水库蓄水后,使原栖息在皖南山区的相思鸟成群移居库区。对于陆生动物,水库淹没可能导致它们搬家,离开原栖息地。

水库建成后,喜欢在静水或缓流中生活的鱼类能迅速繁殖,为人工养殖创造了有利条件,而原在急流中长期生活的喜游性鱼类将大量减少甚至消失。河道中的闸坝阻碍了洄游性鱼类到上游产卵,使一些回归性的珍贵鱼种绝迹。通江河闸阻碍了鱼类进入湖内增肥和湖内鱼类进入江内越冬。

二、对社会环境的影响

水利工程的开发与兴建,改变了当地的自然地理环境,产生了巨大的经济效益和社会效益。水利工程与社会环境之间的关系主要表现在如下5个方面。

(一)人口增长和社会经济变化

人口增长和社会经济变化与工程规模及其经济效益紧密相关。工程建设促进了人口增长和该地区经济发展,但需注意处理好水库可供水量、电量与地区经济发展后用水、用电的矛盾,用水用电后排出废水、废气、废渣的矛盾以及工业布局与环境规划的矛盾。因此,应做好水利工程的合理布局、全面规划和控制人口增长的工作。

(二)人群健康

水库的兴建改善了局部地区气候,改善了生态环境,使沙漠变成了绿洲,消灭了飞蝗,但病媒动物、昆虫随水迁移和借水传染病原体的扩散,也可能对人群健康带来不利影响。水库蓄水后,周围的洼地变成了杂草丛生的沼泽地,气候也变得温和湿润,有利于疟蚊(也叫按蚊)的生长;水面的延伸为血吸虫病的传播提供了条件。美国田纳西河流域的一些水库,曾因疟蚊大量繁殖,引起疟疾流行;尼罗河阿斯旺坝蓄水后,随着灌溉渠道的延伸,所到之处血吸虫病发病率急剧上升。

(三)景观、文物与重要设施

水利工程的兴建改变了当地的自然环境,使原来荒凉的不毛之地变成了旅游度假胜地。新安江水库蓄水后,使原来的丘陵山区变成了美丽的千岛湖风景区,每年吸引着大批国内外游客,旅游收入十分可观。而有些工程淹没了珍贵的人文景观、文物古迹和自然风景,付出的代价巨大。

(四)库区淹没和移民

兴建水利枢纽工程造成库区人口迁移,土地、文物古迹、矿藏的永久淹没,以及工矿企业、铁路、公路、供电、通信线路的迁建,造成资源设施的浪费,影响库区居民的生产、生活和当地经济的恢复与发展。一座大型水库,少则占地几千亩,移民上万人,多则占地几十万亩,移民数十万甚至上百万人。水库淹没的土地,大部分是肥沃的耕地。

淹没损失必须逐一分类统计并按规定给予赔偿,这不仅影响工程规模的确定,还关系到移民的生产、生活和地区经济的发展,应认真对待。搬迁移民费是工程建设的重要开支,有的会影响主体工程方案的确定。

(五)工程施工

施工期对环境的影响多是直接的和暂时的,但因投入劳力多、施工场面大、施工机械复杂多样,对环境带来的影响也是不可忽视的。例如开挖爆破出现的噪声和粉尘,砂石骨料冲洗、混凝土拌和及养护均排出废水,pH 值可达 10 左右,属严重污染物,许多附属工厂排出的废水、废气、废渣及施工人员和家属的生活污水等,均会破坏当地的环境。因此,在施工设计和施工过程中,应考虑排放物中的有害成分,估算排放量、规划排放方式和去向等,尽量避免或尽可能少地影响环境。

第三章　水利工程基本知识

第一节　水利工程的类型及特点

水是人类生产和生活必不可少的宝贵资源,但其自然存在的状态并不完全符合人类的需要。只有通过修建水利工程,才能控制水流,防止洪涝灾害,并进行水量的调节和分配,以满足人民生活和生产对水资源的需要。水利工程是用于控制和调配自然界的地表水和地下水,以达到除害兴利目的而修建的工程,也称为水工程。常见的水利工程有很多类型,如坝、堤、溢洪道、水闸、隧洞、进水口、渠道、渡槽、船闸、鱼道等。

一、水利工程分类

水利工程建设中,需要修建不同用途的建筑物,这些建筑物称为水工建筑物。

对于开发河川水资源来说,常须在河流适当地段集中修建几种不同类型、不同功能的水工建筑物,以控制水流并便于协调运行和管理,由多种水工建筑物组成的综合体称为水利枢纽。

水利枢纽的规划、设计、施工和运行管理应尽量遵循综合利用水资源的原则。为实现多种目标而兴建的水利枢纽,建成以后能满足国民经济不同部门的需要,称为综合利用水利枢纽。

水利枢纽按照其水头大小一般分为:水头大于 70 m 的为高水头枢纽;水头 30 ~70 m 的为中水头枢纽;水头在 30 m 以下的为低水头枢纽。

水利工程并不总是以集中兴建于一处的若干建筑物组成的水利枢纽来体现的。有时仅是指一个水工建筑物,有时又是包括沿一条河流很长范围内或甚至很大区域内的许多水工建筑物。在不同河流以及河流不同部位所建的枢纽、建筑物也千差万别。

水利工程按其承担的任务可分为防洪除涝工程、农田水利工程、水力发电工程、给水排水工程、航道及港口工程、生态水利工程等。一项工程同时兼有几种任务的,称为综合利用水利工程。现代水利工程多是综合利用的工程。

(一)防洪除涝工程

我国是一个洪涝灾害十分严重的国家。洪水灾害是指由于降雨、急骤融雪(冰)、风暴潮、堤坝溃决等因素引起江河湖岸及沿海水量增加、水位上升而泛滥以及山洪暴发所造成的灾害。涝渍灾害是指降水量过于集中,排水不畅,致使土地、房屋等渍水及受淹而造成的灾害。洪涝灾害可使工业、农业、人民生活等受到巨大影响,严重时,则会造成农业绝收、工业停产、人员伤亡等。

防洪除涝措施是防止或减轻洪水灾害损失的各种手段和对策。现代防洪措施包括工程措施和非工程措施。

工程防洪措施主要通过控制洪水、改变洪水特性来达到防洪减灾的目的，其内容包括水土保持工程、水库工程、堤防工程、分蓄洪工程、河道整治工程等。从性质上来说，可概括为“拦、蓄、分、泄”四个方面，从而实现对洪水的控制。工程除涝措施，即兴建、扩建和管好、用好除涝工程设施。对于有自流排出条件的易涝区，常采取挖沟、疏河和下移出水口等办法提高自流排水能力。

非工程措施是20世纪50年代以来逐步研究形成的防洪减灾的一种新概念。它是通过行政、法律、经济和现代化技术等手段，调整洪水威胁地区的开发利用方式，加强以“预报、预警、预演、预案”为基础的防洪管理，以适应洪水的天然特性，减轻洪灾损失，节省防洪基建投资和工程维护管理费用。

(二)农田水利工程

我国自古以来就是农业大国，农业是国民经济的命脉，农业的发展与否直接关系着社会的稳定与发展。2004年以来，历年的中央“一号文件”都是围绕“三农”问题，彰显了“三农”在现代化建设中的重中之重的地位。“水利是农业的命脉”，说明了水利在农业生产中的重要性。

农田水利工程基本任务是通过水利工程技术措施，改变不利于农业生产发展的自然条件，为农业高产高效服务。通过兴修为农田服务的水利设施，包括灌溉、排水、除涝和防治盐、渍灾害等，建设旱涝保收、高产稳定的基本农田。改变和调节农田水分状况是农田水利的基本任务，其措施一般有下列两种：

(1)灌溉措施。按照作物的需要有计划地将水量输送和分配到田间，以补充农田水分的不足，改变土壤中养料、通气、热状况等，以达到提高土壤肥力和改良土壤的目的。

(2)排水措施。修建排水系统将农田内多余的水分排至一定范围之外，使农田水分保持适宜状态，满足通气、养料和热状况的要求，以适应农作物的正常生长。

(三)水力发电工程

自然河流中蕴藏着丰富的能量，包括动能和势能，称为水能资源。水力发电工程是利用水能资源进行发电的工程。水能是一种洁净能源，许多电站承担了电力系统的调峰调相功能，具有运行成本低、调节性能强、不消耗水量、环保生态、可循环再生等特点，是其他能源不可比拟的。

水力发电工程一般需要在河流上筑坝或修引水道，来形成集中落差，这种落差称为水头，通过水库调节径流取得流量，引导水流通过电站厂房中安装的水轮发电机组，将水能转换为机械能和电能，然后通过输变电线路，把电能输入电网或送到用户。

(四)给水排水工程

给水是指供给城镇居民生活和工矿企业生产的用水，排水是指排出工矿企业及城市废水、污水和地面雨水。给水必须满足用水水质标准，排水必须符合国家规定的污水排放标准。

给水排水工程的目的就是通过工程措施来满足城镇的给水与排水需求。给水排水措施，应在流域规划和地区规划统一指导下，统一调配水量。必要时采取蓄水、调水措施，如修建水库、开运河、远距离调水(如南水北调工程)等。

(五)航道及港口工程

航道及港口工程是为发展水上运输而兴建的各种工程设施。水运具有运量大、运费低、能耗少、占地少等突出优点。因此,水运是水资源综合利用的重要方面,又是交通运输的重要组成部分。

航道是船舶航行的通路,分天然航道和人工运河两大类。天然航道包括内河航道和近海入港航道。港口是供船舶安全停泊、完成装卸并实行补给的水陆运输枢纽。港口按使用特点可分为商港、工业港、军港、渔港和避风港等。港口按所处地理位置可分为内河港、河口港和海岸港。内河港位于天然河流、人工运河、湖泊或水库内,河口港和海岸港统称海港。

(六)生态水利工程

生态水利工程是为保护和改善水生态、水环境而修建的工程设施。主要包括:①在保护和改善生态环境方面,修建的过鱼建筑物、人工孵育场和人工产卵场,为改善水生物环境的蓄水或排水工程,改善鱼类洄游和河口环境的入海河口排沙防淤工程,防止坝下溶解氧过饱和的工程,改善坝下低温的建筑物、提高水温的工程措施等;②在防治水污染方面,通过修建闸坝等工程,保证环境要求的水位和流量,提高河流自净能力,建设氧化塘处理工程系统、土地处理工程系统、污水深水排放工程等;③改善景观方面,应用水利美学原理设计形式优美的水工建筑物,与景观协调一致,挖掘提炼治水文化和治水精神;④通过水利工程防治疾病和流行病的发生以及防治病虫害。

二、水利工程的特点

(一)工作条件的复杂性

水工建筑物工作条件的复杂性主要是由于水的作用。水对挡水建筑物的作用主要是形成了静水压力,静水压力的大小随建筑物挡水高度的变化而变化,因此建筑物必须有足够的水平抗力以保持其稳定性。

此外,水面也会形成较为复杂的作用于建筑物的波浪压力,水面结冰时将附加冰压力,发生地震时将附加水的地震激荡力,水流流经建筑物时也会产生各种动水压力。在设计水工建筑物时,这些力都必须考虑在内。

建筑物上下游的水位差(水头),会导致建筑物及其地基内的渗流。渗流会引起对建筑物稳定不利的渗透压力,渗流也可能引起建筑物及地基的渗透变形破坏,过大的渗流量也会造成水利工程的大量漏水。为此,建造水工建筑物也要妥善解决防渗和渗流控制问题。

高速水流通过泄水建筑物时还可能出现自掺气、负压、空化、空蚀和冲击波等现象,强烈的紊流脉动会引起轻型结构的振动,挟沙水流对建筑物边壁也有磨蚀作用,挑射水流在空中会导致对周围建筑物有严重影响的雾化,通过建筑物的水流多余动能对下游河床有冲刷作用,甚至影响建筑物本身的安全。因此,兴建泄水建筑物,特别是高水头泄水建筑物时,要注意解决高速水流可能带来的一系列问题,并做好消能防冲设计。

水工建筑物除受上述主要作用外,还要注意水的其他可能作用。比如,当水具有侵蚀性时,会使混凝土结构中的石灰质溶解,降低材料的强度和耐久性,与水接触的水工钢结构易发生锈蚀,在寒冷地区的建筑物及地基还将有一系列冰冻问题。

(二)设计选型的独特性

水工建筑物的形式、构造和尺寸与建筑物所在地的地形、地质、水文等条件密切相关。即便是规模和效益大致相仿的水工建筑物,由于地质条件的不同,二者的形式、尺寸和造价都会有很大差别。由于自然条件千差万别,水工建筑物的设计选型总是只能按各自特征进行,除非规模特别小,一般不采用定型设计。

(三)施工建造的艰巨性

在河道中修建水利工程,第一,需要解决好施工导流的问题,要求施工期间,在保证建筑物安全的前提下,让河水顺利下泄,这是水利工程设计和施工中的一个重要课题;第二,工程进度紧迫,截流及度汛需要抢时间、争进度,否则就要拖延工期;第三,施工涉及的因素很多(如天气、地质、运输、场地等),施工技术复杂,许多工序交叉进行,需要用系统方法进行施工组织设计;第四,地下及水下工程多,需要在地下及水下施工,施工风险和难度较大;第五,交通运输比较困难,特别是高山峡谷地区更为突出。

(四)失事后果的严重性

水利工程可为人类造福,但若失事也会产生严重后果。特别是拦河坝,若失事溃决,会给下游带来灾难性乃至毁灭性的灾难,这在国内外都不乏惨重实例。应当指出,有些水工建筑物的失事与某些自然因素或当时人们的认识能力与技术水平限制有关,也有些是不重视勘测、试验研究或施工质量欠佳所致。据统计,大坝失事最主要的原因,一是洪水漫顶,二是坝基或结构出问题,两者各占失事总数的1/3左右。

第二节 水利工程枢纽及其布置

一、水利工程枢纽

由若干种不同类型的水工建筑物组成的综合体称为水利枢纽,一般由挡水建筑物、泄水建筑物、取水和输水建筑物及专门性建筑物组成。

(一)挡水建筑物

在取水枢纽和蓄水枢纽中,为拦截水流、抬高水位和调蓄水量而设的跨河道建筑物,分为溢流坝(闸)和非溢流坝两类。溢流坝(闸)关闭闸门时兼作挡水建筑物。河床式水电站的厂房、河道中船闸的闸首、闸墙和临时性的围堰等,也属于挡水建筑物。仅用以抬高水位或高度不大的闸、坝也称壅水建筑物。不少挡水建筑物兼有其他功能,也常列入其他水工建筑物。如溢流坝、拦河闸、泄水闸常列入泄水建筑物,进水闸则常列入取水建筑物。

挡水建筑物可用混凝土、钢筋混凝土、钢材、木材、橡胶等构筑而成,也可用土料填筑或石料砌筑、堆筑而成。其主要形式有重力式和拱式两种。混凝土重力坝、浆砌石重力坝和大头坝、支墩坝,主要依靠本身的重量抵抗水平推力来保持稳定,其体积相对较大,属于重力式结构。土坝和堆石坝都有边坡稳定问题,但就其整体稳定的性能来说,也属于重力式结构。各种形式的拱坝,依靠拱的作用将大部分水平推力传至两岸,只有小部分水平推力传至河床地基,属于拱式结构,坝体体积相对较小。连拱坝的拱形挡水面板属于拱式结构,但就其整体来讲,仍属于重力式结构。除这两种基本形式外,有些临时性或半永久性的中小型低水头挡水建筑物,如一些围堰工程、壅水坝、导流坝等,使用嵌固式的板桩结构,利用桩在地基内的嵌固作用来抵抗水平推力以保持稳定,可称为嵌固式挡水建筑物。

挡水建筑物所承担的任务,在其所从属的水利工程的总体规划中已基本确定。挡水建筑物的形式、轮廓尺寸、建筑材料、地基处理等的设计,需遵照规定的设计程序,通过水力、结构等的计算分析和方案比较来确定。挡水建筑物的设计必须特别注意水的作用。对于混凝土浇筑、浆砌石砌筑的挡水建筑物,水压力、浪压力、扬压力等可能影响整体稳定;对于土石堆筑的挡水建筑物,渗流可能影响上下游边坡的稳定,并可能使建筑物本身或地基产生危害性的管涌与流土。针对这些水的作用,挡水建筑物除必须采取适当的体形和轮廓尺寸外,还常需在防渗排水等方面采取有效措施。

(二)泄水建筑物

泄水建筑物为宣泄洪水和放空水库而设。其形式有岸边溢洪道、溢流坝(闸)、泄水隧洞、坝身泄水孔及坝下涵管等。

泄水建筑物的布置、形式和轮廓设计等取决于水文、地形、地质,以及泄水流量、泄水时间、上下游限制水位等任务和要求。设计时,一般先选定泄水形式,拟定若干个布置方案和轮廓尺寸,再进行水力和结构计算,与枢纽中其他建筑物进行综合分析,选用既满足泄水需要又经济合理、便于施工的最佳方案。必要时采用不同的泄水形式,进行方案优选。

泄水建筑物下泄的水流对河床、岸坡乃至建筑物本身可能产生有害的甚至破坏性的冲刷和磨损,高速水流还可能引起建筑物和闸门的空蚀和振动。所以,修建泄水建筑物,关键是要解决好消能防冲和防空蚀、抗磨损等问题,对于较轻型建筑物或结构,还应防止泄水时高速水流诱发的振动。泄水建筑物设计和运行实践的发展与结构力学和水力学的进展密切相关。近年来,由于高水头窄河谷宣泄大流量、高速水流压力脉动、高含沙水流泄水、大流量施工导流、高水头闸门技术以及抗震、减振、掺气减蚀、高强度耐蚀耐磨材料的开发和进展,对泄水建筑物设计、施工、运行水平的提高起了很大的推动作用。

(三)取水和输水建筑物

取水和输水建筑物为灌溉、发电、供水和专门用途的取水而设。取水建筑物的形式有进水闸、进水口等,输水建筑物的形式有引水隧洞、压力管道、渠道和引水涵管等。引水隧洞在洞身后接压力水管,渠道上的输水隧洞和通航隧洞只有洞身段。闸门可设在进口、出口或洞内的适宜位置。出口设有消能防冲设施。为防止岩石坍塌和渗水等,洞身段常用锚喷(采用锚杆和喷射混凝土)或钢筋混凝土做成临时支护或永久性衬砌。洞身断面可为圆形、城门洞形或马蹄形,有压隧洞多用圆形。进出口布置、洞线选择以及洞身断面的形状和尺寸，受地形、地质、地应力、枢纽布置、运用要求和施工条件等因素所制约，需要通过技术经济比较后确定。进水闸闸室形式取决于引水条件，当上游水位变幅小，引水流量大，引水渠底高程较高时，宜采用开敞式水闸；当上游水位变幅大，闸底高程受低水位控制时，宜用胸墙式水闸或涵洞式水闸。当进水口前防洪水位远高于引水水位时，一般采用涵洞式水闸。

（四）专门性建筑物

专门性建筑物包括水电站的厂房、调压室，扬水站的泵房、流道，通航的船闸和升船机，过鱼的鱼道、鱼闸和鱼梯，过木的筏道等。

二、枢纽位置选择及布置

水利枢纽常以其形成的水库或主体工程——坝、水电站的名称来命名，如密云水库、新安江水电站等；也有直接称水利枢纽的，如三峡水利枢纽工程、葛洲坝水利枢纽等。

水利枢纽按承担任务的不同，可分为防洪枢纽、灌溉（或供水）枢纽、水力发电枢纽和航运枢纽等。多数水利枢纽承担多项任务，称为综合性水利枢纽。影响水利枢纽功能的主要因素是选定合理的位置和最优的布置方案。水利枢纽工程的位置一般通过河流流域规划或地区水利规划确定。具体位置须充分考虑地形、地质条件，使各个水工建筑物都能布置在安全可靠的地基上，并能满足建筑物的尺度和布置要求，以及施工的必需条件。水利枢纽工程的布置，一般通过可行性研究和初步设计确定。枢纽布置必须使各个不同功能的建筑物在位置上各得其所，在运用中相互协调，充分有效地完成所承担的任务；各个水工建筑物单独使用或联合使用时水流条件良好，上下游的水流和冲淤变化不影响或少影响枢纽的正常运行，总之技术上要安全可靠；在满足基本要求的前提下，要力求建筑物布置紧凑，一个建筑物能发挥多种作用，减少工程量和工程占地，以减小投资；同时要充分考虑管理运行的要求和施工便利，工期短。一个大型水利枢纽工程的总体布置是一项复杂的系统工程，需要按系统工程的分析研究方法进行论证确定。

在流域规划或地区规划中，某一水利枢纽所在河流中的大体位置已基本确定，但其具体位置还需在此范围内通过不同方案的技术经济比较来进行比选。水利枢纽的位置常以其主体——坝（挡水建筑物）的位置为代表。因此，水利枢纽位置的选择常称为坝址选择。有的水利枢纽，只需在较狭窄的范围内进行坝址选择；有的水利枢纽，则需要在较宽的范围内选择坝段，然后在坝段内选择坝址。例如三峡水利枢纽，就首先在三峡出口的南津关坝段及其上游 30~40 km 处的美人坨坝段进行比较。前者的坝轴线较短，坝的工程量较小，发电量稍大，但地下工程较多，特别是地质条件、水工布置和施工条件远较后者为差，因而选定了美人坨坝段。在这一坝段中，又选择了太平溪和三斗坪两个坝址进行比较。两者的地质条件基本相同，前者坝体工程量较小，但后者便于枢纽布置，特别是便于施工。最终，经综合考虑选定了三斗坪坝址。

一个水利枢纽的建筑物组成，是由该枢纽承担的任务来确定的。

枢纽布置应遵循的一般原则是：①坝址、坝及其他主要建筑物的形式选择和枢纽布置要做到施工方便，工期短，造价低；②枢纽布置应当满足各个建筑物在布置上的要求，以保证其在任何工作条件下都能正常工作;③在满足建筑物强度和稳定的条件下,降低枢纽总造价和年运转费用;④枢纽中各建筑物布置紧凑,尽量将同一工种的建筑物布置在一起,以减少联结建筑;⑤尽可能使枢纽中的部分建筑物早期投产,提前发挥效益(如提前蓄水,早期发电或灌溉);⑥枢纽布置应注意生态保护,要以保障河湖生态流量,提高水环境承载能力,增强水生态系统功能稳定性为原则,尽量减小对枢纽附近生物的影响;避让或保护文化和自然遗产地;与周围自然环境相协调,并注意建筑艺术,创造出一个完美的、多功能的宜人环境。

第三节　水利工程分等与建筑物分级

一、工程等别的确定

根据《水利水电工程等级划分及洪水标准》(SL 252—2017)及其他现行水利水电工程等级划分的相关规范,水利水电工程的等别应根据其工程规模、效益及在国民经济中的重要性按表3-1确定。对综合利用的水利水电工程,当按各综合利用项目的分等指标确定的等别不同时,其工程等别应按其中最高等别确定。

表3-1　水利水电工程分等指标

工程等别	工程规模	水库总库容/亿 m^3	防洪			治涝	灌溉	供水		发电
			保护人口/万人	保护农田面积/万亩	保护区当量经济规模/万人	治涝面积/万亩	灌溉面积/万亩	供水对象重要性	年引水量/亿 m^3	发电装机容量/MW
Ⅰ	大(1)型	≥10	≥150	≥500	≥300	≥200	≥150	特别重要	≥10	≥1 200
Ⅱ	大(2)型	<10,≥1	<150,≥50	<500,≥100	<300,≥100	<200,≥60	<150,≥50	重要	<10,≥3	<1 200,≥300
Ⅲ	中型	<1,≥0.10	<50,≥20	<100,≥30	<100,≥40	<60,≥15	<50,≥5	中等	<3,≥1	<300,≥50
Ⅳ	小(1)型	<0.10,≥0.01	<20,≥5	<30,≥5	<40,≥10	<15,≥3	<5,≥0.5	一般	<1,≥0.3	<50,≥10
Ⅴ	小(2)型	<0.01,≥0.001	<5	<5	<10	<3	<0.5		<0.3	<10

注:1. 水库总库容是指水库最高水位以下的静库容;治涝面积是指设计治涝面积;灌溉面积是指设计灌溉面积;年引水量指供水工程渠首设计年均引(取)水量。

2. 保护区当量经济规模指标仅限于城市保护区;防洪、供水中的多项指标满足1项即可。

3. 按供水对象重要性确定工程等别时,该工程应为供水对象的主要水源。

二、建筑物级别的确定

按照表3-1确定工程等别以后,再确定工程中各类建筑物的级别。

(1)永久性水工建筑物。水工建筑物按使用期限可分为永久性水工建筑物和临时性水工建筑物,后者是指在施工期短时间内发挥作用的建筑物,如围堰、导流隧洞、导流明渠等。永久性水工建筑物的级别,应根据工程的等别或永久性水工建筑物的分级指标综合分析确定,见表3-2。综合利用水利水电工程中承担单一功能的单项建筑物的级别,应按其功能、规模确定;承担多项功能的建筑物级别,应按规模指标较高的确定。

表3-2 永久性水工建筑物级别

工程等别	主要建筑物	次要建筑物
Ⅰ	1	3
Ⅱ	2	3
Ⅲ	3	4
Ⅳ	4	5
Ⅴ	5	5

若水库大坝按表3-2的标准确定为2级、3级,如坝高超过表3-3规定的指标,其级别可提高一级,但洪水标准可不提高。

表3-3 水库大坝提级指标

级别	坝型	坝高/m
2	土石坝	90
	混凝土坝、浆砌石坝	130
3	土石坝	70
	混凝土坝、浆砌石坝	100

(2)拦河闸永久性水工建筑物的级别,应根据其所属工程的等别按表3-2确定。拦河闸永久性水工建筑物按表3-2规定为2级、3级,其校核洪水过闸流量分别大于5 000 m^3/s、1 000 m^3/s时,其建筑物级别可提高一级,但洪水标准可不提高。

(3)防洪工程中堤防永久性水工建筑物的级别应根据其保护对象的防洪标准按表3-4确定。

表3-4 堤防永久性水工建筑物级别

防洪标准(重现期)/年	≥100	<100,≥50	<50,≥30	<30,≥20	<20,≥10
堤防级别	1	2	3	4	5

涉及保护堤防的河道整治工程永久性水工建筑物级别,应根据堤防级别并考虑损毁后的影响程度综合确定,但不宜高于其所影响的堤防级别。

(4)治涝、排水工程中的排水渠(沟)永久性水工建筑物级别,应根据设计流量按

表3-5确定。

表3-5　排水渠(沟)永久性水工建筑物级别

设计流量/(m^3/s)	主要建筑物	次要建筑物
≥500	1	3
<500,≥200	2	3
<200,≥50	3	4
<50,≥10	4	5
<10	5	5

(5)治涝、排水工程中的水闸、渡槽、倒虹吸、管道、涵洞、隧洞、跌水与陡坡等永久性水工建筑物级别,应根据设计流量,按表3-6确定。

表3-6　排水渠系永久性水工建筑物级别

设计流量/(m^3/s)	主要建筑物	次要建筑物
≥300	1	3
<300,≥100	2	3
<100,≥20	3	4
<20,≥5	4	5
<5	5	5

(6)治涝、排水工程中的泵站永久性水工建筑物级别以及灌溉工程中的泵站永久性水工建筑物级别,应根据设计流量及装机功率按表3-7确定。

表3-7　泵站永久性水工建筑物级别

设计流量/(m^3/s)	装机功率/MW	主要建筑物	次要建筑物
≥200	≥30	1	3
<200,≥50	<30,≥10	2	3
<50,≥10	<10,≥1	3	4
<10,≥2	<1,≥0.1	4	5
<2	<0.1	5	5

注:1. 设计流量指建筑物所在断面的设计流量。
2. 装机功率指泵站包括备用机组在内的单站装机功率。
3. 当泵站按分级指标分属两个不同级别时,按其中高者确定。
4. 由连续多级泵站串联组成的泵站系统,其级别可按系统总装机功率确定。

(7)灌溉工程中的渠道及渠系永久性水工建筑物级别,应根据设计灌溉流量按表3-8确定。

表 3-8 灌溉工程永久性水工建筑物级别

设计灌溉流量/(m^3/s)	主要建筑物	次要建筑物
≥300	1	3
<300,≥100	2	3
<100,≥20	3	4
<20,≥5	4	5
<5	5	5

(8)供水工程永久性水工建筑物级别,应根据设计流量按表 3-9 确定。供水工程中的泵站永久性水工建筑物级别,应根据设计流量及装机功率按表 3-9 确定。但承担县级市及以上城市主要供水任务的供水工程永久性水工建筑物级别不宜低于 3 级,承担建制镇主要供水任务的供水工程永久性水工建筑物级别不宜低于 4 级。

表 3-9 供水工程的永久性水工建筑物级别

设计流量/(m^3/s)	装机功率/MW	主要建筑物	次要建筑物
≥50	≥30	1	3
<50,≥10	<30,≥10	2	3
<10,≥3	<10,≥1	3	4
<3,≥1	<1,≥0.1	4	5
<1	<0.1	5	5

注:1. 设计流量指建筑物所在断面的设计流量。
2. 装机功率指泵站包括备用机组在内的单站装机功率。
3. 泵站建筑物按分级指标分属两个不同级别时,按其中高者确定。
4. 由连续多级泵站串联组成的泵站系统,其级别可按系统总装机功率确定。

(9)水利水电工程施工期使用的临时性挡水、泄水等水工建筑物的级别,应根据保护对象、失事后果、使用年限和临时性挡水建筑物规模按表 3-10 确定。

表 3-10 临时性水工建筑物级别

级别	保护对象	失事后果	使用年限/年	临时性挡水建筑物规模	
				围堰高度/m	库容/亿 m^3
3	有特殊要求的1级永久性水工建筑物	淹没重要城镇、工矿企业、交通干线或推迟工程总工期及第一台(批)机组发电,推迟工程发挥效益,造成重大灾害和损失	>3	>50	>1.0

续表 3-10

级别	保护对象	失事后果	使用年限/年	临时性挡水建筑物规模	
				围堰高度/m	库容/亿 m³
4	1级、2级永久性水工建筑物	淹没一般城镇、工矿企业或影响工程总工期和第一台(批)机组发电,推迟工程发挥效益,造成较大经济损失	≤3,≥1.5	≤50,≥15	≤1.0,≥0.1
5	3级、4级永久性水工建筑物	淹没基坑,但对总工期及第一台(批)机组发电影响不大,对工程发挥效益影响不大,经济损失较小	<1.5	<15	<0.1

三、水工建筑物洪水标准的确定

在水利水电工程设计中不同等级的建筑物所采用的按某种频率或重现期表示的洪水称为洪水标准。永久性水工建筑物所采用的洪水标准,分为设计洪水标准和校核洪水标准两种情况。临时性水工建筑物的洪水标准,应根据建筑物的结构类型和级别,结合风险度综合分析,合理选择,对失事后果严重的,应考虑超标准洪水的应急措施。

根据《水利水电工程等级划分及洪水标准》(SL 252—2017),水利水电工程永久性水工建筑物的洪水标准汇总于表3-11,临时性水工建筑物洪水标准见表3-12。

表 3-11　各类工程的永久性水工建筑物洪水标准(重现期/年)

项目			永久性水工建筑物级别				
			1	2	3	4	5
山区、丘陵区水库工程	设计		1 000~500	500~100	100~50	50~30	30~20
	校核洪水标准	土石坝	可能最大洪水(PMF)或10 000~5 000	5 000~2 000	2 000~1 000	1 000~300	300~200
		混凝土坝、浆砌石坝	5 000~2 000	2 000~1 000	1 000~500	500~200	200~100
平原、滨海区水库工程	设计		300~100	100~50	50~20	20~10	10
	校核洪水标准		2 000~1 000	1 000~300	300~100	100~50	50~20
永久性泄水建筑物级别	洪水重现期		100	50	30	20	10

续表 3-11

项目			永久性水工建筑物级别				
			1	2	3	4	5
水电站厂房	山区、丘陵区	设计	200	200~100	100~50	50~30	30~20
		校核	1 000	500	200	100	50
	平原、滨海区	设计	300~100	100~50	50~20	20~10	10
		校核	2 000~1 000	1 000~300	300~100	100~50	50~20
拦河闸、挡潮闸	洪水标准	设计	100~50	50~30	30~20	20~10	10
		校核	300~200	200~100	100~50	50~30	30~20
	潮水标准		≥100	100~50	50~30	30~20	20~10
治涝、排水、灌溉和供水工程	设计		100~50	50~30	30~20	20~10	10
	校核		300~200	200~100	100~50	50~30	30~20
治涝、排水、灌溉和供水工程的泵站	设计		100	50	30	20	10
	校核		300	200	100	50	20

注:对具有挡潮工况的拦河闸、挡潮闸的永久性水工建筑物按表中潮水标准执行。

表 3-12 临时性水工建筑物洪水标准(重现期/年)

建筑物结构类型	临时性水工建筑物级别		
	3	4	5
土石结构	50~20	20~10	10~5
混凝土、浆砌石结构	20~10	10~5	5~3

第四节 水 库

天然河道的径流过程和用水需求存在一定的矛盾。当需要用水时,有可能河流中的水量不大;而当不需要用水时,河流中的径流量可能比较大,尤其是在洪水季节,用水很少而河流中的流量很大,有可能发生洪涝灾害。为了解决这个矛盾,就需要在河流上修建水库。一般来说,水库是指在山沟或河流的狭口处建造拦河坝形成的人工湖泊。修建水库的主要目的一是拦蓄洪水,二是调节河流的径流。

一、水库的作用

(一)防洪

水库是防洪广泛采用的工程措施之一。利用水库库容拦蓄洪水,削减进入下游河道的洪峰流量,以达到减免洪水灾害的目的。水库防洪一般用于拦蓄洪峰或错峰,常与堤防、分洪工程、防洪非工程措施等配合组成防洪系统,通过统一的防洪调度共同承担下游的防洪任务。长江三峡水利枢纽,防洪库容221.5亿m^3,可使荆江河段防洪标准从10年一遇提高到100年一遇,当遭遇大于100年一遇特大洪水时,辅以分洪措施可防止发生毁灭性灾害,基本上可消除长江洪涝灾害的影响。

(二)兴利调节

对于综合利用水库来说,水库除承担防洪任务外,还可能要承担以下任务:

(1)向附近的区域供水,包括工农业生产用水、居民生活用水、环境生态用水等。由于修建了水库,可以基本保证用户在枯水季节的用水需求。

(2)在水库大坝下游修建水电站,利用水库中的水位与大坝下游水位之间的水位差(也称为水头)进行发电。如三峡水电站建成后,装机总容量达22 500 MW,平均年发电量达到1 040亿kW·h,效益非常可观。

(3)修建水库以后,控制水库的泄水过程,改善河流中的流量,保证河流中的水位,确保其中的船只通行。三峡水库将改善航运里程660 km,使万吨级船队可以从汉口直达重庆。

(4)其他方面。还可以利用水库进行水产养殖、开发库区旅游。如著名的千岛湖就是新安江水库所形成的。

二、水库的调节分类

水库的来水、放水和蓄水都是随时间而变化的。水库由空库到满库再到空库的循环所经历的时间称为水库的调节周期。按照调节周期的长短可以将水库分为日调节、周调节、月调节、季调节、年调节及多年调节。

日调节水库:库容很小,水库调节周期为一昼夜,将一昼夜的天然径流通过水库调节。

周调节水库:库容小,水库调节周期为一周,将一周的天然径流通过水库调节。

月调节水库:库容小,水库调节周期为一个月,将一个月的天然径流通过水库调节。

季调节水库:水库库容不大,水库调节周期为一季度,将一季度的天然径流通过水库调节。

年调节水库:对一年内各月的天然径流进行优化分配、调节,将丰水期多余的水量存在水库中,保证枯水期的用水需要。

多年调节水库:将不均匀的多年天然来水量进行优化分配、调节。多年调节水库容量较大,调节洪水的能力也很强,可以实现削减洪峰和错开洪峰的目的。

三、水库的水文特征

在设计水库工程时,要考虑水工建筑物所能防御洪水的能力,这个目标一般是根据所在河段未来可能发生洪水的特性,并结合工程规模和要求,选出一个大小比较合适的洪水作为防洪安全设计的依据。水库的防洪标准即水库水工建筑物的防洪标准,表示水库防洪能力的大小。发生标准内的洪水,水库的水工建筑必须保证安全和正常工作。水库设计和运用中主要采用的洪水标准有设计洪水标准、校核洪水标准和为下游防洪设定的洪水标准等。

四、水库的特征水位和特征库容

(一)水库的特征水位

水库中的水位是不断变化的,为完成不同时期不同任务和各种水文情况,需控制达到或允许消落的各种库水位称为水库的特征水位。这些特征水位和相应的库容各有其特定的任务和作用,体现着水库利用和正常工作的各种特定要求。水库的特征水位和特征库容见图 3-1。

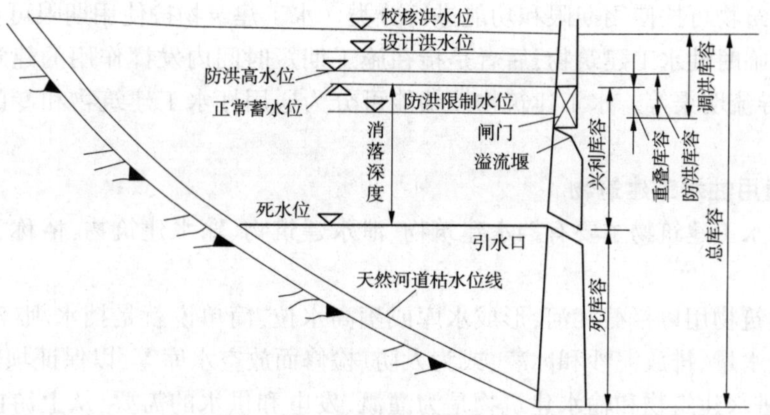

图 3-1　水库的特征水位和特征库容

(1)正常高水位(正常蓄水位):水库在正常运用情况下,允许经常保持的最高水位,又称设计蓄水位。它决定了水库的规模、效益和调节方式,也在很大程度上决定了水工建筑物的尺寸、形式和水库的淹没,是水库最重要的特征水位。

(2)设计洪水位:发生设计洪水时,在坝前所达到的最高水位。是水库在正常运用情况下允许达到的最高洪水位,也是挡水建筑物稳定计算的主要依据。

(3)校核洪水位:发生校核洪水时,在坝前所达到的最高水位。

(4)防洪限制水位:水库在汛期允许的水位上限,也是水库在汛期防洪运用时的起调水位。防洪限制水位的拟定,关系到防洪和兴利的结合问题,要兼顾两方面的需要。

(5)死水位:水库在正常运用情况下,允许消落到的最低水位,又称设计低水位。

此外,还有防洪高水位,即当水库遇到下游防护对象的设计标准洪水时,在坝前所达到的最高水位,称防洪高水位。只有当水库承担下游防洪任务时,才需确定这一水位。

(二)水库的特征库容

死水位以下的库容称为死库容,也叫垫底库容。死库容的水量除遇到特殊的情况(如特大干旱年)外,它不直接用于调节径流,但可以淤积泥沙。

正常蓄水位至死水位之间的水库容积称为兴利库容。用以调节径流,提供水库的供水量。

设计洪水位至防洪限制水位之间的水库容积称为设计调洪库容。校核洪水位至防洪限制水位之间的水库容积称为校核调洪库容。

正常蓄水位至防洪限制水位之间的水库容积称为重叠库容,也叫共用库容。汛前限制蓄水,腾出库容以便防汛,汛后蓄水用于兴利。

校核洪水位以下的水库容积称为总库容。它是表示水库工程规模的代表性指标,作为划分水库等级、确定工程安全标准的重要依据。

五、水库的组成

一座典型的水库包括不同类型的建筑物,例如挡水、泄水、输水或其他专门建筑物等。一般水工建筑物可按使用期限和功能进行分类。水工建筑物按使用期限可分为永久性水工建筑物和临时性水工建筑物,后者是指在施工期短时间内发挥作用的建筑物,如围堰、导流隧洞、导流明渠等。水工建筑物按功能可分为通用性水工建筑物和专门性水工建筑物两大类。

(一)通用性水工建筑物

通用性水工建筑物主要有挡水建筑物、泄水建筑物、输水建筑物,俗称为水库工程的“三大件”。

挡水建筑物用以拦截江河,形成水库或壅高水位,简单说就是挡水坝;泄水建筑物用以宣泄多余水量、排放泥沙和冰凌,或为人防、检修而放空水库等,以保证坝体和其他建筑物的安全;进水建筑物和输水建筑物是为灌溉、发电和供水的需要,从上游向下游输水用的建筑物,有隧洞、渠道、渡槽、倒虹吸等。

(二)专门性水工建筑物

专门性水工建筑物主要有:

(1)水电站建筑物,如前池、调压室、压力水管、水电站厂房。

(2)渠系建筑物,如节制闸、分水闸、渡槽、沉沙池、冲沙闸。

(3)过坝设施,如船闸、升船机、放木道、筏道及鱼道等。

有些水工建筑物的功能并非单一,难以严格区分其类型,如各种溢流坝,既是挡水建筑物,又是泄水建筑物;闸门既能挡水和泄水,又是水力发电、灌溉、供水和航运等工程的重要组成部分。有时施工导流隧洞可以与泄水隧洞或引水隧洞等结合。

第四章 中国水利的发展

第一节 水利发展对社会的影响

一、水利发展与地区经济发展的关系

在中国几千年的历史中,农业一直是社会经济的主要部门,而水利则是农业的命脉。水利的发展对于中国古代社会经济的发展起着至关重要的作用。

中国早在母系氏族社会时期,黄河流域的部落就形成了以农业为主的综合经济。现在称当时的原始农业为刀耕火种。到了父系氏族社会阶段,农业生产注重按照季节和气候条件进行,进一步提高了它的可靠性和稳定性。此时长江中下游一带的氏族部落,已经普遍栽种水稻。

中国古代社会的经济发展以农业为主体,而农业除了受气候、土壤等地理环境的影响外,很大程度上取决于农作物的水量供应。随着农业的发展,原始的灌溉、防洪活动相继出现,并由此开始了中国水利发展的历史。

(一)黄河流域的开发与水利

中国奴隶社会早期的政治经济地区主要集中在黄河中下游一带,这里是由黄河冲积形成的黄土地带。黄土含有丰富的营养成分,具有很好的自然肥效,易于耕作,较为适合原始农业生产的发展。

近代黄河流域的年均降水量约为400 mm,属于半干旱、半湿润地区,整个年降水量的2/3又集中于6~9月,并且多以暴雨的形式出现。水旱灾害经常发生,对农业生产威胁很大。在长期的生产实践活动中,人们逐渐认识到同水旱灾害作斗争是发展农业生产的关键因素。传说中的大禹,花了十几年的工夫疏导洪水,平息水患,接着划分土壤等级,制定贡赋,发展农业生产。可见,农业同水利是紧密地联系在一起的。

黄河流域虽然经常发生水旱灾害,给农业生产造成很大的威胁,但是黄河及其支流经过人工的改造利用以后,灌溉着亿万亩良田,孕育了中国古代光辉灿烂的文化,黄河流域成为中华民族世代生息的主要地区之一。黄河流域经历代劳动人民的开发,使这一地区发展成为世界上最著名的文明地区之一。

黄河流域一些重要经济地区的相继出现,是同水利事业的蓬勃发展密切相关的。关中平原自商周开始直到汉唐,一直是中国一个很重要的经济地区。司马迁盛赞关中"膏壤沃野千里""故关中之地,於天下三分之一,而人众不过什三;然量其富,什居其六"。由此可见,关中平原经过历代劳动人民的辛勤开发,一直到汉代,土地仍然保持着优良的地力。

关中地区之所以千百年来一直能保持它十分重要的农业经济地区的地位,是和这一地区水利事业的不断发展有着直接联系的。在西周时代,关中地区的小型灌溉工程已经

比较普遍,人们兴建陂塘,储蓄天然雨水和河流来水,以方便稻田灌溉。但当时的陂塘容积比较小,对于经常受干旱威胁的关中地区来说,灌溉仍然缺乏保证,所以多数情况下仍然依靠天时以及作物的自然生长,农作物产量比较低。

战国后期到秦汉时期,关中地区是秦汉都城所在地,人口逐渐增加,粮食需要量也越来越大。解决这里的用粮问题,一方面依靠外地艰难的漕运,更重要的是要大力发展当地农业生产,扩大作物种植面积和提高产量,这就需要大力发展水利事业。在这种情况下,陆续兴建起郑国渠、白渠以及六辅渠、成国渠等一系列大规模灌溉渠系,于是关中灌溉面积大大增加,特别是因为泾、渭二水含有大量的泥沙,引泾、渭二水灌溉农田不仅为农作物提供了所需水量,而且对盐碱地实行洗土放淤,进行有效的土壤改良,使盐碱地转变成为"沃壤"。

水利对于关中地区经济发展的另一个重要方面是漕运。关中地区虽号称天下财富"什居其六",但是为了满足当时军事用粮和关中地区人口增长的需要,关中地区的粮食常常不能满足京师所需。西汉时期,从外地漕运至关中的粮食,从最初每年的几十万石增长到后期的数百万石。政府为了保证漕运任务而花在修船筑仓方面的费用,每年都有相当惊人的数字,可见当时漕运的重要。

号称"八百里秦川"的关中地区,由于主要是黄土地带,一经得到灌溉,就会变成沃野千里的富庶之地。在生产力还比较低下的中国古代社会中,这是发展经济的极其有利的一面。但是另一方面,关中地区年降雨量少而集中,泾、渭等河流又含有大量泥沙,灌溉渠系极易淤塞,如果没有妥善的经营管理,很难得到稳定的灌溉效益。加上豪强兼并和社会动乱的破坏,关中地区的经济地位在秦汉以后很长的一段时间里,就不及江南等后来发展起来的经济地区那么重要了。

黄河流域由水利事业的大发展而兴起的另一个重要经济区是河套平原。河套平原处于中国的干旱地区,雨量少,蒸发量大,如果没有稳定的灌溉条件,农作物是难于生长的。但是,这里土质条件较好,日照充足,加上流经这里的黄河沙少水清,决溢泛滥不多,对发展灌溉非常有利,因此早在先秦时期,中国劳动人民就在这里劳动生息并开发土地。但在汉初,这里的开发程度还较低。为了适应在北方作战的需要,于是汉代便加强了对河套地区的开发。

秦汉以后,这里的水利工程不断得到发展,比较著名的如北魏时期开凿的艾山渠,灌田可达几万顷。此后各代劳动人民不断努力,使河套地区变得越来越富庶。由于河套地区很少受到黄河水灾的干扰,加上这里不断开发,富饶与日俱增,遂成为黄河流域得天独厚的地方,故有"黄河百害,唯富一套"的说法。

(二)海河流域的开发与水利

海河流域是中国开发最早的地区之一。该流域地处华北平原北半部,属半湿润地区,适宜于农业生产,是中国古代重要的农业经济地区之一,并且在战略上也占有重要的地位。辽、金、元、明、清各朝代都曾定都北京,从13世纪中叶起,这里一直是中国政治、经济、文化的中心。

海河流域虽然适合农作物生长,但由于雨量集中,并且多以暴雨的形式出现,旱涝灾害经常发生。为了发展农业生产,既要得到稳定的灌溉,又要进行防洪排涝,可见,海河流域农业经济的发展是离不开水利事业发展的。

早在战国时期,这里就出现了大型的引水灌溉工程——漳水十二渠。漳水十二渠可以灌溉当时魏国的重要都会邺附近的大片土地,并可引漳水的泥沙淤灌,改造这里的盐碱地,使这里的土地“成为膏腴,则亩收一钟”。海河流域井灌工程发展甚早,中华人民共和国成立后在北京附近曾挖掘出一处有60多眼水井的先秦到西汉间的水井群,这个井群的井壁都用陶圈砌成,可见当时井灌的发达。

三国时期,海河流域北部曾开展较大规模的水利建设,比较著名的有戾陵堰、车箱渠等。这些工程可引永定河水灌溉1万多公顷的土地,促进了这个地区农业的发展。

海河流域的灌溉工程,在以后各个朝代也都有所建树。该流域虽然是中国古代重要的农业经济地区之一,但是它同淮河流域、长江流域等一些经济地区相比,发展是较为缓慢的,特别是北京成为金、元、明、清各朝代的王都以后,这个地区远远不能满足京师用粮的需要。自明代中叶以后,虽曾出现过一些开发北方、改变南粮北运局面的主张,但都没有认真实行过。

(三)淮河流域的开发与水利

淮河流域有着发展成为中国重要经济地区的十分优越的天然条件。这里气候适宜,雨水充沛,天然河道较多,平原沃壤千里。早在原始社会时期,人们就在这一带活动。这里是古代南北政治、经济交往的要冲之地,历来为兵家所必争,成为有名的古代战场。每当封建国家分裂时,这个地区常常在战乱中遭受很大破坏。但是由于这个地区有着极为优越的自然条件,所以历代的统治阶级只要有可能,都不惜投入巨大的人力、物力进行开发,力图发挥这个地区作为重要经济地区的作用。

淮河流域地区经济上的重要性早在战国时期已经显示出来。春秋战国时期动工兴建的中国早期著名蓄水灌溉工程——芍陂的建成,以及众多湖泊的开发利用,使安徽寿县一带万顷良田得到灌溉之利,成为当时楚国的重要产粮区。寿春(今寿县)一度成为楚国的都城,这与当地水利事业的兴旺和农业经济的发达有很大关系。三国时期,曹魏之所以在战乱中仍然很快地把淮河流域开辟为重要经济地区,与原来这个地区已建立起来的水利条件和农业基础有很大的关系。

隋唐以后到宋,由于灌溉事业的进一步发展,良田沃野不断开垦,江淮地区成为最主要的经济地区之一。江淮地区的农作物主要是水稻,因而对水利事业的依赖程度更大。唐宋以后,由于封建统治阶级对经济发展的注意力逐渐转移到江淮以及江南一带,这些地区水利事业因此得到蓬勃发展,并成为封建王朝的重要经济地区。当时,产米量最高的是江浙,其次是江淮,而淮南地区每年“上供”粮食的数量,也是仅次于江浙而成为全国最重要的赋税收入地区之一。

淮河流域由于处在南北要冲位置,受封建统治阶级战乱的破坏非常严重。金元以后,黄河南侵,淮河流域泛滥日益严重,致使淮北地区灾害频繁,严重影响了这一地区的经济发展。所以,淮河流域虽然与江南地区具有同样优越的自然条件,并曾在唐宋期间一度与江南地区齐头并进地发展,但终究不及长江下游的江浙地区。

(四)长江流域的开发与水利

长江流域是中华民族的发祥地之一,由于这里具有优越的自然条件,一经开发就能迅速发展,因此成为中国极为重要的经济地区。

与关中一度并称“天府”的成都平原,那里土壤条件不亚于关中地区,而雨水又比关中地区丰沛,气候温暖湿润,加上岷江等河流贯穿其间,有比关中地区更加优越的灌溉条件。然而,在秦以前,岷江经常泛滥,水灾连年发生,当地劳动人民迫切要求兴建水利工程兴利除害,改变成都平原的现状。于是都江堰工程应运而生。都江堰工程建成后,成都平原万顷土地受其滋润,使得成都平原“水旱从人,不知饥馑,时无荒年,天下谓之天府也”。从此以后,成都平原历时2 000多年,一直受益于都江堰,直到今天仍然保持着重要农业经济区的地位。成都平原自都江堰建成后迅速成为中国古代社会的重要经济区域,有力地证明了水利事业对地区经济发展的巨大推动作用。

汉水流域与淮河流域的南阳、襄阳、汝南一带,是两汉时期兴起的一个农业经济区,促使这一地区经济发展的重要原因之一就是水利的大发展。在两汉期间,这里兴修了一系列的水利工程。水利的大兴,促进水力机械也有发展,如东汉期间南阳地区就“造作水排,铸为农器,用力少,见功多,百姓便之”。水利事业发展了,农业收成就有了保证。

由于这一地区水利事业成效十分显著,有人认为可与成都平原的都江堰和河北的漳水十二渠媲美。

在中国历史上,江南地区与黄河流域相比较,发展得较晚。汉代司马迁在描述当时关中地区“膏壤沃野千里”,占天下财富6/10的时候,江南却被说成“地广人稀”的落后地区。可是到了隋唐之后,江南经济却突飞猛进而成为全国最发达、最富饶的地区了。

江南之所以能够迅速发展成为最重要的经济地区,其历史原因是比较复杂的。晋代短暂的统一以后,很快又陷入战乱,中原乃至于几乎整个黄河流域的经济受到毁灭性的破坏。两晋南北朝以后,北方战乱较多,破坏极大,而南方则相对稳定。经过对太湖和钱塘江下游的开发,江南逐渐得到发展。这个时期,北方人口大量南移,南方人口剧增,迫切要求南方广大地区进一步开发,南方以其特有的自然条件,一经与北方先进的生产技术相结合,便以很快的速度向前发展。富有生产经验的黄河流域劳动人民转移到南方以后,和南方人民融会在一起,共同奋斗,迅速把江南地区建设成历史上从未出现过的繁荣富饶的重要经济区域。

早在三国政权分立时期,长江中下游经过初步开发,已经显示出那里能支持一个强大的独立政权数十年之久的经济潜力。当时东吴在兴修水利与屯田方面虽不及曹魏的规模和成效,但在东吴所属的现在南京太湖一带曾经创造了较为繁荣的景象。东吴利用长江下游河道如网、湖泊成群的有利条件,在以往兴修水利工程的基础上,发展了一些中小型水利工程,促进了农业的发展。

江南地区经济的迅速发展,同水利事业的兴旺发达是分不开的。这个地区的水利不但包括灌溉、排涝、治河、航运等各个方面,而且结合南方的自然特点,大力发展了海塘工程,特别是遍布南方各主要湖区的圩田,使水利事业的领域大为扩展。其所收效益巨大。王祯《农书》上说:“凡一熟之余,不惟本境足食,又可赡及邻郡,实近古之上法,将来之永利。富国富民,无越于此。”

经过短短的一两个世纪,江南一些地区变成了“地广野丰,民勤本业,一岁或稔,则数郡忘饥”的富足地区。事实上,在唐宋两个朝代,最高统治集团的军政开支、奢侈用度,绝大部分从江淮以南搜刮。宋明两代，以江浙为最富，江浙一带又以太湖地区甲于天下，“苏湖熟，天下足”这句话，充分反映了该地区的经济地位。

晋代以后南方水利之所以能如此迅猛发展，还有一个极为重要的原因是南方农业以水稻为主，而水稻田必须有充分的水源，需要靠人工灌水。鉴于水田比之于陆田的好处，所以南宋司农卿兼户部侍郎李镛说：“大抵南渡后水田之利富于中原，故水利大兴。”这也反映了水利与农业相辅相成的关系。南方农业经济的发展要求水利事业要有相应的发展，而水利事业的发展又大大推动了南方农业经济的发展。

地处长江中游的湖北江汉平原和湖南洞庭湖区也是中国重要的农业经济地区。这里湖泊众多，气候温暖湿润，雨水充足。沿江两岸和沿湖四周的土地非常肥美。南宋以后到明清两代，这里的农业经济发展特别迅速，有“湖广熟，天下足”之称，是封建王朝十分重要的赋税收入地区。明成化八年（公元1472年）以后，全国运粮京师规定为400万石，其中南粮就占约3/4，南粮的大部分都由长江中下游地区的劳动人民所承担，其中两湖（指湖南、湖北）占很大的比重。由此可以看到，当时的两湖地区经济已相当发达，成为全国粮税收入的重要地区。两湖地区农业经济发展同样也离不开水利的发展，这里的大小水利工程数目，在明清两代比起以往各朝代增长更快，沟渠陂泽、垸田湖田等大量出现。

（五）珠江流域的开发与水利

珠江流域是明清以后发展起来的中国南方重要的农业经济区，以珠江三角洲一带农业更为繁荣昌盛。这里雨水虽十分丰富，但旱灾也时有发生。特别是经常受到台风、海潮的侵袭，所以兴建各种水利工程，有效地防止自然灾害，是这个地区农业发展的重要保证。

珠江流域下游和三角洲一带劳动人民在同大自然作斗争中创造的基围、堤围，同长江流域的圩垸一样是防御洪水、保护农业生产的重要而有效的手段。这些堤围不单建筑在河流两岸，而且支干相连，形成大大小小的圈子把土地围在里面，基围里面的土地耕种稻谷，基围上则种植桑麻果木。这些堤围所围的土地，大者二三十万亩，小者数百亩甚至数十亩。珠江出海口附近的围田，是这个地区的劳动人民与水争地、扩大耕种面积的重要方法。

除上述各地区外，其他的重要农业经济地区的发展也是和水利事业分不开的。例如东北地区的辽东人民在三国时期就曾在今沈阳以东兴修水利，发展当地的农业，“穿山溉灌，民赖其利”就是一例。

二、中国水利发展与社会发展的关系

水利事业在其发展过程中，固然有它自己内在的规律性，但它同社会发展的许多方面都有着密切的关系。

（一）水利发展与生产工具的革新

水利的发展，首先同生产工具的发展密切相关。中国自原始氏族社会开始，经历了一两千年漫长的石器、蚌器、木器的时代。与石器、蚌器、木器的生产工具相适应，水利事业也经历了漫长的原始阶段。在这个阶段中，人们只是在比较易于施工的黄土平原上开挖小型的沟洫和陂塘从事农业灌溉，在较小的范围之内修筑一些原始堤坝，以抵御洪水、保护住处和庄稼。随着人类活动范围的扩大，农作物种植面积的不断增加，原始水利事业就其规模和数量来说也不断在缓慢地发展着，但是，人们还不能摆脱主要是靠天吃饭的状态。

石器时代以后出现的青铜器时代,标志着社会又向前发展了一步,它为铁器的出现奠定了基础,并推进了原始水利工程的发展,使原始的分散的小陂、小水沟发展成初步的灌溉系统。但是,青铜工具还不能为大型水利工程提供最基本的条件,在青铜器时代还看不到大型水利工程。

自出现铁制工具以后,到了春秋战国时期铁制工具逐渐代替旧的工具,而宣告石器时代和青铜器时代的结束。畜耕的普遍使用,加上深耕细作、播种、施肥、田间管理等一系列农业技术的革新,运输车具的广泛使用,使春秋战国时期整个社会生产力提高到一个新的高度。生产力的大发展推动了社会的大变革,剩余劳动更多地出现,使从事较大规模的工程建设成为可能,而大量的铁制工具则为大规模的艰巨的施工提供了最重要的手段,大型水利工程开始出现。这时,中国的水利事业发展到一个划时代的新阶段,这个新阶段是以众多的著名大型水利工程项目的出现和水利事业领域的扩展为特点和标志的。在楚国,修建了中国最早的大型灌溉工程——期思雩娄灌区以及芍陂灌溉工程,这是摆脱靠天祈雨而求得更有效地在较大范围内实行稳定灌溉的重要开端。

由于铁制工具的广泛使用,黄河下游地区的进一步开发,耕地面积进一步扩大,黄河沿岸的村庄市镇大量兴建,对黄河的防洪也提出了新的要求。在这时便产生了较大规模的堤防工程。

生产力的发展也为航运事业的发展提供了新的条件。以著名的邗沟和鸿沟为代表的较大运河的出现,为中国水利发展开辟了一个与灌溉及防洪同样重要而且有时规模更大、更为艰巨的领域,对社会的文明进步产生了深远的影响。邗沟和鸿沟的建成,首次沟通了长江与黄河、淮河两大流域的航运,开辟了南北水路交通运输的道路,对当时以及后代的社会进步都有着重大的意义。

在春秋战国时期分裂割据的局面下,就一个诸侯国的水利建设成就来说,首屈一指的要算是秦国了。在不长的统治时间里,秦国接连兴建了中国古代最著名的都江堰、郑国渠两项大型灌溉工程。秦统一以后,很快又开凿了沟通长江与珠江两大水系的人工运河——灵渠。这三项工程不但以其巨大的政治、经济意义,而且以其巧妙的设计和高超的施工技术而闻名古今。秦国水利事业这样迅猛发展,除了商鞅变法等政治革新比各国更为彻底外,秦国的生产力较为发达也是重要的原因。当时秦国拥有数量不少的可供开采的铁山,木材也很丰富。战国后期东方诸侯国已很羡慕"秦以牛田,水通粮"。秦国的农业劳动生产效率处于领先的地位,它的水利成就比其他各国更为显著也绝不是偶然的。

社会生产力的发展,一方面,为水利事业的发展创造了先决条件,另一方面,又对水利发展提出了新的要求,促进水利事业向新的高度继续发展。如三国以后南方地区不断开发,使社会财富不断增加,整个社会生产力就大大地提高了。南北经济交流对南北交通提出了新的要求,促使航运事业向前发展,手工业各部门的普遍发展要求社会能提供更多的动力,手工业便从主要是依靠人力发展到更多地依靠畜力,进而运用水力,这就开拓了水利事业的新领域,使水利事业在社会生产力中占有更为重要的位置。

水利事业一方面受社会生产力各个部门的发展所推动,另一方面却又受到社会生产力各部门发展速度所制约,不能超越社会生产力所允许的速度和规模单独向前发展。汉代的水利事业,在春秋战国的基础上继续迅速向前发展。为了解决关中粮食补给,汉代曾经试图开辟一条沟通秦岭南北水系运道的褒斜道，并组织过开凿黄河三门砥柱之险的工程，由于当时生产力还无法控制黄河和褒河湍急的流速，工程进而夭折。宋代圩田的大发展，极大地推进了农业经济的发展，提高了社会生产力。但圩田的滥加发展，又造成了湖泊面积逐渐减小和水旱失调的严重问题，以致宋代统治者不得不明令禁止盲目围垦的现象。这一方面说明生产力各部门之间必须按照自己内部的辩证规律向前发展；另一方面又说明由于历史的局限，封建社会既不可能认识社会生产力发展的规律，更不可能运用这种规律，只能任其自发地走到极端，然后再来进行调节。

（二）水利发展与社会政治经济的变革

在以农为主的中国几千年封建社会中，水利的兴衰同社会制度、生产关系的变革有着直接的关系。一方面水利作为社会生产力的一部分直接作用于社会，引起社会的变革；另一方面社会的变革又反过来影响水利事业的发展。

在奴隶社会转变到封建社会的社会大变革中，水利事业勃然兴起，出现了中国水利发展史上大型水利工程建设的第一个高潮。战国期间，秦国兴建的大型水利工程，对秦国完成中国第一次大统一事业起了重要的作用。司马迁对郑国渠给予了极高的评价："渠就，用注填阏之水，溉泽卤之地四万余顷，收皆亩一钟。于是关中为沃野，无凶年，秦以富强，卒并诸侯。"司马迁把秦完成统一事业归功于一两项水利工程，未免不甚恰当，但是他对当时历史条件下这些大型水利工程对社会进步的影响所作的高度评价，是值得我们重视的。

秦末陈胜、吴广领导的农民大起义推翻了腐朽的秦二世的统治，狠狠打击了当时的封建统治阶级，使西汉初期的统治者不得不执行有利于社会生产力向前发展的方针政策，削减赋税，发展生产。汉武帝发布了兴修水利的谕令，当时水利大兴，不但出现了"灌田各万余顷"的大型水利工程，而且小型水利工程遍及各地，出现了"用事者争言水利"的局面。秦汉统一的黄河防洪大堤的出现，标志着中国的治河防洪进入了一个新的阶段。

隋末农民大起义，沉重地打击了封建统治阶级，使唐代的封建统治者不得不对某些束缚生产力发展的封建生产关系做出一些调整，多少促进了生产力的发展。因此，水利事业又一次得到较大的发展。其中运河的管理和维修、通航都达到了一个新的水平。

历代统治者虽然是兴修水利工程的发动者和组织者，但其反动、腐朽的一面却对水利事业的发展起着阻碍的作用。中国北方早期几项著名的大型水利工程如郑国渠、白渠以及运河的荒废，都是由于封建统治阶级无力驾驭社会的结果。在各个封建朝代的末期，水利工程很多被破坏和荒弃，在分裂割据的战争中"以水代兵"，更是统治阶级为了适应军事需要而采用的手段，它不但直接破坏水利事业，而且给广大人民带来极大的灾难。黄河自汉代以后灾害较多，中唐以后又频频决溢，至南宋时期黄河更加紊乱，一直延续到中华人民共和国成立以前，成为华北平原劳动人民的严重威胁。其主要原因之一就是由于封建统治阶级骄奢淫逸以及他们之间的争权斗争引起的连年战争，对社会生产力造成极大的破坏。河堤失修，决溢后又久不修治，加上中上游林木植被遭受极大破坏，水土流失日见严重，下游河床逐年淤高等，都成了黄河灾害的综合病因。

水利事业不仅直接影响社会的政治生活，也影响着人们的思想。战国时期西门豹主持漳水十二渠灌溉工程的兴建，不但使邺地生产面貌为之改观，而且大破河神之类的封建迷信思想。西汉元光三年(公元前132年),黄河瓠子决口,当时的最高统治集团中,曾有人宣扬"江河之决皆天事,未易以人力强塞,强塞之未必应天"。这种思想使洪水灾害持续20多年,严重危害农业生产,人民流离失所,"关东饿死者以千数"。直到元封二年(公元前109年),汉武帝亲临堵口现场,通过广大劳动人民英勇奋战,最终堵住了决口,这就是治黄史上著名的瓠子堵口。

随着水利事业的发展,大型水利工程的不断出现以及水利工程的普遍兴建,水利经营管理的问题逐渐突出,矛盾比较多,有时候甚至成为尖锐的社会问题和政治问题。唐代由于水力机械的普遍发展,水力得到广泛的利用。但是豪强贵族、寺僧到处兴建私人水碾,抢占水源,这在京城附近的郑白渠上表现非常突出,当时"郑白支渠轻硙碾,拥隔水利,人不得灌溉"。

蓄水和排涝的矛盾,历史上也数见不鲜,汉晋时代汝南和沿淮地区湖泊洼地的兴废就是一个例子。宋元时代太湖地区的围垦和蓄水灌溉,以及清代洞庭湖的圩垸兴修和"废田还湖"的争论,又是另外一种矛盾。又如人工运河,一般都有航运、灌溉两种效益,两者往往又有矛盾,互相影响。

在封建社会后期,一方面因为统治者依赖漕运搜刮南方民脂民膏;另一方面,运河两岸农田需要灌溉。统治者往往为了保漕,禁止灌田引水,这在明清两代几乎是经常出现的。明清的封建统治者为了确保漕运,甚至还牺牲防洪治河,为通运而治理黄河是他们公开宣布的方针。

以上事例说明,水利经营管理不单是技术问题,而且是政治问题、社会问题,它对于水利事业的发展影响很大,必须认真总结这方面的经验教训。

第二节　治河事业的发展

中国是水利大国,与华夏文明一样,治水的历史源远流长,治水的成就灿烂辉煌。从举世闻名的都江堰,到气势磅礴的三峡工程;从大禹治水的"定九州",到1998年大洪水百万军民的"三个确保"(确保长江干堤安全,确保重要城市安全,确保人民生命安全),中华民族在与水的抗争中得到凝聚和发展。

一、大禹治水的传说

古文献中记载在4 000多年前的尧舜时代,黄河流域连续发生大洪水,最后为禹所征服。中国神话中的洪水有女娲氏"炼五色石以补苍天,断鳌足以立四极,杀黑龙以济冀州,积芦灰以止淫水""淫水涸,冀州平"等。更普遍的是尧舜时的洪水传说,时期可以较确切地定为新石器时代后期,部落联盟时代末期。"汤汤洪水方割,荡荡怀山襄陵,浩浩滔天",是一次包围了大山、淹没了丘陵的大洪水。大水经年不退,灾民扶老携幼,到处漂流,整个民族陷入空前深重的灾难之中。

据说先负责治水的是有治水传统的夏族首领鲧。鲧修筑堤坝围堵洪水,但堤坝频繁被大水冲垮。鲧在9年中耗费了无数的人力、物力,仍没能制止水患。舜巡视各地,发现鲧治水无方,将其处死,派鲧的儿子禹继续治理洪水。禹联合了共工氏和伯益、后稷等许多部落,继续向洪水展开大规模的斗争。禹吸取了其父亲治水失败的教训,改变单纯筑堤堵水的办法,采用疏导的策略,由助手伯益焚烧山泽,驱逐禽兽,再疏导河流排入长江大河,分泄入海。他结婚后4天就开始工作,在外工作13年,8年中“三过其门而不入”。

禹善于总结水流运动规律,利用水往低处流的自然特点,因势利导地治理洪水。为了掌握下游地区的地形情况,大禹“左准绳,右规矩”,“行山表木,定高山大川”,带着测量工具,到全国各地勘察地形,测量水势。在此基础上,他带领百姓,“疏川导滞”,根据地形地势疏通河道,排除积水,洪水和积涝得以回归河槽,流入大海。大禹勤苦耐劳,富于牺牲精神。治水工作艰苦而繁忙,他婚后的第4天,就离家去参加治水。作为一个部落首领,他“身执耒锸,以为民先”,亲自指挥和带领大家劳动。他经常光着双脚下水干活,风吹日晒,栉风沐雨,腿上的毛都磨光了,脸孔也变黑了。他就这样“劳身焦思”,一心扑在治水事业上。

经过10余年的艰苦努力,终于制服了洪水。“水由地中行,然后人得平土而居之”。于是,人们纷纷从高地下来,回到平原上。接着,禹又带领人们开凿沟渠,引水灌溉,发展农业,化水害为水利,在黄河两岸的平原上开出了许多良田和桑土,使这些地方成为人们安居乐业的地方。《诗经》歌颂禹的功绩说:“奕奕梁山,维禹甸之”,说他平治了水灾,把梁山之野开辟为良田。

虞舜去世以后,大禹由于治水有功,得到人们的拥护,就接替舜当了部落联盟的领袖。在治水过程中,大禹自然地拥有了至高无上的权力和威望,形成了对部落联盟的强有力的领导。他“铸九鼎,定九州”,按照行政区划加强对各氏族部落的管理,并且使“人物高下,各得其所”,划分出统治阶级和被统治阶级。原始的民主制度逐步被打破,后来,大禹传位给他的儿子启,建立了中国第一个奴隶制国家——夏朝。大禹治水成为中国古代国家治水历史的开端,因此在中国历史上,治国与治水始终密不可分。

大禹治水的传说体现了中华民族无所畏惧、人定胜天的民族精神。世界许多民族都有古代发生过大洪水的神话或传说,如西方诺亚方舟的神话。这些神话有不少是说在远古时代有一次不可抗御的滔天洪水,几乎灭绝了民族,最后仰仗神的旨意,才得以避险,使极少数人生存繁衍下来。而只有在中华民族的神话里,才有洪水被大禹治得“地平天成”。这是民族精神的伟大象征,永远激励着中国人民与水旱灾害进行坚持不懈的斗争。

二、秦汉治黄思想

(一)秦汉时期的堤防及黄河决溢概略

战国时期黄河两岸已修建有连贯的堤防,不过堤防各分属有关国家,由于各自利害的不同,堤防的修筑不尽合理,甚至修建不合理的堤防,造成人为的险工,给邻国制造困难。春秋战国时期水灾记载中最重要的一次是公元前602年黄河的大改道,但目前历史资料较缺乏。

秦统一六国,建立了中国历史上第一个统一的封建帝国。政治的统一,不仅为统一文字、统一度量衡、修筑驰道、长城等事业创造了必要的条件,也为水利事业的进一步发展开辟了新的前景。黄河大堤因而有可能实施系统的、合理的整治。据记载,秦始皇在他执政的第三十二年(公元前215年)刻石记颂统一的功德时,曾特别指出:“初一泰平,堕坏城郭,决通川防,夷去险阻。”其中“决通川防,夷去险阻”,大约是改建不合理的堤防,从而使旧有的险工段化险为夷,这可能包括统一整治黄河大堤,所以秦始皇特别重视,要在刻石记功时专门提上一笔。

黄河从周定王五年(公元前602年)改道到新王莽始建国三年(公元11年)第二次大改道,其间经过600多年。在这600多年间,前半期黄河比较安定,到了西汉开始有明确的决溢记载。

西汉初年,黄河比较安定,唯一的一次泛滥记载是在汉文帝十二年(公元前168年),“河决酸枣,东溃金堤”。决口后曾派许多民工前往堵口,从而揭开西汉治黄的序幕。到了汉武帝时期,河决便频繁出现。武帝建元三年(公元前138年),河水在平原郡(今山东北部一带)泛滥。到汉武帝元光三年(公元前132年)春,“河水徙从顿丘东南,流入渤海”,同年5月,又在其上游的瓠子决口,“东南注巨野,通于淮泗”,洪水遍及16郡。当时曾派10万民工去堵口,堵而复决,没有成功。此后,从公元前132年到公元前119年,正是反击匈奴入侵战争的紧张阶段,西汉王朝无暇旁顾,造成连续23年的泛滥横流,泛区灾情极为严重,人民流离失所,引起劳动人民的不满和反抗。

为了稳定封建统治,元封二年(公元前109年)汉武帝下决心堵塞决口,命令汲仁、郭昌主持,动用几万民工参加。汉武帝为表示虔诚,亲自到决口处沉白马、玉璧祭祀河神,并命令随从官员自将军以下都背着柴草参加施工。由于黄河23年的泛滥横流,给堵口增加了更多的困难,当地防汛堵口材料极为缺乏。为了堵口的需要,当时竟连战国时代卫国的苑囿里的竹子都砍下来使用。通过群众的英勇奋战,决口终于被成功地堵塞了,并在其上修建宣防宫,这就是著名的瓠子堵口。

瓠子决口堵塞没多久,黄河又在馆陶决口。在西汉的200多年间,见于记载的决口泛滥共有10余次。汉代黄河下游频繁决溢,以往的治河经验和治河技术已不能保证黄河的安流,新的形势对黄河防洪提出了新的要求。

(二)秦汉治黄思想

汉武帝时的齐人延年最早提出新的设想,他在瓠子决口堵塞之后,提出了河出胡中之策,他说:“河出昆仑,经中国,注渤海。是其地势西北高而东南下也。可案图书,观地形,令水工准高下,开大河上领,出之胡中,东注之海。如此,关东长无水灾,北边不忧匈奴。”他认为将黄河从后套取直导向东流,引黄河至天津一带入海,既可以免除黄河下游洪水灾害,又有利于抗击匈奴。这个设想是十分大胆的,不过在技术上却是不合理的。因为黄河下游洪水,除来自上游外,主要来自山陕间的泾、渭、北洛、汾,以及河南的伊、洛、沁等中游的支流。因此,即使可导引黄河自塞北东出,也不能免除下游洪水的危害。

1.五种治黄思想

在西汉后期,随着黄河灾害的加剧,关于治黄思想的讨论也愈加热烈,其中比较有价值的有以下五种:

(1)分疏说。这种意见认为以往数十年间之所以河患不严重,是因为屯氏河分流的缘故。现在屯氏河淤塞,鸣犊口决口后,流势又不畅快,只靠一个主河道承担以往两条河道的泄洪任务,尽管一再加高堤防,洪水终难顺利宣泄,提出“屯氏河流行七十余年(“河”字后原有“不”字,今从《中国水利史稿》),新绝未久,其处易浚。又其口所居高,于以分流杀水力,道里便宜,可复浚以助大河泄暴水,备非常”。这种观点着眼于改善黄河下游河道泄流能力,有助于提高河道的防洪标准。但当时封建统治者却以经费不足为理由,未予采纳。

(2)滞洪说。这种观点建议将曹卫之城南北约长百八十里的地方空出来作为滞洪区。滞洪区的设置,对削减洪峰、减轻下游河道的负担,无疑是有好处的。但曹卫地区在战国时期已相当发达,放弃这个重要的经济地区是不现实的。另外,黄河输沙量特大,即使设滞洪区,也只能在特大洪水年份应急,满足不了经常防汛的需要。

(3)水力冲沙说。这种观点指出黄河多沙的特点,继而提出了水流与河床冲淤的关系,即“行疾,则自刮除,成空而稍深”“河流迟,贮淤而稍浅”,而如果在黄河中游发展灌溉,则会减少下游水量,降低流速,从而使河道淤积,减少泄洪能力。在这种情况下,如果只是单纯依靠加高堤防来防洪,堤防必然越修越高。因而这种主张禁止中游灌溉,认为这样一来,水量集中下泄,下游河道逐渐被淘深,从而消除泛滥的危害。这种主张提出的水流速度和它的挟沙能力之间,也就是水流与河床冲淤之间的关系的概念是很有创见的。明代潘季驯的“束水攻沙”法,就是这个概念的重大发展。不过,这种主张也有不足之处:首先,当时灌溉引水数量并不很多,不足以对下游防洪产生决定性的影响;其次,黄河淤积主要产生在洪峰后部,其他时间淤积较少,禁止灌溉达不到减少河床淤积的目的。

(4)改道说。这种观点认为当时的黄河河道不利行水,造成泛滥,根治的办法是将黄河向东改道,从故笃马河入海,这样河流比降大,河流畅通,其规划的行水路线和日后王景固定的河床大致相仿。

(5)筑堤说。西汉时黄河下游河道紊乱,不仅堤距日益缩狭,宽窄不一,而且河道多弯,下游水势不畅,这也是导致建始四年(公元前29年)大泛滥的原因之一。筑堤防洪的意见,是提高和改善河道防洪能力的措施。对于黄河来说,显然是一种治标的办法,但在人们对黄河水文泥沙规律还没有深刻的认识之前,筑堤仍是比较有效的治理手段,并成为中国古代治理黄河的主要措施。

以上五种治河方略,分别从黄河洪水特性、泥沙特性以及下游河道状况出发,提出各自的治理意见,它们各有可取之处,也各有其片面性。除以上五种方略外,对后世影响最大的还有贾让三策。

2. 贾让三策

贾让三策在治河史上颇负盛名,它是在汉哀帝初年由贾让提出的。当时河道负责官员鉴于黄河频繁决溢,曾上书说:现在大禹的九河已经淤塞不见了。古代经典上所说的治水,只有分泄疏导的办法,而无修筑堤防的记载,因此要想治好黄河,“宜博求能浚川疏河者”。贾让上书应征,提出了有名的上、中、下三策,这是一篇被保留下来的最早的系统的治河规划的历史文献。

在上策中,贾让首先指出,古时候,河有河的道,人有人的住处,各不相干,那时河道的情形是,“大川无防,小水得入,陂障卑下,以为污泽,使秋水多,得有所休息,左右游波,宽缓而不迫”,并无所谓洪水灾害。但是到了战国,黄河开始筑堤约束河水,这是为了“各以自利”。不过当时两岸堤距尚宽,筑堤“虽非其正,水尚有所游荡”。然而,此后人们贪图黄河滩地的肥美,逐渐在堤内加筑民埝,圈堤围垦,以致河道宽窄不一,河线再三弯曲,因此导致黄河为害。据此,贾让提出他的上策说:“徙冀州之民当水冲者,决黎阳遮害亭,放河使北入海。河西薄大山,东薄金堤,势不能远泛滥。”按上策去做,就是给黄河一个宽广的区域,保证黄河“左右游波,宽缓而不迫”,则可以“河定民安,千载无患”。

贾让的中策是在黄河下游多开支渠,这些支渠除了用于灌溉,还可以分洪减水。具体做法是“但为东方一堤,北行三百余里,入漳水中,其西因山足高地,诸渠皆往往股引取之;旱则开东方下水门溉冀州,水则开西方高门分河流”。他所规划的东方一堤,大约是从遮害亭开始,沿着今京广铁路东侧向北修筑,引黄河入漳水的河道。他预计这样一来,大水时在西岸高地开水门分洪,灌溉季节则开东岸低水门灌溉放淤,因而既可以分洪防汛,减轻河防费用,改善两岸农业生产条件,又可以放淤灌溉,提高农业产量,同时还可以发展水运交通。

贾让视单纯依靠堤防来达到防洪目的的做法为下策,他说:“若乃缮完故堤,增卑倍薄,劳费无已,数逢其害,此最下策也。”

贾让上、中、下三策集中地体现了他的治河主导思想,从这个意义上说,三策是统一的一个整体。三策之中,尤以上策为其立论的重点,中策是上策的修正。

对于贾让的治河三策,后代有截然不同的评价,明清争论尤多。明代邱竣认为:“古今言治河者,皆莫出贾让三策”;清代夏王君称赞贾让治河有术,“虽使大禹复出于此时,亦未有不徙民而放河北流者,安得不以为上策哉”,而靳辅则讥讽贾让说:“有言之甚可听而行之必不能者,贾让之论治河是也”。统观三策,贾让在其中客观地总结了堤防发展的历史,批评汉代无计划围垦滩地所造成的堤防的不合理状况,以及提出发展引黄淤灌、兴利除害、变害为利的建议等,这些都是他的合理部分。此外,他还提出了补偿时间的概念,“出数年治河之费,以业所徙之民”,这在水利经营管理方面是个创见。不过在他看出西汉黄河堤防不合理的情况之后,不是对不合理堤防加以改造,继续前进,进一步发挥堤防在防洪中的积极作用,而是离开社会发展的客观实际,设想采取消极退让的办法,企图回避矛盾。清代龚自珍曾将贾让与明代潘季驯的治河方略进行了对比,他评价贾让说,“汉自瓠子后,贾让三策,上策至欲弃数州之地以予水,而指堤防为下策,未免高论难行。明代潘季驯反之曰:大禹导川,亦不过相水之上下流,束之以堤已耳。故潘氏平生所用,皆贾让之下策,迄今犹可师守。”龚自珍的批评是中肯的。事实上,贾让之后的70余年,出现了中国治河历史上著称的王景治河。这次大规模治河所采用的技术方案恰恰是贾让所反对的下策——筑堤。

三、王景治河

公元11年,黄河在魏郡决口,从山东利津入海,酿成了黄河历史上的第二次大改道,洪水在清河以东数郡泛滥横溢,造成航道淤塞,田地村落被洪水吞没,兖州、豫州老百姓大受水害,民不聊生。东汉初年沿袭西汉及王莽时的做法,对黄河弃而不治,放任自流,危害大片土地。明帝时政治上稳定,经济好转。永平十二年(公元69年)在人民群众的压力下,东汉王朝决定派王景治理黄河。

王景,字仲通,此人“广窥众书,又好天文术数之事,沈深多伎艺”,是当时知名的技术人才。在从事治黄以前,他已经积累了成功修治汴渠的实践经验,对于治黄的利害得失有较深入的了解。永平十二年汉明帝召见他,问他治河的方略,同意他的方案,并给他有关治河的文献——《山海经》《河渠书》《禹贡图》。这次治河规模浩大,动员了数十万人参加,施工整整一年时间,所花经费以百亿计,工程终于顺利完成,这就是历史上著称的王景治河。

据史料记载,这次治水工程的主要内容是:"筑堤、理渠、绝水、立门,河、汴分流,复其旧迹。"首先是筑堤,即修筑"自荥阳东至千乘海口千余里"的黄河大堤及汴渠的堤防。王景认为,黄河泛滥加剧的原因,是由于下游河道常年泥沙淤积而形成"地上悬河",河水高出堤外平地,洪水一来,便造成堤决漫溢。于是王景选择了一条比较合理的入海路线,并在两岸新筑和培修了大堤。新的入海路线比原河道缩短了距离,河床比降加大了很多,因而河水流速和输沙能力相应提高, 河床淤积速度大大减缓。特别是这条新河线,改变了"地上悬河"的状况,使黄河主流低于地平面,从而减少了溃决的可能性。这次修筑大堤,固定了黄河第二次大改道后的新河床,是东汉以后黄河能够得到长期安流的主要措施之一。

其次是理渠,即治理汴渠。汴渠联系黄河与淮河两大水系,是汉代特别是东汉以后中原与东南地区漕运的骨干水道。经过认真反复"商度地势"后,王景为汴渠规划了条"河、汴分流, 复其旧迹"的新渠线。王景还吸取历史上的教训,采取了"十里立一水门,令更相回注"的办法,就是在汴渠引黄段的百里范围内,约隔十里开凿一个引水口,实行多水口引水,并在每个水口修起水门,人工控制水量,交替引河水入汴。渠水小了多开几个水门,渠水大了关上几个水门,从而解决了在多泥沙、善迁徙河流上的引水问题。这是王景在水利技术上的又一大创造。当时,荥阳以下黄河还有许多支流,如濮水、济水、汴水等。王景将这些支流互相沟通,在黄河引水口与各支流相通处,同样设立水门。这样洪水来了,支流就起分流、分沙作用,以削减洪峰。分洪后,黄河主流虽然减少了挟沙能力,但支流却分走了大量泥沙,从总体上看, 还是减缓了河床的淤积速度。这是促使黄河长期安流的另一重要措施。王景还清除上游段中的险滩暗礁,堵塞汴渠附近被黄河洪水冲成的纵横沟涧,加强堤防险工段的防护和疏浚淤积不畅的渠段等,从而使渠水畅通,漕运便利。

王景治河,有几点值得提出:

(1)工程大,成功快。千余里的黄河、七八百里的汴渠, 共约 2 000 里的疏浚、修堤等,施工一年就完工了,从头一年 4 月到第二年 4 月,除去伏秋汛期,只有一个冬春。永平十二年夏动工,动工前的勘测、规划时间是很短的。这可能是黄河新道在漫流的六七十年内已经初步形成,并已有堤出现,不需要大量勘测工作,就民间已筑的堤防加工培修,连接调整,所以完成较快。王景曾"商度地势"是有测量勘察的,民堤不会完全合理, 看来调整重修是不会少的。工程完工后,数十年的黄水灾害得到平息,定陶以北大面积土地涸出耕种,农业生产开始恢复起来。在当时生产力十分低下的情况下,这实在是个奇迹。

(2)汛期施工在治河史上较为少见。王景用的是军工,不致妨碍农耕,伏秋汛期除准备工作外,可能先修黄河堤防,汛期后再挽溜入新道,整修汴渠,筑水门。

(3)用钱以百亿计。当时"百姓殷富,粟斛三十",是一石粟三十钱,按粮价折算合今 30 亿~50 亿元人民币。

(4)治河的重点是整修汴渠,治汴中又以立水门为最重要。治河以筑堤为主。

王景治河后恢复了西汉制度,沿河各地区设置了"河堤员吏",加强管理,恢复西汉时一些有利于维护堤防的管理制度,常年进行维修养护,从而为黄河安流提供了保证。王景治河成效卓然,从东汉末年王景这次治河到唐代末年的 800 年中,黄河决溢仅有 40 个年份,且都不大,主流一直处于稳定状态。后来,河患又逐渐多了起来,直至宋庆历八年(公元1048年)发生第三次大改道。因此,王景治河的办法和经验一直为历代治河者所推崇和效法。

四、明潘季驯治河

从东汉献帝初平元年至隋政权建立,共390年,政治上由统一到分裂,又由分裂到统一。政权的频繁变化意味着战争的频仍,战争又伴随着经济的衰落、建设的破坏。这一时期较为忽略水利工程建设,河防工程仅兴修过一两次,还与漕运有关。相反,以水为战争工具造成人为水灾,在这一时期最多。萧梁时拦淮河筑浮山堰,壅水攻寿县,堰溃后数十万百姓受灾。这一时期最突出的成就莫过于郦道元所著的《水经注》。此书总结了公元6世纪以前中国水利的成就,成为一部空前的地理、水利名著。

隋唐时期,黄河灾害逐渐增多但尚不严重,唐后期到北宋政权建立的80年间,中原分崩,形成五代十国,黄河治理不多,灾祸严重。北宋一代,治河用功虽勤而情况日趋恶劣,1048年河决商胡,北流和永济渠至天津东入海,这就是黄河的第三次大改道。

黄河自金代夺淮入海后,河患频繁。元朝定都大都,政治中心远离黄河流域,对河患持消极态度。直到黄河威胁到运河安全时,才不得不对河患采取较大的整治措施。所以,元朝从灭金据有黄河的八九十年中,治河事业成效不大。但在至正十一年由贾鲁组织的治河大役,却取得了巨大成就。此次治河,在规划、组织和施工技术方面都做出了新的贡献,对后世影响很大。贾鲁治河后,水灾稍轻,然十余年后即大决北徙,效果也很有限。

黄河至嘉靖末隆庆初已糜烂不堪,决溢上及曹、单下及徐、邳。明廷言治河实际只求维持畅通漕运,对于黄河治理仍束手无策,至潘季驯治河才稍有起色。

潘季驯(公元1521~1595年),浙江吴兴人。从嘉靖末到万历中,他4次担任河道总理,主持治理黄河、淮河和运河,前后跨27年。嘉靖四十四年(公元1565年),在黄河极为混乱的局面下,潘季驯首次出任总理河道,主持治河。他提出"开导上源,疏浚下流"的措施,主张"复故道",反对一见河道淤塞便"弃旧图新",另开新道的消极办法。隆庆四年(公元1570年),邳州河决,运道淤阻,他再次被任命为总河,率丁夫5万余人,堵塞了11个决口,挑浚匙头湾淤河80里,筑缕堤3万余丈,使河归正槽。并且提出,要使黄河长治久安,必须"筑近堤以束河流,筑遥堤以防溃决"。不久被弹劾罢官。万历六年(公元1578年),黄河决崔镇(属今江苏泗阳)而北,淮水决高堰而东。黄河、淮河、运河交汇的"清口"一带的河道只剩下一沟之水,而淮扬地区则一片泽国,运道又完全中断。在此形势下,潘季驯第三次出任河道总理。由于有张居正在朝廷支持,在这一任期内,潘季驯力排众议,大刀阔斧地实施"筑堤束水,以水攻沙"、大筑高家堰、"蓄清刷黄"的治河方略,进行了大规模的堤防建设,比较彻底地整治了徐州至淮安之间的河段以及洪泽湖东堤、淮扬运河和南旺一带水道,治绩卓著,在理论和实践上都有重要建树。出现了"清口方畅,流连数年,河道无大患"的小康局面。潘季驯因治河有功,迁升为工部尚书、南京兵部尚书,后又迁刑部尚书。张居正去世后,遭反对派攻击,潘季驯因而受牵连,于万历十一年(公元1583年)再度被削职为民。万历十六年(公元1588年),在许多人竭力推荐之下,潘季驯第四次出任河道总理。在三次治河的基础上,他主持全面整治了黄河下游两岸堤防,完善、制定了一系列堤防修守制度,提出并初步实践了淤滩固堤的措施,系统总结了四次治河的经验,写成《河防一览》一书。

潘季驯的治河思想主要表现在如下几方面:首先,潘氏反对明代以来在当时尚流行的分水、人工疏浚等做法,强调合流,以水刷深。其次,反对以保运为主治水方针下的枝节治理和头痛医头、脚痛医脚的做法,强调治黄即以治运,治淮必附属于治黄,以治黄为主,强调全盘治理,黄、淮、运的治理不可分割,反对开黄运或黄淮。再次,反对只加固堤防来消极防御,而强调它是进攻工具,筑堤是导河而不是障河。最后也是最重要的一点是,他反对治黄只着眼于水流,强调治沙不但重要而且关键。其治理黄河的总方略是:“以河治河,以水攻沙”。试图利用水流的本身力量来刷深河槽,增大河床的容蓄能力,从而达到防洪保运的目的。他的理论基础是水急则沙去,束水可以攻沙。他的规划是通盘治理黄、淮、运三河,最主要的措施是堵决口,修守堤防,束全河于一流而刷沙深河,这样可以解决通漕问题;筑双重堤防,缕堤束水,遥堤防洪以约拦洪水;为了保护堤防又修减水坝,减泄非常洪水,这是有控制的人工分水。

潘季驯不仅在理论上完善和发展了束水攻沙的思想,而且使之建立在可靠的措施上。其结果是黄河河道相对稳定,河患相对减少。潘氏治河虽不无成绩,但未收到预期效果,最根本的原因是束水攻沙成效不大。影响河槽冲淤的因素很多,束水攻沙的理论仅仅注意了流速与河床断面的因素。当时既不可能控制上、中游的来水来沙,也不可能合理地确定下游堤距的宽窄、河床断面大小和河床底坡,加上其他历史条件的限制,潘季驯推行的束水攻沙主张没有能改变河道淤积的趋势。随着河道堤防完善和不断加高,“地上河”的危险也与日俱增。

五、清靳辅、陈潢治河

潘季驯治河以后,明代后期在治河方略上一度出现过小反复。以杨一魁为代表的一些人批评筑堤束水方略,主张分黄导淮。接着,由于明末清初连续 40 多年的战乱,黄河堤防失修,河道决口频繁,运道日趋梗阻。清初虽有朱之锡等补直修守,但无益大局。自康熙中大力治河与平三藩之乱并重,用靳辅为河督,靳辅又用幕友陈潢的计划,根据潘季驯的理论,用了三四年的时间修堤、堵口、开浚、筑闸堰,使黄河河槽进一步固定,京杭运河得以维持通畅,成果维持了几十年,下至乾隆时黄河形成了小康局面。后此不过守靳氏成规,修堤堵口而已。法规制度、技术创新也多在乾隆后期之前。靳辅之后,齐苏勒、嵇曾筠、高斌、白钟山等相继担任河道总督,也有一定治绩,但基本仍是实行潘、靳的主张和措施。因此,清代在治河防洪方面最有建树、最有代表性的还是靳辅。

靳辅(公元 1633~1692 年),字紫垣,汉军镶黄旗人。从康熙十六年至二十六年(公元 1677~1687 年)间,连续 10 年担任河道总督,主持治理黄、淮、运。康熙十五年,黄河、淮河同时涨水,黄河倒灌洪泽湖,决开高家堰大堤 34 处,淮扬 7 州县被淹,清口以下河道被淤,漕运严重受阻。面临这样严峻的局势,迫使康熙帝下决心治理黄河。于是,第二年命令当时任安徽巡抚的靳辅为河道总督。

靳辅上任后,即由其幕友陈潢陪同,对黄、淮两河及决口、灾区进行实地考察,详细了解河情水势、堤防状况、水患灾情。他虚心向当地人民请教,在调查研究的基础上,靳辅、陈潢提出了治理黄河、运河的基本主张,认为“治河之道,必当审其全局,将河道运道为一体,彻首尾而合治之,而后可无弊也”,并且尖锐地指出了河道日坏、河患日多的根本原因是重漕运不重治河,是治河服从漕运的治河方针所造成的。他说:“河道之变迁,总由议治河者多尽力于槽艘行经之处,其他决口,则以为无关运道而缓视之,以致河道日坏,运道因之日梗。”他从8个方面系统提出了治理黄、淮、运的全面规划和实施步骤,即:取土筑堤,使河宽深;开清口及烂泥浅引河,使得引淮刷黄;加筑高家堰堤岸;次第堵塞周桥至霍家坝决口34处;深挑清口至清水潭运道,增培东西两堤;淮扬田及商船货物,酌纳修河银;裁并河员以专责成;按里设兵,划堤分守。朝廷基本同意了他的计划。在陈潢的协助下,靳辅立即组织施工,在黄淮下游千里河岸,主持兴筑了一系列修堤、筑坝、疏河工程,使黄河、运道出现了小安局面。

靳辅在治河方略上继承了潘季驯“坚筑堤防”“束水攻沙”的思想,反对多支分流,主张束水于一槽。他说:“水势分而河流缓,流缓则沙停,沙停则底垫,以致河道日坏而运道因之日梗。”认为“黄河之水从来裹沙而行,水大则流急而沙随水去,水小则流缓而沙随水漫。沙随水去,则河身日深而百川皆有所归,沙停水漫,则河底日高而旁溢无所底止”。为了攻沙,他“力请筑堤束水,用保万全”。在他主持下,把堤防从云梯关内伸向关外接近海口的地方。

他和潘季驯一样,也主张借清刷黄,认为“黄河之沙,全赖各处清水并力助刷,始能奔趋归海而无滞也”。所以,他对高家堰拦蓄淮水冲刷清口的作用非常重视,而且在潘季驯认识的基础上又有一定发展。一方面,他大大增建了洪泽湖大堤上的减水坝,扩大了宣泄淮河洪峰的能力;另一方面,他又提出“黄淮相济”,让部分黄河水经过低洼地沉淀泥沙,变成清水,然后注入洪泽湖,增加冲刷清口积沙的能力。靳辅还强调在以水冲沙的同时,要辅以人工挑浚,提出“寓浚于筑”的思想。在对待海口积沙问题上,靳辅则未拘泥于潘季驯的成见。潘氏认为,海口积沙无法疏浚,也不必过虑,应让水流自行冲刷。靳辅则认为“治水者必先从下流治起,下流疏通,则上流自不饱涨”,所以他“切切以云梯关外为重”,主张以挑浚和筑堤相结合,加强对黄河入海口的治理。

靳辅治河,得力于陈潢的辅佐。陈潢(公元1638~1689年),字天一,号省斋,浙江钱塘人,出身于平民百姓,是位科举未中、胸怀大志的穷秀才。他注重对大自然的观察探究,且留心“经世致用”之学,曾上行到宁夏一带对黄河进行实地考察,后来被靳辅看中,为靳氏幕友17年,成为靳辅治河的得力助手。靳辅提出的许多重要的治河方略和措施,实际多是陈潢的意见。靳辅刚刚受命主持治河,陈潢就向他介绍了黄河的特性,指出:黄河之所以黄,含沙多,是因为“西北土性松浮,湍急之水,即随波而行,于是河水遂黄也”。还指出,黄河防守的关键时间在伏秋,“河防所惧者伏秋也。每当伏秋之候,有一日而水暴涨数丈者,一时不能泄泻,遂有溃决之事,从来致患,大多如此”。他提出,“善治水者,先须曲体其性情,而或疏、或蓄、或束、或泄、或分、或合,而俱得其自然之宜”。这些意见和建议,对形成靳辅的治河决心、措施、步骤起了根本性的影响。

靳辅十分重视堤防的作用,这与陈潢的主张是分不开的。陈潢认为,“治河者,必以堤防为先务”,“堤成则水合,水合则流迅,流迅则势猛,势猛则新沙不停,旧沙尽刷,而河底愈深”。陈潢的博学多才和科学精神,使靳辅对其十分敬重,凡是治河之事,无不向他垂询求教。靳辅也不掠人之美,屡次向朝廷举荐陈潢。陈潢横遭诬陷含冤去世后,靳辅还义正词严地要求朝廷为他平反昭雪。陈潢的治河言论,由后人收集整理,编成《河防述言》,共12篇,附于靳辅《治河方略》一书后,是研究清代前期治河思想的重要史料。

靳、陈和潘季驯治河,重点都在徐州以下,都视黄、淮、运为一盘棋,都主张束水攻沙,都有一定成效。靳、陈工程规模较潘氏为大,清代虽重行漕而治黄也急,靳、陈开中运河于宿迁至清口之北,使黄河分离,潘氏不愿分开,实恐朝廷弃黄不治;靳、陈增建高家堰洪泽湖大堤,加高、加长、修减水闸坝,加修临湖坦坡防风浪,规模大,工程进了一步,较完备,实因清代已无水淹泗州明祖陵的顾虑。泗州于康熙十九年前后淹没。陈潢主张蓄淮清释黄浑,认识更明确;大量修黄河南岸减坝,一方面认识到少量减坝无补于事,另一方面还想到,减下的黄水沿途澄淤,入湖时已变清,可以助清抵御黄河在清口的倒灌。靳、陈主张海口附近河道可适当疏浚,后来并主张用机械疏浚等。以上治河思想都较潘氏又进了一步。陈、靳设计已有了明确的流量概念,量出为入,这也是明代所没有的。

潘、靳治河虽为前人所不及,但有两个主要问题并未解决:一是攻沙入海而无以断沙之来源,他们治淮徐而对河南注意不够。在潘氏之后,靳、陈之后河遂大决河南。对河南以上泥沙来源更未想到,潘氏且谓泥沙来自河南,显系误认。至乾隆七年御史胡定提出山陕筑淤地坝,拦蓄水土,已有水土保持的概念,然而却被当时河督白钟山所否定。二是导下游黄、淮洪水入海问题没有解决,主要表现在淮水无出路,潘氏因之罢官,靳氏也因之遭弹劾。淮水无出路,遂越下入里下河,里下河水灾严重。淮河中上游也因洪泽湖顶托而成灾,都是由于淮水出路未解决好所致。

靳、陈修筑大量减坝于黄河两岸,当时受人非议。南岸泄水入洪泽湖,增加湖的负担,而沿途沉沙久渐淤高,乾隆中期以后几乎每年开坝减洪以保黄堤,实是人工决口,并非毫无损失。北岸泄水道不畅,且未尝修治,中运河开后,泄水无路,大半停废。

清代后期,河政日益腐败,河道日趋梗阻,河防日益松弛。黄河连年决口,泛滥横溢。河官治河无术,唯消耗重金于堵口。黄河病入膏肓,终于在咸丰五年(公元1855年)发生铜瓦厢大改道,滔滔黄河夺路北流,结束了自南宋以来南流700年的历史。

清代末年,在内忧外患之中,全国江河堤防残破,灾患不断。西方水利科学技术传入后,传统的河工理论和技术受到挑战和改造,引进了先进的测量技术、通信技术,水泥等新型建筑材料开始使用。但由于政治黑暗和经济衰弱,许多治河方案流于空谈。

第三节　农田水利的发展

植物生长必须依靠雨露的滋润,但自然降雨往往不能完全满足作物生长的需要。劳动人民在与自然灾害作斗争中,创造和发展了农田水利工程,进一步由引水沟洫发展成为较大型的渠系工程。

一、先秦时期

早在夏商时期,中国人民在作农田规划的时候,已经注意到了水源问题。他们对水源情况进行调查并做出农田灌溉规划。到了商代,沟洫工程有了文字记载。西周时,沟洫工程有了发展,技术水平也有了新的进步。但总的来说,此时的农田水利工程还处于较低的水平。

中国史书记载的最早的渠系工程是淮河流域上的期思雩娄灌区,它是楚国孙叔敖在公元前605年主持修建的。《淮南子》中记载:“孙叔敖决期思之水,而灌雩娄之野。”期思之水就是今天的史河和灌河。在战国时期修建的渠系工程还有都江堰、郑国渠、漳水十二渠、智伯渠、芍陂等。

秦在未统一全国前,大力加强关中农业经济基础,辅以成都平原的开发,以及西北的畜牧、林、矿业等的利用。水利建设重点在泾、渭流域和岷江上游,最著名的是岷江上的都江堰和引泾灌溉的郑国渠。

都江堰位于岷江自峡谷进入冲积平原的交接点,在今四川都江堰市区西部。都江堰工程灌溉着都江堰市以东成都平原上的万顷农田。在都江堰工程兴建之前,这里是水旱灾害频发之地。秦昭王五十一年(公元前256年)李冰为蜀郡守。李冰在蜀大兴水利,主持兴建了都江堰这一著名水利工程。工程引岷江水灌溉成都平原广大地区并利用渠道发挥着通航、漂木等作用。成都平原以此“水旱从人,不知饥馑。时无荒年,天下谓之天府也”。都江堰工程渠道遍布成都平原各县,现在还穿过山区丘陵向东、南、北各区发展。到1949年可灌田为二三百万亩,现在已扩大到八九百万亩。

都江堰能够历经2 000多年而不废,效益有增无减,这同它的地点选择优越、布置合理、维护简便易行等是分不开的。现在看到的都江堰的布置结构是经过2 000多年整修、改进的成果,但基本技术原理古今无根本区别。都江堰的工程布置图大致如图4-1所示。

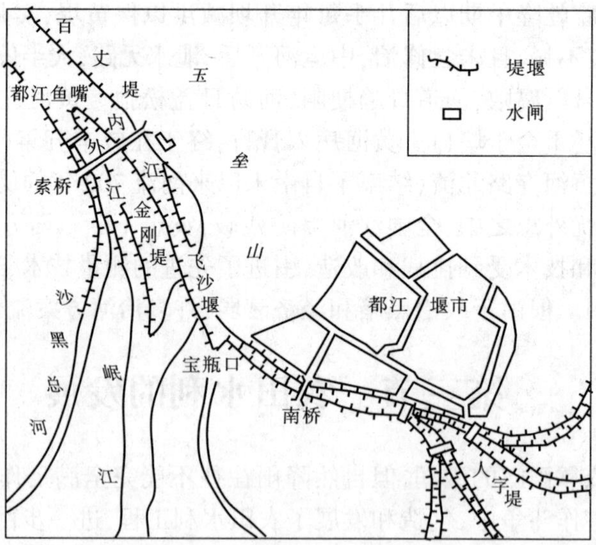

图4-1 都江堰工程布置图

从图4-1中可以看出它由宝瓶口、人字堤、飞沙堰、金刚堤、鱼嘴和百丈堤等部分组成,最重要的是鱼嘴、飞沙堰和宝瓶口三部分,此三者之间配合紧密,组成了一个有机组合的整体。鱼嘴下连金刚堤,分岷江为内外二江。外江是岷江正流,内江水流通过宝瓶口流向成都和川西平原,起航运、灌溉与分洪的作用,其引水流量大小由宝瓶口控制。宝瓶口是控制内江流量的咽喉,因形状似瓶口而得名。口左岸是玉垒山,右岸为离堆,现宽 20 m,高 40 m,长 80 m。飞沙堰是内江分洪减沙入外江的工程,长约 180 m,堰身的高度,可使汛期入内江的洪水和大量沙石由堰顶溢入外江。水太大时,堰被冲毁,洪水沙石直接泄入外江。三个建筑物配合,一般可以保证水小时足敷灌溉之用,水大时不致冲入内江成灾。大致江水少时,内外江分流比例是内 6 外 4,水大时是内 4 外 6。

百丈堤的作用是导流和护岸,人字堤的作用是护岸兼溢流,可以补飞沙堰溢洪之不足。这些堤基本都是用竹笼装石砌成,它的优点是:就地取材,施工简易,费省效宏。

除都江堰外,李冰还有平滩险、通航运、建索桥等事迹。他在岩石开挖的施工方法上有所创造,就是用火烧岩石,然后趁热浇冷水或醋,使岩石在热胀冷缩中炸裂,便于开凿。

郑国渠是秦始皇元年(公元前 246 年)动工兴建的。郑国渠之所以著称于世,除规模大、兴建时间早外,还由于它对增强秦国的经济实力和完成统一大业有着直接的关系。

随着都江堰的兴建,秦国的强盛与日俱增,特别是在秦庄襄王三年(公元前 247 年),秦又攻取河东,设置了太原、上党二郡,至此,东方诸强国均受挫败,秦统一六国的条件日臻成熟。在东方诸国处于危急之时,韩国更是首当其冲,但又无可奈何,遂使用“疲秦”之计,派水工郑国劝秦国兴建大型灌溉工程。韩以为在开挖大型渠道过程中,秦会疲惫不堪,因而无力东伐,秦果然中计,命郑国主持兴建引泾水灌溉的水利工程,全长 300 余里。在渠道施工中,此计被秦发觉,秦王欲杀郑国。郑国此人颇有胆略与远见,他对秦王说,修此渠道工程只能“为韩延数岁之命,而为秦建万世之功”。秦王认为有理,命令继续施工。用了十多年的时间,渠道终于建成,并以郑国的名字命名为郑国渠(见图 4-2)。表面看来,这似乎是一件偶然事件,其实韩国的“疲秦”之计只不过是一种外因罢了。修建郑国渠的根本原因在于秦的本身,那就是为了实现统一准备物质条件的需要。

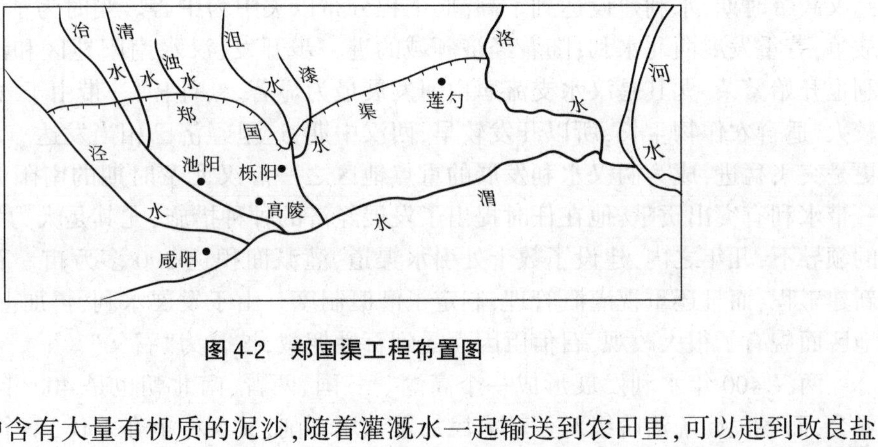

图 4-2　郑国渠工程布置图

由于泾水中含有大量有机质的泥沙,随着灌溉水一起输送到农田里,可以起到改良盐碱化农田的作用,并大大提高土壤的肥力,因此郑国渠引水灌溉,实际上超出了一般灌水的意义,而具有改良盐碱地、施肥和灌水一举三得的好处。郑国渠建成后,泾水沿着渠道源源不断地灌溉着沿线的大片农田,使原来贫瘠的渭北平原,一变而为“无凶年”的沃野。郑国渠所经的今三原、高陵、泾阳、富平等地的土地得到了灌溉,亩产高达一钟之多,相当于现今亩产 125 kg 左右,这在当时生产力条件下是了不起的产量。郑国渠的建成,有力地促进了当地农业生产的发展,增强了秦国的经济实力。公元前221年,秦终于完成了统一的大业。

二、秦汉时期

郑国渠修成后百余年,汉武帝时期为了灌郑国渠旁边的高地,开了六条小渠,叫六辅渠。倪宽主持制定的"水令"是见于记载的中国最早水利法规。又过了十几年,到西汉太始二年(公元前95年)由白公主持修建了另一引泾灌溉工程,名白公渠。渠首在郑国渠之南,渠道向东至栎阳南入渭水,长200里,灌田约4 500顷。灌区和郑渠相连,后人合称郑白渠。这一渠道时有兴废,绵延200多年,为今泾惠渠的前身。

秦汉时期是中国封建社会巩固和发展的重要时期。秦统一六国,结束了诸侯割据的分裂局面,建立了中国历史上第一个统一的多民族的封建专制国家,封建经济文化得到了高速度发展,而这一发展又是与当时的水利事业的发展密切相关的。

水利建设事业在秦汉时期有了蓬勃的发展,其中以建成了一系列的大型农田灌溉工程为这一时期的显著特点,显示了水利工程技术新的水平。农田水利工程的分布以关中地区为中心,同时也扩展到了西北、西南等边远地区。

随着地区经济的不断开发,黄河中下游地区的经济地位显得越来越重要,对黄河的治理要求也就更为迫切。西汉时期,黄河水灾的记载明显增多,古代劳动人民在对黄河的治理中, 付出了艰巨的劳动,在治黄规划和治黄技术上,都有显著的成就,其中以东汉初年的王景治河最为著称。此外,在这一时期中,还发明了许多水力机械,灌溉水车出现了,水排的发明也比欧洲早1 000多年,这些都体现了中国劳动人民的勤劳和智慧。

秦王朝的统一和中央集权为动员更广大的人力、物力进行经济建设提供了有利的条件,促进了水利事业的发展。西汉前期政权巩固,经济发展较快,为水利发展奠定了基础。到汉武帝时期,水利建设达到了高潮,工程分布以关中为中心。当时为了支援抗击匈奴的战争,着重发展西北水利;随着经济领域的进一步开发,汉水南阳地区和淮河上游地区水利也开始繁荣,尤其是汉水支流唐白河发展最为显著。唐白河一带由于气候温和,降雨量较大,适合农作物生长,所以开发较早,西汉中期,这里经济已相当发达。水利在西汉后期更是突飞猛进,成为两汉水利发展的重点地区之一。汉元帝时期的南阳太守召信臣对这一带水利有突出贡献,他在任时提出了发展经济的种种措施,尤其是大力发展灌溉。在他的领导下,几年之内,建设了数十处引水渠道,灌溉面积达200多万亩。召信臣不仅注意新建工程,而且还重视灌溉管理,制定了灌溉制度。由于发展水利,再加上其他措施,南阳地区面貌有了很大改观,召信臣因而受到百姓拥戴,被誉为"召父"。

两汉400年水利发展形成一个高潮。三国、两晋、南北朝也是400年,由于各民族大融合,而各民族统治阶级对劳动人民加紧镇压剥削,又互相争夺杀伐,整个国家动荡分裂,社会因而发展迟缓,水利事业自然受到影响,成就远不如前。但劳动人民反抗阶级压迫和向自然作斗争是不会停止的,水利还是向前发展了。北方战乱较多,人口大量南迁,并带入了较先进的农业技术,促进了江淮之间和长江以南地区的水利事业发展。和前期不同的是,北方灌溉事业在这一期间有兴有废,虽有不少创新但多为前代的延续和修复改建。南方灌溉,此期多为创始,由于自然条件的差异,水利工程与北方多有不同。沿海水利、海塘及鉴湖水利,一般推源于这一时期。

三、隋唐时期

隋代是一个短暂的朝代,在其统治的30年中,也陆续兴修了一批农田水利工程,著名的有陕西的永丰渠、沁水的利民渠、芍陂灌溉系统的整修等。唐代是中国历史上一个空前强盛和繁荣的时期,此时国土辽阔,国力雄厚,生产发达。唐代的繁荣强大是建立在其发达农业的基础上的,而发达的农业与水利是分不开的。唐代所兴修的农田水利工程,无论数量还是质量,都比前代有很大的前进和突破。中国农田水利工程的发展历史,在地理上有一个由点到面、由北到南的逐步扩大和南移的过程。隋代以前,中国兴建的农田水利工程,多集中在黄河两岸的广阔地区,而长江两岸及以南地区较为少见。到了唐代,这种情况发生了根本性的变化,黄河两岸老农业区农田水利工程仍有续建,但农田水利建设的重心开始向南方转移,特别是向太湖流域转移。从此中国历史上形成了一个新的格局,即北方开始落后于南方。农田水利工程发展的这种重心转移,成为中国人口重心向南方转移的先导。人口与水利工程的重心转移,推进了江南经济的空前繁荣,终于使江南成为中、晚唐财政收入的重点地区。

隋、唐初期,黄河流域仍然是中国的经济和文化中心。唐末农民的大起义,瓦解了李唐王朝,之后中国历史上又出现了近半个世纪的五代十国的大分裂局面。黄河流域再次遭到严重的破坏,中原地区的水利随着战争的起伏,在破坏和恢复中挣扎。南方由于未沦为战场,经济继续有所发展。但从中唐开始,特别是到了五代十国,情况就发生了重大变化,经济文化中心明显地向南方的长江流域转移。当时黄河流域由于继续受到战争的严重破坏,田畴荒废,人口南迁,而建立在长江流域及其以南地区的各封建小王朝,却由于未受战乱影响,政局相对安定,同时由于采取了某些有利于发展生产的政策,如奖励耕织、兴修水利等,使南方经济有较大的发展。

四、宋元明清时期

到了宋代,中国经济和人口的重心南移已经完成。北宋政权建立后,结束了五代十国的分裂局面,加强了中央集权制。北宋初期的农田水利建设,集中在引水灌田和疏治旧塘老堰等工程方面。从熙宁三年至熙宁九年(公元1070~1076年),神宗任用王安石进行变法。王安石大力鼓励开荒,兴修水利,并颁布农田水利法,全国很快形成水利建设的高潮,其规模之大、地区之广,实为古代所罕见。著名水利工程木兰陂灌溉工程(见图4-3)就是这一时期修建的。木兰陂位于福建莆田西南的木兰溪上,这项工程布局巧妙,因地制宜,至今仍滋润着莆田平原20多万亩农田,是中国沿用至今800年而未废的少数水利工程之一。

南宋偏安江南,对农田水利建设比较重视,积极运用国家政权进行干预,有力地促进了长江水利事业的发展。南宋兴修的农田水利,比较集中在修治陂塘沟洫、整治湖区和扩建海塘等方面。经过历代劳动人民的开发,特别是唐、宋两代以来,中国南方的经济迅速发展,成为统治政权财政收入的主要来源。

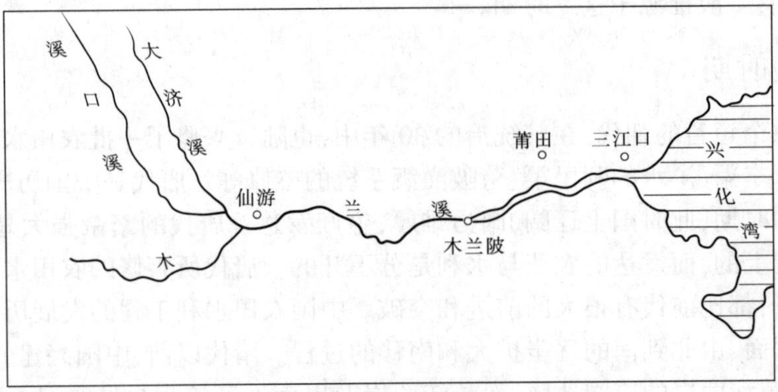

图4-3　木兰陂地理位置示意图

金据北方几无农田水利而言。元初统治阶级中有少部分保守、落后的豪门贵族,坚持游牧习惯,并企图用单一的牧业经济来代替农业经济,曾给中原的农业带来了很大的破坏。元代农田水利就是在农牧矛盾斗争中曲折发展的。在元代,虽然元世祖即位之始就在内地颁布了提倡农业和抑制纵牧的政策,但遇到来自蒙古游牧贵族的阻力很大。元代前期屡次下诏令重申劝农政策,正说明政策贯彻很不容易。尽管元代(特别是前期)水利灌溉事业在不少地方受到政府劝农政策的推动而取得一定的成绩,但到中期以后,还是向游牧贵族做了一些让步,这就不能不使元代农田水利事业的全面恢复和发展受到一定的限制。此外,元代在统一战争过程中,对边远地区水利事业的开发曾做出了一定的成绩。王祯的《农书》总结了这一时期劳动人民在农业水利建设方面的成就,是中国农业和水利发展史上的一份珍贵的遗产。

明代开国之初即大力推动农田水利建设,特别注意恢复因战乱破坏的水利工程,农田水利因此有了长足的进步。这一时期,南方成就较北方明显,特别是长江中游圩垸的成绩最为突出。江南水利已发展到珠江流域,浙、闽、两广(广东、广西)之利超过北方。北方古灌区反而萎缩,远逊前代。定都北京后,粮食主要依仗江南。

明清两代黄河、淮河和海河流域农田水利仍维持不废,并做过新的努力。大型工程虽少见,但水利进一步普及,总的趋势是地方化和小型化。明末清初曾力图扭转南粮北运的困难局面,在海河流域一再大规模兴修水利,种植水稻;在淮河流域,联系解决淮河入海出路问题的里下河区水利治理,都是涉及流域范围的农田水利问题,不过成效极为有限;在黄河流域,著名的郑国渠引泾灌溉日益困难,以致被迫改引泉水灌溉,是一重大变化;而宁夏、内蒙古河套地区的渠系建设,本期都取得了引人注目的成就。清前期奠定了西北边疆,康熙后期开始恢复新疆农田灌溉工程。乾隆、嘉庆和道光年间又取得超出前代的成就,其中以坎儿井的发展最为引人注目。内蒙古河套地区也陆续建成了后套八大渠,灌溉面积共计100多万亩。珠江流域特别是珠江三角洲堤围在前代的基础上突飞猛进,成为全国又一个重点农业区。清末西方技术陆续引入,水利中虽采取了不少新手段,但工程实施的并不多。

第四节　航运事业的发展

利用天然河道通航在中国有很古老的历史,商业航运出现则比较晚。商品交换的需要促进了水运交通的发展。中国的水运交通,开始于商周时期。那时的水运,主要借助于天然河流。生产力的进一步发展和政治、经济等方面的需要,对水运工程提出了更高的要求,于是人工运河应运而生。到了战国末期,人工运河已经沟通了黄河、淮河、长江等几个主要水系。

一、春秋战国时期

春秋时期所开运河,主要是区域性的人工运河。以连通邻近的江、河、湖泊为目的,是运河的萌芽时期。而沟通流域间水运交通的人工运河,则是在春秋战国之交的时候开凿的,其代表工程是邗沟和鸿沟。

中国地势西北高、东南低,主要河流都自西向东流,各条水系自成系统,东西向的水运借助它们就可以进行了。但是南北间的水运交通,则要大费周折。随着社会对水运交通需要的日益增长,开挖流域间的人工运河,就提到日程上来了。流域间运河的开凿,也首先是从水军强大的吴国开始的,这就是著名的邗沟。邗沟是在吴国打败楚越两国后,北上与齐晋争霸时,于公元前486年动员人力开凿的。

邗沟建成后,吴国水军就可以从长江经过邗沟进入淮水,再沿着淮河的支流泗水、沂水就可以到达齐国境内。邗沟建成的当年冬天,吴即兴师伐齐。公元前484年,吴国终于打败齐国。吴国打败齐国之后,又循此继进,与晋国争雄。邗沟的开凿最初主要是为了军运,大约到了东汉以后,其经济价值才逐渐显著。因此,后代对这条运河不断加以维修,并且至今仍然发挥着沟通江淮水运的重要作用。

鸿沟是战国中期魏国兴修的一条人工运河。那时正当魏惠王雄心勃勃一心想争霸的时候。他在公元前362年迁都大梁(今河南开封),次年即开挖鸿沟。鸿沟北接黄河,南面与淮河的北面几条支流相连。鸿沟开凿前,虽有济水在黄河南面流过,但当时济水和黄河相遇,并不和淮河各支流相接。黄淮间没有直接的水运往来。鸿沟的开凿,使黄河和淮河间构成了一个通航水系。

鸿沟开凿后,一来与黄河直接相通,引来了黄河丰富的水量,二来大量的来水汇入圃田泽,以圃田泽作为运河的天然调节水柜,进一步改善了航运条件。鸿沟的开凿不仅对魏国政治、军事、经济的发展起到重要的作用,而且对淮河流域社会经济的发展发挥着重要的作用,促进了沿运河城市的繁荣。陶、陈、寿春、睢阳、彭城以及大梁等,都成了当时的大都会,有的还成为大国的都城所在地,这些都会的兴起显然是借助于水道交通便利的。

邗沟、鸿沟等运河和天然水道组成了全国水运交通干线,它冲破了当时分裂割据的政治局面的局限,对国家统一有着积极的贡献。

二、秦汉时期

秦统一后,巩固国防、开发边疆是摆在面前的重要任务之一。在北部边境要抵御匈奴的侵扰,在南方要统一岭南,因此在南方建成了著名的灵渠,以沟通岭南的运道。公元前221年,秦命尉屠睢进军岭南,统一全国。由于在进军途中要经过崎岖不平的湘桂重山地带,军粮运输存在很大困难,于是在秦始皇二十八年(公元前219年)决定,“使监禄凿渠运粮”。这渠就是在负责转运军粮的秦将史禄主持下,在兴安开凿的,从而沟通了湘、漓二水。

湘、漓水源,一南一北,相距约40 km。源头虽远,但漓江的支流灵河与湘江相隔甚近。灵河有一源始安水,至兴安县城以东的湘江只有二三里远,中间只隔一条分水岭,岭高20~30 m,始安水与湘水的水位差有6 m左右,这为开凿灵渠提供了自然的便利(见图4-4)。

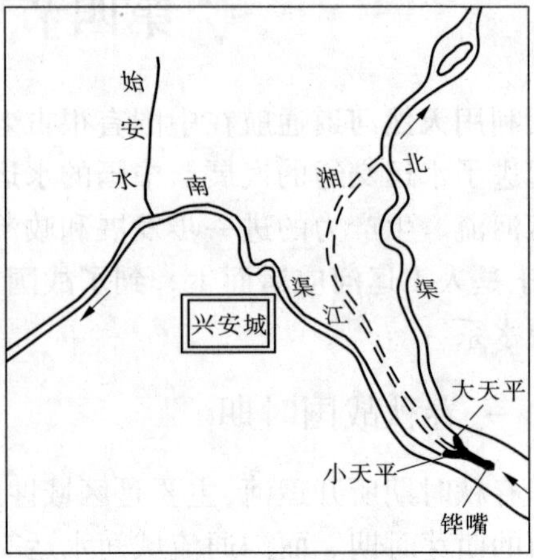

图4-4　灵渠布置图

近代的灵渠工程设施主要包括分水铧嘴、大小天平、南北渠道和船闸斗门四部分(见图4-5)。灵渠当年的工程设施情况已难以查考,不过当地地形古今不会有大的变化,要完成通运任务,其工程布局也不会有很大的变化,后代所具有的工程设施当年大约也已基本具备。

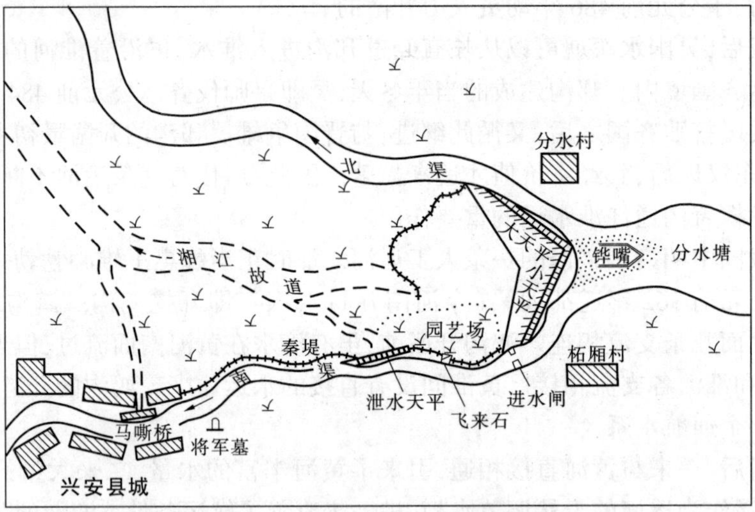

图4-5　近代灵渠主要建筑物图

首先,要沟通湘、漓二水间的水运,必须将湘水一分为二,后代将起分水作用的设施叫作铧嘴,灵渠铧嘴类似都江堰的鱼嘴。由于漓江和湘水接近处,漓江水位较湘水高出数米之多,显然,分水地点不应选在这里,而一定要选在二水接近处湘水的上游某处,这样用较湘水河道坡降为缓的比降设计南渠,就可以使南渠较平顺地与漓江相衔接。然而这样一来,由于湘水源头坡降很大,溯湘入漓必然十分艰巨。为了克服这一困难,古代劳动人民舍弃湘水上游河道,另外又修建一条北渠,并将北渠线路有意设计成弯弯曲曲的形状,以延长渠线长度,降低渠底坡降,从而减少了航行的困难。

分水铧嘴位置的选择和降低北渠坡降的考虑,显示了当年劳动人民的高超技艺。当然,即使经过这样的处理,现代南渠坡降仍有1/900,北渠坡降更大,达到1/300,古代的情况也许会比现在更陡。在这样陡的坡降下,水流速度较快,水深较浅,仍然很难行船。调整航深和流速,是一个技术上需要解决的问题。船闸当然是理想的设施,不过秦代尚未发明船闸,灵渠船闸的记载,最早见于唐代。为了行船,当年大约采取了一些临时性工程措施,例如修建土堰拦水,再加上人力拉纤也可应付,好在当年主要是为了通军运。至于天平,那是后代起泄洪和平水作用的建筑物,估计出现较晚。经过天平的调节使渠水能涨而不溢,又能在泄水时维持足够的水深。因其调节之巧妙,故名之为天平。

灵渠修成后,达到了通粮的目的,为秦统一岭南发挥了重大作用。又由于灵渠沟通了长江与珠江水系,促进了岭南经济的发展,促进了各民族的融合。灵渠还有灌溉农田的作用,为当地发展农业生产提供了条件。

秦汉建都关中,用兵关东常顺渭水及黄河东下,自黄河通鸿沟水系,远至江淮。全国统一后,江、淮及关东漕运也以此线为主,向西转运至关中,供应西北边防及首都官民;而政治控制及军事活动则自关中仍沿此线向东。在全国东西的政治、经济平衡中,这条水道起着重要作用。历代政治中心多设在这一线附近,至元代开始改东西为南北向运输,以京杭运河的南北水道代替了前代的东西水道。秦汉由这一线向北活动可由黄河或海上运输,向南活动可由长江、湘江过灵渠向漓江、桂江通广州或由海上航行,至东汉末向北才利用海河水系修建运渠。

秦汉统一全国,水运交通的畅达才有必要而且有可能,特别是自政治中心通向重要地区的水运。汉代自长安、自渭水及黄河东下,由黄河通鸿沟水系,远至江淮,而至杭州水道相通。后人称之为东西大运河,其重要性及规模也不下于京杭运河,而时代则早1 400年,它的南段也为京杭运河所利用。

三、三国、两晋、南北朝时期

三国、两晋、南北朝时期的内河航运工程,无论在长江以南,还是在长江与黄河之间,都有一定的发展,特别是在黄河以北,开创了兴建运河的新时期。这样,就初步形成了沟通江、淮、黄、海四大水系的运河网。这些运渠,有的是军事上进军的需要,有的平时也用作漕运,有的也可用以灌溉。在中国历史上,经济中心(产粮地区)与政治中心往往不在一起,解决政治中心用粮问题,主要得依赖于内河航运。有人甚至夸张地说,曹魏之所以能做到国富兵强,其原因就在于"始于屯田,成于转运"。从三国讫晋的所谓"能臣",都是"以通渠积谷为备武之道"。事实上,航运事业同水利灌溉事业一样,对维系这一时期的封建统治,确实起了重要的作用。总的来说,这一时期在运渠的开凿上,成效较大的是在三国时期,两晋也有开凿,南北朝则很少创新。

从春秋时期到南北朝,经过历代的兴建和维修,一个沟通江、淮、黄、海四大水系的人工运河的轮廓初步形成,为隋代兴建沟通全国主要地区的运河网奠定了基础。隋唐两代建都长安,将关东和江南的粮食货物运送关中,供应京师的需要是当务之急。由于渭水历来是一条难行的运道,故汉武帝时即已开关中漕渠,以补给渭水漕运的不足。隋统一中国北方后,汉代旧漕渠已长期淤塞而不能用,不得不仍旧用渭水漕运。但"渭水多沙,流有深浅”,很难继续通航。隋文帝杨坚于开皇四年(公元584年)下令开凿广通渠,这条运河把长安和潼关连接起来,使沿黄河西上的漕船不经渭水直达京城。此外,为了统一江南,开皇七年(公元587年),又着手开挖大运河的江淮河段,于扬州开山阳渎,以通漕运。山阳渎南起江都,北至淮安,长约300里,沟通了长江和淮河。山阳渎实际上是邗沟旧道的全面整修和疏浚。

四、隋唐时期

在以上基础上,隋炀帝组织续修了4条首尾衔接的运河,即通济渠、永济渠、江南运河、山阳渎(扩修)。通济渠、永济渠、江南运河和山阳渎总长5 000多里,流经今河北、河南、安徽、江苏和浙江等5省,沟通长江、淮河、黄河、海河和钱塘江等水系。这样隋代的水运就以洛阳为中心,西通关中盆地,北抵河北平原,经淮河、长江、太湖和钱塘江,把华北、江南和关中地区连在了一起,从而形成了全国性的运河网。四通八达的运河网,对巩固中国的统一,促进南北的文化和物资交流具有重要的作用。运河通航后,江浙一带迅速发展,成为全国重要的财富集中地区,运河两岸的城市迅速繁荣起来,京口、江都和开封等城市很快成为当时的著名商业都会。

唐代为了发挥大运河航运的效益,比较注意运河的维修和扩建,一方面经常疏浚运河,保持通航的流通量;另一方面扩大运河受益面,使运河交通网更加深入内地。主要工程包括整理广通渠、汴渠系统的扩大、永济渠的扩大、改善山阳渎和江南运河等。

五、五代和宋元时期

五代时期,饱受战乱摧残的运河已不能继续把东南物产继续运往西北,京师长安萧条,政治中心东移。五代各朝除后唐定都洛阳,余皆在开封建都。五代后期,后周开始建立以汴京为中心的运河网,为宋代内河航运的发展奠定了基础。

北宋王朝建立后,在后周对汴河整治的基础上,继续对以汴京为中心的运河网进行大规模整治,使其运输能力大大超过其他运道而成为这一时期最重要的水路运输动脉。与此同时,北宋王朝还大力整治、扩建了蔡河、五丈河和金水河,使其一同在汴京交汇,构成了著名的汴京四渠(见图4-6),这对以汴京为中心的北宋王朝加强中央政府和各地区政治、经济和军事的联系,保持国家统一,具有特殊的积极意义。五代和北宋之所以选择汴京为国都,主要原因在于汴河航运方便,不必因涉黄河航运之险而受阻。

北宋末年,金兵入侵,北方沦陷,破坏了四通八达的运河网。南宋以临安为行都,只能在东南一隅维持漕运,在江浙间开凿了若干运河,构成了一个小规模的东南运河系统。而在金王朝统治下的某些旧有运河则日趋没落。

元代建都大都(今北京),如何把南方经济中心与北方政治中心联系起来,是关乎元代政权生死存亡的大事。因此,沟通南北运输线,是元代水利建设的重要任务。经过元代劳动人民和著名水利专家郭守敬等人长期努力,开凿了济州河、会通河、通惠河等重要的人工运河段,使长达1 700多km的京杭大运河全线通航,在人类文明史上写下了光辉灿烂的篇章,对中国历史的发展做出了不可磨灭的贡献。

中国历史上从东南向西北的运输方向在元代改为自南向北。元初,为打通南北内河

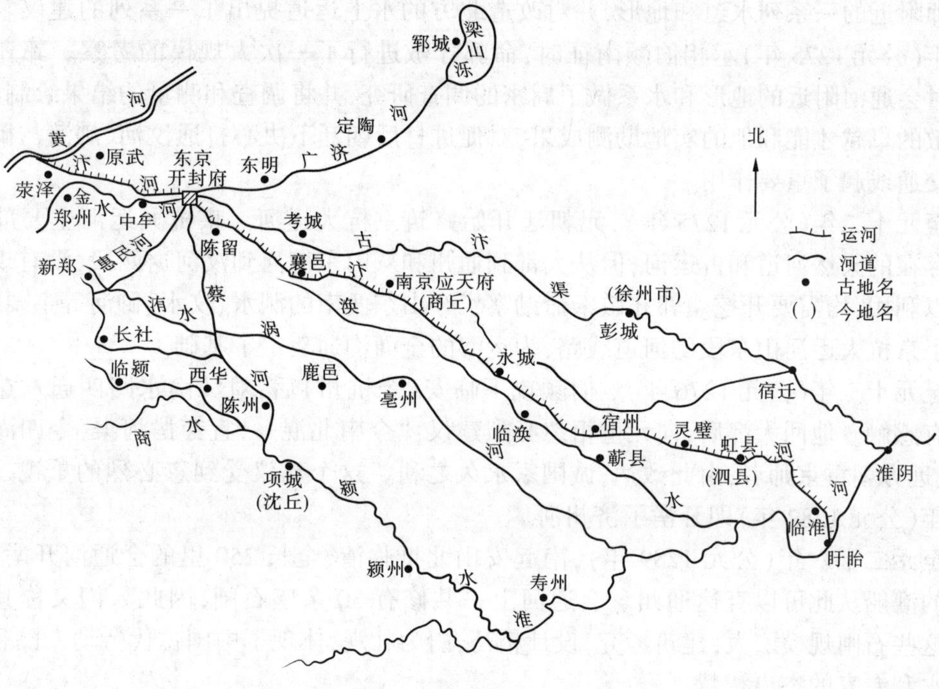

图 4-6　北宋汴京四渠示意图

运输线,进行了不懈的努力。沟通海河、黄河、淮河、长江和钱塘江五大水系的京杭大运河的建成,就是这种努力的结果。从此中国的内河船只从南向北可由杭州直达北京,形成了一条全长 1 700 多 km 的人工运河——京杭大运河。京杭大运河是中国古代劳动人民聪明才智和辛勤劳动的结晶,是人类文明史上的一个奇迹。

京杭大运河全程各河段有三种不同情况:一是元代开凿的新运道,即自任城到安山的济州河、安山至临清的会通河、通州至大都的通惠河三段至镇江的江南运河;二是利用天然水道通运,包括淮安到徐州的黄河水道,徐州至任城的泗水水道以及直沽到通州的潞水水道;三是利用宋以前的原有运河,其中包括临清至直沽的御河等河段、扬州到淮安的淮扬运河以及自杭州至镇江的江南运河。

江南运河、淮扬运河和御河等河段在元统一之后虽然还基本保持原状,但这些水道在宋末元初的战争年代里普遍受到损坏,河床淤塞。元统一之后,都曾不同程度地进行过一些治理。北方的御河,还经常遇到河道淤浅、河水决溢等问题,元朝廷也曾多次组织疏浚、堵塞决堤、改善管理等工作。由于元朝廷注意到对这些河段的治理,使这些河段基本保持通航,发挥航运效益。

京杭大运河元代主要是完成了济州河、会通河和通惠河三段。其中,会通河和通惠河两段,就其距离来说,虽只占大运河全长的 1/10 强,但这两段运道工程却十分艰巨,工程量也很大,技术也较复杂。它们的凿成和通航,为元、明、清开创了南北运输线的基本格局,为中国人工运河事业的发展做出了卓绝的贡献。

在京杭大运河的会通河和通惠河两段的勘测、设计和施工上,元代伟大科学家郭守敬曾付出了辛勤的劳动,做出了巨大的贡献。中统三年(公元 1262 年),郭守敬详细勘测了京师附近的一系列水道和地形,并对改造北方的水上运道提出了一系列的建议。至元十二年(公元1275年)丞相伯颜南征时,命郭守敬进行了一次大规模的考察。郭守敬当时就对会通河附近的地形和水系做了周密的调查研究,并将调查和测量的结果绘制成图。郭守敬的卓越才能和他的实地勘测成果,对促进日后朝廷下决心打通汶河、泗河与御河的水上交通线起了重要作用。

至元十二年(公元1275年),元朝廷开始修筑京杭大运河。京杭大运河主要部分是业已存在的天然河道和古运河,但从大都到通州和从山东御河到汶河这两段,没有现成水道可以利用,均需要开挖。郭守敬奉命勘察了今山东西南的泗水、汶水、御河等主要河流,设计了京杭大运河山东段的河道线路,为运河的全面沟通奠定了基础。

至元十三年(公元1276年),伯颜攻下临安(今杭州)后,对江南水路四通八达的状况深有感触。他回大都后,向元世祖忽必烈建议:"今南北混一,宜穿凿河渠,令四海之水相遇,远方朝贡京师者,由此致达,诚国家永久之利。"这个建议受到忽必烈的重视。至元十九年(公元1282年)即开凿了济州河。

至元二十六年(公元1289年),南起安山北抵临清、全长250里的会通河开凿成功,江南的漕船从此可以直达通州。会通河上一共修有30余座石闸,因此人们又称其为闸河。这些石闸规模宏大,建筑考究,设计精巧,蔚为壮观,体现了中国古代劳动人民和郭守敬等水利专家的杰出智慧。

单是开通会通河,漕运只能抵达通州,从通州到大都还得靠畜力拉送。这段旱路不仅效率低,而且耗费大,历代曾多次兴办水运,忽必烈也曾派人重新试验,然而大都地区西高东低、河道水量不足且含沙量大,结果均告失败。至元二十八年(公元1291年),郭守敬在认真总结前人经验教训的基础上,就大都地区的水利建设提出了包括开凿大都至通州运河在内的11项建议。他经过详细勘测,发现大都西北神山(今凤凰山)的自浮泉(今龙泉)水清量大,西山诸泉也都可以利用,不必引用永定河的浑水,但由于大都与昌平之间有沙河和清河两条河谷低地,致使泉水不能径直向东南引至大都。面对这种地形条件,郭守敬设计的渠线不是把自浮泉(海拔55 m)水直接引向东南,而是向西至西山麓,然后大体沿50 m等高线南下,避开河谷低地,沿途拦截沙河、清河上源及西山诸泉,再向东南注入瓮山泊(又名七里泊,海拔40 m,清代向东南开拓,并改名为昆明湖,其作用相当于调节水库),沿渠修筑堤堰——白浮堰;往下再向东南流入高梁河(今南长河),进大都城内的积水潭(今什刹海、后海、前海),以积水潭为停泊港;从积水潭东侧开河引水,向东南方向流至文明门(今崇文门北),再经金代的闸河故道东流,穿过通州城,至城南的高丽庄与大运河相接。由于大都高出通州4丈,故沿河还修建了20余座水闸和斗门以调节水量,控制水深和流速,以保证船只平稳航行。这一工程不仅便利了漕运,还解决了大都城的洪水及其郊区的灌溉问题。

从以上情况可以看出,会通河和通惠河动工前,元王朝曾进行了长时间的酝酿和准备,如果从郭守敬实地勘测开始算起,到会通河正式动工,前后长达13年。

需要指出的是,运河地形复杂,开凿任务相当艰巨,在当时劳动工具简陋的情况下,依然具有较快的建设速度,这充分体现了中国古代劳动人民的智慧和创造精神,也说明当时中国水利工程技术走在了世界前列。

工程完工时，适逢忽必烈从上都返回大都，他当即给这段运河取名为“通惠河”，并奖赏郭守敬。从此，中国的内河船只可自杭州北上 3 500 多里而直抵大都，整个运河由初建时以漕运为主，迅速演变为货运和客运并举，将海河、黄河、淮河、长江和钱塘江五大流域水运交通相互沟通，成为当时中国最重要的交通命脉，这就是著名的元代京杭大运河。

郭守敬主持修建的这些工程成了今日北京水利设施的基础工程和城市河湖水系的骨干，至今仍具有城市供排水、农田灌溉、美化城市、优化生态环境等多种作用。

第五章 中国水系的开发利用

第一节 长江

一、长江流域概况

长江发源于世界屋脊青藏高原唐古拉山脉主峰海拔6 221 m的各拉丹冬雪山西南侧的沱沱河,流经青海、西藏、四川、云南、重庆、湖北、湖南、江西、安徽、江苏、上海11个省(区、市),在崇明岛以东注入东海,全长6 300余km。长江是中国第一大河,世界第三大河。长江流域幅员辽阔,江湖众多,土地肥沃,气候温和,资源丰富,历史文化悠久,既是中华民族的重要发祥地之一,也是中国总体经济实力最为雄厚的地区之一。

(一)庞大的水系

长江有数以千计的支流,它们大致呈南、北辐射状,延伸到甘肃、陕西、贵州、河南、广西、广东、福建、浙江8个省(区)。干支流构成庞大的水系,流域面积180万km^2;此外,淮河大部分水量也通过大运河汇入长江。长江主要支流概况见表5-1。

表5-1 长江主要支流概况

河名	河长/km	流域面积/km^2	多年平均流量/(m^3/s)	年径流量/亿m^3
雅砻江	1 571	128 444	1 810	571
大渡河	1 155	90 700	1 570	495
岷江	735	135 000	2 850	877
嘉陵江	1 120	160 000	2 120	710
乌江	1 037	87 920	1 650	508
沅江	1 022	89 163	2 170	667
湘江	844	94 660	2 370	653
汉江	1 577	159 000	1 710	511
赣江	751	83 500	2 130	675

注:长江支流流域面积超过1 000 km^2的有437条,超过3 000 km^2的有170条,超过10 000 km^2的有49条。

长江年入海水量9 600亿m^3,占全国河流径流量26 380亿m^3的37%,为中国第二大河黄河的20倍。表5-1所列各大支流的年水量大都超过黄河。

根据河流的水文、地理特征,长江从江源至湖北宜昌称为上游,长4 500余km;宜昌至江西湖口称为中游,长955 km;湖口至长江口称为下游,长938 km。

长江上游穿过青藏高原、云贵高原、四川盆地和川鄂山地,先后接纳了雅砻江、岷江、沱江、嘉陵江、乌江诸水,形成河床坡降较大而水流湍急的峡谷型河段;中游流经两湖平原,两岸地势低洼,湖泊密布,洞庭湖、汉江、鄱阳湖三大水系注入后,则变为河道宽阔、水流较缓而水量浩瀚的平原型河段;下游通过皖苏平原,河道更加宽阔,但无大支流入汇,且受海潮顶托,成为平原感潮型河段。

这不同的河谷,如网的支流,多样的地形,便构成了长江流域多姿多彩的地貌。

(二)富饶的资源

1. 水资源

流域年水资源量近 1 万亿 m^3,居全国七大江河之冠。年人均水资源 2 850 m^3,每亩耕地占有水资源 12 m^3,均高于全国平均水平。

2. 水能资源

流域水能资源理论蕴藏量为 2.68 亿 kW,可开发量 1.97 亿 kW,年发电量约 1 万亿 kW·h,占全国的 53.4%。水能资源主要分布于上游的金沙江、雅砻江、大渡河、岷江、乌江、长江三峡段,以及中游的清江、沅江、汉江、赣江上,见表 5-2。

表 5-2 长江水能资源概况

河段	装机容量/万 kW	年发电量/(亿 kW·h)	电量所占比重/%
全流域	19 724	10 275	100
干流	9 065	4 723	46.0
其中:宜宾以上	5 891	3 234	31.5
宜宾至宜昌	3 174	1 489	14.5
支流	10 659	5 552	54.0
其中:宜宾以上	3 000	1 807	17.6
宜宾至宜昌	5 010	2 614	25.4
宜昌以下	2 649	1 131	11.0

3. 水运资源

长江总通航里程 7 万 km,占全国的 70%以上。长江干支流航道与京杭运河共同组成中国最大的内河水运网,其中:干流通航里程 2 713 km,上起四川宜宾,下至长江口(云南维西至宜宾 825 km 河段尚可分段通航);支流航道 700 余条,主要支航 50 余条,以下游的太湖水系最为发达。干支流水运中心为重庆、武汉、长沙、南昌、芜湖和上海等 6 大港口。与世界各国比,长江水系通航里程居世界之首。

4. 农业资源

长江流域有耕地 3.5 亿亩,占全国的 25%;而粮食产量占全国的 40%,水稻产量占全国的 70%,棉花产量占全国的 33%以上。耕地的 95%分布在四川盆地和长江中下游地区,其中成都平原、江汉平原、洞庭湖区、鄱阳湖区、巢湖区和太湖区,都是中国著名的商品粮生产基地。

5. 森林与野生动植物资源

流域内林木资源量占全国的1/4,主要林区分布在川西、滇北、鄂西、湘西和江西等地。用材林仅次于东北林区,经济林则居全国首位,以油桐、漆树、柑橘、竹林等著称。国家重点保护的野生动植物群落、物种和数量在中国七大流域中多占首位。流域内已建立了约100处保护目标的自然保护区。古老珍稀的孑遗植物如水杉、银杉、珙桐等,珍稀野生动物如大熊猫、金丝猴、白鳍豚、扬子鳄、中华鲟、朱鹮等驰名中外,多属长江流域所特有。

6. 淡水鱼资源

长江流域湖泊众多,河川如网,鱼类的品种、产量均居全国首位,可占全国产量的60%以上。现有水面约1.3亿亩,接近全国淡水总面积的1/2,其中可供养殖的约5 000万亩。长江水系淡水鱼已知的有274种,为全国淡水鱼种的39%,主要经济鱼类60多种。产区主要在中下游水域,目前渔业以淡水人工养殖为主,天然捕捞量不高。

7. 矿产资源

在全国已探明的130种矿产中,长江流域有110余种,占全国的80%。各类矿产中储量80%以上的有钒、钛、汞、磷、萤石、芒硝、石棉等,占50%以上的有铜、钨、锑、铋、锰、高岭土、天然气等。全国11个大型锰矿、8大铜矿,长江流域分别占有5处、3处;湖南、江西的钨矿,湖南的锑矿,湖北的磷矿,均居全国之首。流域内煤矿储量少,仅占全国的7.7%,主要集中于黔、川、滇三省,其中黔西六盘水煤矿居全国第三位。

8. 旅游资源

长江流域幅员广大,历史悠久,景观纷呈,旅游资源富甲全国。昆明、成都、重庆、南京、扬州、镇江、苏州、江陵、武汉、上海、杭州、南昌、长沙等历史文化名城,以及风景名胜峨眉山、九寨沟、三峡、张家界、九华山、黄山、庐山、太湖等都是全国著名的游览胜地。

二、长江的治理

据历史记载,从公元前206年至公元1911年的2 117年间,长江共发生洪灾214次,平均10年一次,19世纪中叶,连续发生了1860年和1870年两次特大洪水。20世纪长江又发生了1931年、1935年、1954年和1998年等多次洪水,历次大洪水都造成了重大的灾害损失。其中最大的一次是1870年,这次洪水在宜昌的最大洪峰流量高达10.5万m^3/s。由于这些洪水往往来自川江,出三峡后进入中游平原,而首当其冲的荆江河段的洪水安全泄量只有6万m^3/s,两岸的洞庭湖平原和江汉平原又特别低洼,故荆江两岸堤防最易溃口成灾。

长江干支流每年5月入汛,7、8月进入主汛期,至10月起逐渐消退,转入枯水期。各支流入汛时间有前有后,一般是中下游水系早于上游水系。致灾水情大致有下述情况:一种是中下游水小,上游水大,在上游河谷两岸造成水灾;一种是上游水势特大,除在当地成灾外,还危害长江中游,尤其是荆江河段;一种是上游与中下游洪水遭遇并发,造成流域性灾害。

一些支流如上游水系的岷江、沱江、嘉陵江,中下游水系的清江、洞庭湖"四水"、汉江、鄱阳湖"五水"和太湖诸水的中下游河段或滨湖水网地区所出现的水灾,属于区域性水灾,范围及损失终究有限。长江中下游平原是人口密集的工农业区,在这一带发生的水灾,损失往往最为严重。

长江干支流堤防共有 33 000 km,其中干流堤防约 3 000 km。由于水灾的主要成因是洪水量大、河道宣泄能力有限,所以尽管堤防不断修筑但仍不免溃口。

中华人民共和国成立后,在党和政府的领导下,长江两岸人民开展了根治洪患、开发水利的斗争,并取得了很大的成就。消除洪水威胁,一直是长江水利建设的头等重要任务。长江防洪重点在中下游平原地区,长江干流的洪水洪峰高,在宜昌、城陵矶、湖口都曾出现 1 万 m^3/s 的洪峰,1954 年宜昌 7、8 月洪量 2 495 亿 m^3 和湖口 1954 年 7、8 月洪量达 4 240 亿 m^3,持续时间均长,1954 年超过河道警戒水位达 2~3 个月,河道安全宣泄能力远不能与上游来水量相适应。在全面分析长江洪水灾害的基本规律后,1958 年在《长江流域综合利用规划要点报告》中确定:防洪是长江流域规划的首要任务,近期防洪的基本方针是“蓄泄兼筹,以泄为主”。该报告将长江流域综合利用规划归纳为 5 个方面:①以防洪、发电为主的水利枢纽开发计划;②以灌溉、水土保持为主的水利化计划;③以防洪除涝为主的平原湖泊区综合利用计划;④以航运为主的干流航道整治与南北运河计划;⑤向相邻流域引水计划。该报告推动了综合开发治理长江的工作。

中华人民共和国成立以来,开发治理长江流域取得了一定的成就。按照“蓄泄兼筹,以泄为主”的方针,1950 年首先全面整修堤防,重点加固了荆江、武汉、同马、无为等干流重点堤防 3 750 km,支堤民堤 3 万 km,不同程度地提高了防洪标准。1952 年对下荆江河段裁弯取直,使裁弯河道上游约 200 km^2 范围的洪水位得到不同程度的降低,兴建了荆江、杜家台分洪工程和一批蓄洪垦殖区,以蓄纳超过堤防安全泄量的洪水。丹江口、柘溪、柘林、陈村、漳河等水库,对所在支流的中下游防洪作用较为显著。

长江流域地势低洼的平原区,涝灾普遍频繁,采取了联圩并垸和开挖、疏浚排水河网等工程措施,建成排水涵闸 7 000 多座,机电排灌装机容量 838.37 万 kW,除涝面积达 5 815 万亩,使 83%以上的低洼易涝农田得到治理,4 000 万亩排涝标准达到 5 年一遇以上。由于防洪涝抗旱能力的提高,灌溉面积比 1949 年以前增加了 1.5 倍,有效灌溉面积达 2.28 亿亩,占耕地面积的 62%。长江流域水力资源丰富,近年来兴建了以三峡水电站、向家坝水电站、溪洛渡水电站等为代表的一大批水电站,远景规划建设的工程主要分布在金沙江、雅砻江和大渡河的上游河段。

长江流域是全国水运最发达的地区,在对长江中下游河道进行整治时,除按防洪要求实施裁弯取直、大规模抛石、沉排护岸外,还实施对分汊河道的堵汊及沿江浅滩航道的整治疏浚工程,这对稳定河势、缩短航程、促进沿江城市码头的建设都有很大作用。在川江、乌江航道上进行大量的炸礁整治、整治险滩,改进了通航条件,另在干支流上结合水利枢纽的兴修,建筑了大量船闸、升船机等通航设施。

长江流域幅员辽阔,综合治理开发任务繁重,可治理开发的潜力很大,同时存在的问题也不少。如何兴利除弊、造福人民,还需继续努力。

三、长江流域的开发与展望

针对长江流域开发治理中存在的问题,继续开发治理长江的主要任务应该是为发展经济及改善人民生活提供防洪安全保证,积极发展水电和航运,综合利用和保护水资源。

长江流域"十三五"水利发展的总体目标是:通过加强工程措施和非工程措施建设,继续完善长江流域防洪减灾、水资源综合利用、水资源与水生态环境保护、流域综合管理四大体系,进一步提高防洪减灾能力,合理开发利用水资源,不断加强水资源与水生态环境保护,全面强化流域综合管理,为全面建成小康社会提供水利支撑与保障。

(一)水灾害损失稳中有降

防洪减灾体系基本建成,主要区域达到规划的防洪和排涝标准,抗旱能力显著提升,长江流域洪涝干旱灾害年均损失率降低到1.5%以下。

(二)水资源利用缓增可控

水资源综合利用体系不断完善。用水总量得到有效控制,长江流域(不含太湖,下同)用水总量控制在1 920亿m^3以内。节水型社会建设取得明显进展,万元工业增加值用水量降低到50 m^3,农田灌溉水利用系数提高到0.55。水资源调配能力逐步增强,城乡供水保障程度显著提高,新增供水能力90亿m^3。农田水利基础设施条件进一步改善,新增农田有效灌溉面积1 200万亩,新增节水灌溉面积1 850万亩。

(三)水生态环境质量总体改善

水资源与水生态环境保护体系全面加强。重要水功能区入河污染物总量控制在功能区限排总量范围内,长江流域重要江河湖泊的水功能区,氨氮、高锰酸盐指数主要控制指标达标率达到90%。重要河流的生态基流满足要求,河流湖泊生态环境用水得到保障。水系连通全面推进,水资源水环境承载能力有一定提高。水土流失综合防治全面加强,新增水土流失治理面积8.4万km^2。

(四)流域综合管理制度成熟定型

流域综合管理体系逐步建成。流域水法规建设明显加快,重要领域改革取得突破性进展,流域综合管理体制机制逐步健全,水管理制度全面完善,依法治江全面推进,管理能力全面提升。

四、治理长江的主要工程

长江流域的开发治理有着悠久的历史。早在公元前7世纪就开始在长江中下游平原的河湖滩地筑圩围垦,兴建防洪工程。公元前250年秦国李冰修建了著名的都江堰工程。公元7世纪时塘、堰、陂、渠等灌溉工程普遍得到发展。公元5世纪因前人先后开通邗沟、灵渠等一系列人工运河,长江水运已四通八达。20世纪40年代后期至今长江的开发治理更是迈入了新的阶段。自1949年至今在长江上、中、下游兴修了许多蓄水、引水、提水工程,如荆江分洪工程、丹江口水利枢纽、江都水利枢纽、葛洲坝水利枢纽、乌江渡水电站、龚嘴水电站、清江隔河岩水利枢纽等。

(一)荆江分洪工程

长江自湖北枝城到洞庭湖口城陵矶一段长400 km的河道,通称荆江。荆江河道弯曲狭窄,安全泄量与上游洪水来量很不适应,北岸大堤堤顶又高出地面10多m。上游来洪量常在60 000 m^3/s以上,最大时达110 000 m^3/s,而河道只能通过60 000 m^3/s,约相当于10年一遇的洪水。每当汛期高水位时,险情迭出,若溃决,不仅江汉平原受灾,而且还会直接影响以武汉为中心的中游经济开发区。

荆江分洪工程位于荆江南岸湖北公安县境内，与荆江大堤隔江相望，分洪区总面积 920 km^2，总蓄洪容积 62 亿 m^3，有效蓄洪量 54 亿 m^3。该工程于 1952 年 4 月 5 日动工，6 月中旬全部建成。

荆江分洪工程主要由分洪区围堤、分洪闸、节制闸、泄洪工程等组成。分洪区围堤长 208 km，其中包括虎渡河河堤 91 km，荆江右岸江堤 98 km，南大堤 20 km。分洪闸位于太平口分洪区北段，全长 1 054 m，分 54 孔，每孔宽 18 m，高 5.5 m，最大设计流量 8 000 m^3/s。节制闸简称南闸，控制洞庭湖分泄水量，在分洪区最南端横跨虎渡河，设计流量 3 800 m^3/s。分洪区还建有分洪排水闸 2 座，最大排水量 700 m^3/s。

(二) 丹江口水利枢纽

丹江口水利枢纽是开发治理汉江和南水北调的关键性工程。该工程位于湖北丹江口市境内汉江与丹江交汇口以下 800 m 处，是汉江干流最大的水利枢纽工程，控制流域面积 95 200 km^2，具有防洪、发电、灌溉、航运、养殖等综合利用效益。枢纽分两期兴建，初期坝顶高程 162 m，正常蓄水位 157 m，相应总库容 174.5 亿 m^3；后期坝顶高程加高至 176.6 m，正常蓄水位 170 m，相应总库容 290.5 亿 m^3。该工程于 1958 年 9 月开工，1973 年初期工程全部建成。两处灌溉渠道分别于 1973 年、1974 年先后建成。枢纽建成后发挥了预期的效益，如下游河道防洪标准由 6 年一遇提高到 20 年一遇。100 年一遇的洪峰流量经调蓄后，可由 51 200 m^3/s 减少到 13 200 m^3/s，不需临时分洪即能防御 100 年一遇的洪水。水库不仅可灌溉河南唐河、白河流域及湖北北部 1 110 万亩农田，并为通过唐河、白河流域向华北地区调水创造了条件。枢纽电站装机 90 万 kW，可向华中地区供电，年发电量为 40 亿 kW · h。该工程的兴建还改善了汉江中下游航道 650 km 及库区航道 220 km。

丹江口水库是南水北调中线工程的水源区工程，控制汉江 60% 的流域面积。2010 年 3 月，丹江口水利枢纽在已建成初期规模的基础上，按原规划续建完成，坝顶高程加高至 176.6 m，设计蓄水位由 157 m 提高到 170 m，总库容 290.5 亿 m^3，比初期增加库容 116 亿 m^3，增加有效调节库容 88 亿 m^3，增加防洪库容 33 亿 m^3。丹江口水库大坝加高可提高汉江中下游防洪标准，保障汉北平原及武汉市安全。

(三) 白鹤滩水电站

白鹤滩水电站位于四川省凉山彝族自治州宁南县与云南省巧家县交界的金沙江峡谷，是金沙江水电开发的骨干工程，是继长江三峡水电站及溪洛渡水电站之后又一千万千瓦级巨型水电工程，建成后将主要供电华东电网、华中电网和南方电网，并兼顾当地电网的用电需要。水电站上游与乌东德梯级电站相接，下游尾水与溪洛渡梯级电站相连，是金沙江下游(雅砻江口—宜宾)河段 4 个梯级开发的第二级电站，距宁南县城 75 km。工程以发电为主，兼有拦沙、防洪、航运、灌溉等综合效益。

电站坝址处控制流域面积 430 308 万 km^2，多年平均来水量 4 140 m^3/s。水库正常蓄水位 825 m，水库总库容 206 亿 m^3，调节库容 104 亿 m^3，防洪库容 75 亿 m^3。枢纽由拦河坝、泄洪消能设施、引水发电系统等主要建筑物组成。拦河坝为混凝土双曲拱坝，坝顶高程 834 m，最大坝高 289 m。泄洪建筑物由坝身 6 个表孔和 7 个深孔、坝后水垫塘、左岸 3 条无压泄洪直洞组成。引水隧洞采用单机单洞竖井式布置，尾水系统采用两台机组共用一条尾水隧洞的布置形式,左右岸各布置4条尾水隧洞,其中左岸结合3条、右岸结合2条导流洞布置。左右岸地下厂房内各布置8台1 000 MW立式水轮发电机,保证出力5 500 MW,多年平均发电量640.95亿kW·h。

(四)葛洲坝水利枢纽工程

葛洲坝水利枢纽是在长江干流上修建的第一座大坝,是长江三峡水利枢纽的组成部分,因坝址处江中原有一个小岛葛洲坝而得名。工程位于湖北宜昌市境内长江三峡出口南津关下游2.3 km处,是三峡水利枢纽的反调节梯级工程,可改善三峡200 km河段的航运条件,并可形成落差发电。

枢纽的主要工程由拦河坝、发电站、船闸、泄洪闸、冲沙闸、鱼道等建筑物组成。大坝顶长2 606.5 m,坝高70 m,总库容15.8亿m^3,枢纽总泄流能力11.4万m^3/s,控制流域面积100万km^2,水电站总装机容量为271.5万kW,每年平均可发电138亿kW·h,相当于1949年全国总发电量的3倍。枢纽设有3座船闸,一、二号船闸,闸室宽34 m,长280 m,可通过万吨客轮、货轮和大型船队,是当今世界上的大船闸之一,三号船闸,闸室宽18 m,长120 m,可通过3 000 t级以下客货轮及民用船队。

(五)瀑布沟水电站

瀑布沟水电站位于大渡河中游四川省汉源县和甘洛县境内,是一座以发电为主、兼有防洪拦沙等综合效益的特大型水利水电枢纽工程。瀑布沟水电站是西部大开发标志性工程,其水库也是大渡河下游的控制性水库。

电站枢纽由砾石土心墙堆石坝、左岸地下厂房系统、左岸岸边开敞式溢洪道、左岸泄洪洞、右岸放空洞及尼日河引水工程等工程项目和建筑物组成。水库总库容51.77亿m^3。大坝为砾石土心墙堆石坝,最大坝高186 m,坝顶高程856 m,坝体填筑量约为2 300万m^3,为国内最高砾石土心墙堆石坝。水电站装机6×600 MW,年发电量145.8亿kW·h。工程静态投资166.51亿元,动态总投资199.33亿元。电站建设总工期8年零7个月,2011年工程全部完工。

(六)二滩水电站

二滩水电站是雅砻江干流两河口至渡口河段11座梯级水电站之一,位于四川攀枝花市东北方向40 km处。雅砻江是金沙江左岸最大支流,发源于巴颜喀拉山南麓,向南流经四川西部,至攀枝花市汇入金沙江。甘孜以上为上游,甘孜至洼里河为中游,洼里河以下为下游。雅砻江全长1 571 km,落差3 870 m,流域面积13万km^2,河口多年平均流量1 870 m^3/s,多年平均年径流量591亿m^3,占长江上游总水量的13.3%,水力理论蕴藏量3 372万kW,在长江各支流中仅次于大渡河而居第二位。可开发的水能资源为2 494 kW,年发电量1 525亿kW·h,超过大渡河的可开发电量,居长江各支流之首。加上地质条件好,交通又方便,国家拟定在雅砻江建立水电基地,修建11座梯级水电站。

二滩水电站为雅砻江干流第一座以发电为主的大型水力发电枢纽,二滩大坝坝型为混凝土双曲拱坝,最大坝高240 m。水库库容58亿m^3,最大泄洪能力23 600 m^3/s,安装6台55万kW水轮发电机组,总装机容量330万kW,年平均发电量170亿kW·h。二滩水电站的建成标志着中国水电建设达到了一个更高的水准。

(七)溪洛渡水电站

溪洛渡水电站地处云南省永善县与四川省雷波县接壤的溪洛渡峡谷段,是金沙江下游四个巨型水电站中最大的一个,是一座以发电为主,兼有拦沙、防洪和改善下游航运等综合效益的大型水电站。

水库长约200 km,平均宽度约700 m,正常蓄水位600 m以下,库容115.7亿m^3,水库总库容126.7亿m^3,水库淹没涉及四川省雷波、金阳、布拖、昭觉、宁南和云南永善、昭阳、鲁甸和巧家等9个县(区)。

溪洛渡水电站枢纽由拦河坝、泄洪、引水、发电等建筑物组成。拦河坝为混凝土双曲拱坝,坝顶高程610 m,最大坝高285.5 m,坝顶弧长698 m;左、右两岸布置地下厂房,各安装9台水轮发电机组,电站总装机1 386万kW,多年平均发电量571.2亿kW·h。

溪洛渡水电站于2005年底开工,2007年实现截流。2009年3月大坝主体工程混凝土浇筑开工,2014年6月水电站所有机组全部投产。

(八)向家坝水电站

向家坝水电站是金沙江水电基地下游4级开发中的最末一个梯级电站,坝址左岸位于四川省宜宾县,右岸位于云南省水富市。水电站以发电为主,同时兼有改善通航条件、防洪、灌溉、拦沙、对溪洛渡水电站进行反调节等综合效益。

向家坝水电站控制流域面积45.88万km^2,占金沙江流域面积的97%。电站拦河大坝为混凝土重力坝,坝顶高程384 m,最大坝高162 m,坝顶长度909.26 m。水库总库容51.63亿m^3。电站装机容量775万kW(8台80万kW巨型水轮机和3台45万kW大型水轮机),多年平均发电量307.47亿kW·h。左岸布置一级垂直升船机,最大提升高度为114 m,可以通过2×500 t船队,设计年客运量40万人次,年货运量112万t。

向家坝水电站由三峡总公司投资建设,工程总投资434亿元,于2006年11月26日正式开工建设,2014年7月10日全面投产发电。

(九)锦屏水电站

锦屏水电站包括锦屏一级和二级水电站。锦屏一级水电站位于四川省凉山彝族自治州盐源县与木里县交界处,是雅砻江下游河段的控制性水库梯级电站,其下游梯级为锦屏二级、官地、二滩和桐子林水电站。锦屏一级水电站尾水与下游的锦屏二级水电站闸坝水库衔接,交相辉映,成为锦屏大河湾上的"双子星座"电站。两者联合调度,总装机840万kW,年发电量可达420亿kW·h,是规划的西电东送的主要水电电源之一。

锦屏一级水电站坝址以上流域面积10.3万km^2,占雅砻江流域面积的75.4%。坝址处多年平均流量为1 220 m^3/s,多年平均年径流量385亿m^3。电站以发电为主,兼具蓄能、蓄洪和拦沙作用。锦屏一级水电站由挡水、泄水及消能、引水发电等永久建筑物组成,其中混凝土双曲拱坝坝高305 m,为世界第一高双曲拱坝。电站总装机容量360万kW(6台60万kW机组),多年平均年发电量166.2亿kW·h。

工程于2005年11月正式开工,2012年首台机组投产发电,2014年全部建成,动态总投资245.79亿元。

(十)长江三峡水利枢纽

长江从青藏高原出发,流经四川盆地,接纳了岷、沱、嘉、乌等大支流,行程4 000余

km,至奉节进入举世闻名的三峡峡谷河段。这段自奉节至宜昌长200 km的河段,穿越瞿塘峡、巫峡、西陵峡,三峡是三者的总称。三峡水利枢纽位于西陵峡中段的三斗坪,下游距葛洲坝水利枢纽约40 km。坝址河谷开阔,基岩为坚硬完整的花岗岩,具有修建高坝的优越地形、地质和施工条件。坝址上游集水面积100万 km^2,占长江流域面积的56%,水量丰沛,年均降水量1 147 mm,多年平均气温16.9 ℃。坝址处年均径流量4 510亿 m^3,为长江入海平均年径流量的50%。

三峡水利枢纽是长江中下游防洪体系中的关键性骨干工程,主要由拦河大坝、泄洪建筑物、水电站厂房、通航建筑物等部分组成。大坝为混凝土重力坝,正常蓄水位175 m,坝顶高程185 m,最大坝高175 m。泄洪坝段居河槽中部,设有23个泄洪深孔,22个净宽8 m的表孔。泄洪坝段的两侧布置左右两个坝后式电站厂房,左岸厂房装机14台,右岸厂房装机12台,26台总装机容量共1 820万 kW,右岸地下厂房装机6台,共420万 kW。水电站年发电量840亿 kW·h。通航建筑物包括船闸和垂直升船机,布置在左岸。1992年4月3日,第七届全国人民代表大会第五次会议通过了兴建三峡工程的决议。全部工程分三期施工,准备工程及一期工程施工共5年,二期工程施工需6年,三期工程施工共6年,工程施工总工期17年。1993年开始施工准备,1997年大江截流,2003年(第11年)第一批两台机组开始发电,2009年枢纽工程完工,2012年7月4日最后一台水电机组投产,项目设计总投资约1 438.37亿元人民币。

三峡工程是当今世界最大的水利枢纽工程,它的许多指标都突破了中国和世界水利工程的纪录。三峡工程从首倡到正式开工有75年,是世界上历时最长的水利工程;三峡工程从20世纪40年代初勘测到50~80年代全面系统的设计研究,历时半个世纪,积累了浩瀚的基本资料和研究成果,是世界上前期准备工作最为充分的水利工程;三峡工程的兴建问题在国内外都受到最广泛的关注,是首次经过中国最高权力机关全国人民代表大会审议和投票表决的水利工程;三峡水库总库容393亿 m^3,防洪库容221.5亿 m^3,水库调洪可削减洪峰流量达2.7万~3.3万 m^3/s,是世界上防洪效益最为显著的水利工程;三峡水电站总装机容量1 820万 kW,年发电量846.8亿 kW·h,是世界上最大的电站,相当于18个核电站的发电量;三峡水库回水可改善川江650 km的航道,使宜渝船队吨位由现在的3 000 t级提高到万吨级,年单向通过能力由1 000万 t增加到5 000万 t;宜昌以下长江枯水航深通过水库调节也有所增加,是世界上航运效益最为显著的水利工程;雄伟壮观的三峡大坝包括两岸非溢流坝在内,总长2 335 m,犹如一座横跨长江上的“水上长城”。泄流坝段483 m,水电站机组70万 kW×26台,双线5级船闸加升船机,无论单项、总体都是世界上建筑规模最大的水利工程;三峡工程主体建筑物土石方挖填量约1.25亿 m^3,其中混凝土浇筑量2 643万 m^3,钢材59.3万 t(金属结构安装占28.08万 t),是世界上工程量最大的水利工程;三峡工程深水围堰最大水深60 m、土石方月填筑量170万 m^3,混凝土月灌筑量45万 m^3,碾压混凝土最大月浇筑量38万 m^3,月工程量都突破世界纪录,是水利施工强度最大的工程;三峡工程截流流量9 010 m^3/s,施工导流最大洪峰流量79 000 m^3/s,是世界水利工程施工期流量最大的工程;三峡工程泄洪闸最大泄洪能力10万 m^3/s,是世界上泄洪能力最大的泄洪闸;三峡工程的双线五级、总水头113 m的船闸,是世界上级数最多、总水头最高的内河船闸;三峡升船机的有效尺寸为120 m×18 m×3.5

m,总重 1.18 万 t,最大升程 113 m,过船吨位 3 000 t,是世界上规模最大、难度最高的升船机;三峡工程水库移民最终可达百万,是世界上水库移民最多、工作也最为艰巨的移民建设工程。

1994 年 6 月,由美国发展理事会(WDC)主持,在西班牙第二大城市巴塞罗那召开的全球超级工程会议上,三峡工程被列为全球超级工程之一。放眼世界,从大海深处到茫茫太空,人类征服自然、改造自然的壮举中有许多规模宏大、技术高超的工程杰作。三峡工程在工程规模、科学技术和综合利用效益等许多方面都堪为世界级工程的前列。它不仅为中国带来巨大的经济效益,还将为世界水利水电技术和有关科技的发展做出巨大的贡献。

第二节　黄　河

一、流域概况及特点

(一)流域概况

黄河是中国的第二大河,发源于青藏高原巴颜喀拉山北麓海拔 4 500 m 的约古宗列盆地,流经青海、四川、甘肃、宁夏、内蒙古、陕西、山西、河南、山东 9 省(区),在山东东营市垦利区注入渤海。黄河干流河道全长 5 464 km,流域面积 79.5 万 km^2(含内陆河流域 4.3 万 km^2)。与其他江河不同,黄河流域上中游地区面积占流域总面积的 97%。流域西部地区属青藏高原,海拔在 3 000 m 以上;中部地区绝大部分属黄土高原,海拔为 1 000~2 000 m;东部属黄淮海平原,河道高悬于两岸地面之上,洪水威胁十分严重。

根据水沙特性和地形、地质条件,黄河干流分为上、中、下游三个河段。

河源至内蒙古托克托县的河口镇为上游。黄河自河源穿过茫尕峡谷,向东进入扎陵湖和鄂陵湖,过玛多折向东南,绕积石山向西北流,经兴海县向东流,过龙羊峡、刘家峡、黑山峡和青铜峡,流入宁夏回族自治区银川平原和内蒙古自治区河套平原,到托克托县河口镇,河道长 3 472 km,水面落差 3 496 m,流域面积 38.6 万 km^2(不含内陆河流域)。河道蜿蜒曲折,多峡谷,汇入的主要支流有白河、黑河、大夏河、洮河、湟水、祖厉河、清水河、大黑河等。水力资源丰富,大部分地区降水较多,植被良好,是黄河“清水”的主要来源区。

河口镇至河南省郑州附近的桃花峪为中游。黄河过河口镇急转南下,穿行山西省、陕西省黄土高原至龙门,出龙门逐渐展宽,到潼关以后,受秦岭阻拦转向东流,三门峡以下又进入峡谷,至河南省小浪底出峡谷到桃花峪,河道长 1 206 km,水面落差 890 m,流域面积 34.4 万 km^2。黄河在中游汇入的主要支流有皇甫川、窟野河、无定河、延河、汾河、洛河、泾河、渭河、伊洛河、沁河等。这里植被较差,多暴雨,是黄河洪水、泥沙的主要来源区。

桃花峪以下至入海口为下游。河道长 786 km,落差 95 m,流域面积 2.2 万 km^2。河道比降平缓,上宽下窄,最宽处 24 km,最窄处 275 m,由于河沙大量淤积,河床逐年抬高,一般高出两岸地面 4~6 m,成为横贯于华北大平原之上的“悬河”,洪水全靠两岸大堤约束,历史上洪灾严重,由于河床高悬,汇入的支流很少,较大的支流有大汶河、天然文岩渠和金堤河。

黄河河口位于渤海湾与莱州湾的交汇处,河口滨海区海洋动力较弱,潮差一般在 1 m 左右,属弱潮多沙、摆动频繁的强烈堆积性河口,自山东惠民地区滨州市以下,在小清河和徒骇河两个河口之间都属于黄河河口区。黄河自垦利区宁海以下形成扇形三角洲,面积约 5 400 km^2。地势西南高而东北低,一般高于大沽基面 2~10 m,再向外即为海滨区。近河口河段长约 50 km,两岸现在受工程控制。河口区平均每年约承受泥沙 11 亿 t,淤积延伸速度很快,入海流路很不稳定,常常摆动改道。

从河源到河口,黄河由于流经不同的自然地理单元,流域条件差异较大,加上输沙过程中的冲淤影响,所以含沙量和输沙量的变化都很复杂。

(二)黄河的特点

黄河有着不同于其他江河的显著特点。

1. 水少沙多,水沙异源

黄河多年平均年天然径流量 580 亿 m^3,流域面积占全国陆地总面积的 8.3%,而年径流量只占全国的 2%。流域内人均水量 527 m^3,为全国人均水量的 22%;耕地亩均水量 294 m^3,仅为全国耕地亩均水量的 16%,再加上流域外的供水需求,人均占有水资源量更少;多年平均年输沙量 16 亿 t, 多年平均含沙量 35 kg/m^3,均为世界大江大河之最。黄河 56%的水量来自兰州以上,90%的沙量来自河口镇至三门峡区间。

2. 河道形态独特

黄河下游河道为著名的"地上悬河",是海河流域与淮河流域的分水岭,现行河床一般高出背河地面 4~6 m,比新乡市高出 20 m,比开封市高出 13 m。河道上宽下窄,最宽达 24 km,最窄处仅 275 m,排洪能力上大下小;河势游荡多变,主流摆动频繁。河道内滩区为行洪区,居住人口 179 万人,防洪任务十分艰巨。

3. 水土流失严重

黄河流经世界上水土流失面积最广、侵蚀强度最大的黄土高原,水土流失面积 45.4 万 km^2,占黄土高原总面积的 71%。年侵蚀模数大于 8 000 t/km^2 的极强度水蚀面积 8.5 万 km^2,占全国同类面积的 64%;年侵蚀模数大于 15 000 t/km^2 的剧烈水蚀面积 3.67 万 km^2,占全国同类面积的 89%。

4. 洪水灾害频繁

据记载,从先秦时期到民国年间的 2 540 多年中,黄河共决溢 1 590 多次,改道 26 次,平均三年两决口,百年一改道,决溢范围北至天津,南达江淮,达 25 万 km^2。每次决口,水沙俱下,淤塞河渠,良田沙化,生态环境长期难以恢复。

5. 经济发展较为落后

据 2007 年资料统计,黄河流域人口 1.14 亿人,占全国总人口的 8.6%;城市化率 40%,低于全国平均水平;流域内生产总值 16 527 亿元,占全国的 6.2%,经济发展水平较低。牧业也比较落后,人均占有粮食和畜产品都低于全国平均水平。因此,进一步加强农业经济建设,发挥土地和光热资源的优势,提高农业生产水平,尽快使广大人民群众脱贫致富,改善生态环境,对实施西部大开发战略,保障经济和社会的可持续发展以及加强民族团结具有重大意义。

6. 资源丰富，发展潜力巨大

黄河流域总土地面积11.9亿亩，占全国陆地总面积的8.3%。总耕地1.97亿亩，人均1.79亩，约为全国人均耕地的1.5倍。矿产资源丰富，在全国已探明的45种主要矿产中，黄河流域有37种。黄河流域上中游地区的水能资源、中游地区的煤炭资源、中下游地区的石油和天然气资源，都十分丰富，在全国占有极其重要的地位，被誉为中国的“能源流域”。流域可开发水能资源总装机容量3 344万kW，年发电量约1 136亿kW·h，在中国七大江河中居第二位。已探明煤炭储量4 492亿t，占全国煤炭储量的46.5%。流域内已探明的石油、天然气主要分布在胜利、中原、长庆和延长4个油田，其中胜利油田是中国的第二大油田。流域内其他矿产资源也很丰富，具有全国性优势的矿藏有稀土、硫、铌、石膏、铝土矿、钼、耐火黏土等，钴、锌、铅、碱、硫铁矿、铜、钨、金等矿藏量在全国也有重要地位。黄河上游及邻近地区是中国著名的有色金属长廊。

西部大开发战略的实施，将为黄河流域21世纪初经济发展带来良好的机遇。黄河流域经济带的开发将与长江经济带、沿海经济带一起，形成支撑中国经济增长的“π”字形生产力布局。黄河流域各省(区)将依托欧亚大陆桥和资源优势，发挥中心城市的作用，以线串点，以点带面，逐步形成中国特色的跨行政区域的经济带，变资源优势为经济优势。按照21世纪初中国经济发展战略布局，黄河流域重点建设的地区为：一是以兰州为中心的黄河上游水电能源和有色金属基地，包括龙羊峡至青铜峡的沿黄地带，加快开发水力资源和有色金属矿产资源，适当发展相关加工工业；二是以西安为中心的综合经济高科技开发区，集中力量将该地区建成以加工工业为主，具有较高科技水平的综合经济开发区，成为西北地区实现工业化的技术装备基地；三是黄河中游能源基地，是中国西部十大矿产资源集中区之一，包括山西南部、陕北、内蒙古西部、河南西部等，加快煤炭资源开发和电力建设，结合上游水电开发，加大西电东送、西气东输规模，建成以煤、电、铝、化工等工业为重点的综合性工业开发区；四是以黄河下游干流为主轴的黄淮海平原经济区，今后将建成全国重要的石油和海洋开发、石油化工基地，以及以外向型产业为特色的经济开发区。

黄河治理开发是中国基础设施和生态环境建设的重要内容。经济社会的快速发展，迫切要求加快黄河治理开发的进程。

二、黄河治理开发现状及存在的主要问题

(一)治理开发现状

中华人民共和国成立后，党和国家对黄河治理开发十分重视，随着中国大江大河的第一部综合治理规划——《黄河综合利用规划技术经济报告》的实施，全面开展了黄河的治理开发，保障了人民生命财产安全，促进了经济发展和社会进步，改善了生态环境。

在黄河上陆续修建了三门峡、小浪底、陆浑、故县等干支流水库，先后4次加高培厚了黄河下游1 400 km的临黄大堤，初步开展了放淤固堤，开展了大规模的河道整治，开辟了北金堤、东平湖等滞洪区，对河口进行了初步治理，初步形成了“上拦下排，两岸分滞”的下游防洪工程体系，加强了防洪非工程措施建设，提高了黄河下游抗御洪水灾害的能力，扭转了历史上频繁决口改道的险恶局面，保障了黄淮海大平原的防洪安全和

稳定发展。

截至2016年,黄河干流龙羊峡以下河段已建及在建水利枢纽和水电站30座,总库容626亿m^3,水电站装机容量1 802.64万kW;拟建水利枢纽和水电站6座,总库容421.7亿m^3,水电站装机容量650万kW;兴建了众多的支流水库及大量的灌溉、供水工程,开发利用地下水资源,灌溉面积由1950年的1 200万亩发展到1.2亿亩(其中流域外0.37亿亩),在约占全流域耕地面积46%的灌溉面积上生产了70%的粮食和大部分经济作物;解决了农村2 727万人的饮水困难;为流域内外50多座大中城市和中原、胜利两油田提供了水源保障;加强了水资源保护工作,已建成水质监测站点216个,对干支流水质进行了监测,初步掌握了重要河段的水质状况。

水土保持改善了部分地区农业生产条件和生态环境,减少了入黄泥沙。水土流失初步综合治理面积累计达到18万km^2,其中建成治沟骨干工程1 390座,淤地坝11.2万座,塘坝、涝池、水窖等小型蓄水保土工程400多万处,兴修基本农田9 700万亩,营造水土保持林草11.5万km^2。现有治理措施平均每年增产粮食50多亿kg,解决了1 000多万人的温饱问题,在一定程度上遏制了水土流失和荒漠化的发展。20世纪70年代以来,水利水保措施年均减少入黄泥沙3亿t左右。

(二)治黄存在的主要问题

经过半个多世纪坚持不懈的努力,黄河治理开发取得了很大的成效,但由于黄河河情特殊,治理难度大,加之流域水利基础设施薄弱,流域管理乏力,目前还面临着许多问题,突出表现在:洪水威胁依然是心腹之患,水资源供需矛盾日益突出,水土流失尚未得到有效控制,水污染越来越严重。

1. 洪水威胁依然是心腹之患

黄河下游河段、中游的禹门口至潼关河段和三门峡库区、上游的宁蒙河段都存在不同程度的暴雨洪水和凌汛危害。黄河下游是举世闻名的"地上悬河",洪水危害最为严重,一直是黄河防洪的重点。黄河安危,事关大局。黄河下游大堤一旦失事,南决乱淮(河)、北决乱海(河),在目前地形地物条件下,黄河洪泛可能影响范围涉及豫、鲁、皖、苏、冀5省的24个地(市)所属的110个县(市),总面积12万km^2,耕地1.1亿亩,人口8 755万人。洪水决溢将造成巨大的经济损失(数据源于2002年《黄河近期重点治理开发规划》)。京广、陇海、京九、津浦、新菏等重要铁路干线和107、310等国道及开封、新乡等重要城市可能被冲毁,中原油田、胜利油田、兖济煤田、淮北煤田等重要能源基地将严重受损,多年建设起来的灌溉排水系统及治淮、治海工程体系将毁于一旦。洪水决溢不仅对经济社会造成极大破坏,而且水退沙存、河渠淤塞、良田沙化,对生态环境将造成长期的难以恢复的不良影响。

目前,小浪底水库已建成投入运用,下游稀遇洪水得到有效控制,河床淤积在一定时期内得到缓解,但黄河下游泥沙淤积问题长时期内难以根本解决,下游堤防质量差,河势变化大,中常洪水也可能"冲决"和"溃决"大堤,防洪形势仍很严峻。突出问题是:

(1)泥沙问题在相当长时间内难以根本解决,历史上形成的"地上悬河"局面将长期存在。20世纪90年代黄河河床与50年代相比,普遍抬高2~4 m,河床高出背河地面4~6 m,局部河段高出10 m以上。1996年8月,花园口站洪峰流量7 860 m^3/s,其水位比

1958 年的 22 300 m^3/s 大洪水还高 0.91 m。要控制下游河道不淤积抬高,在充分发挥小浪底水库拦调洪水泥沙作用的同时,还必须采取多种措施,综合治理才能解决。

(2)小浪底至花园口区间洪水尚未得到控制,下游仍有发生大洪水的可能。在现有工程条件下,花园口 100 年一遇和 1 000 年一遇洪峰流量分别达 15 700 m^3/s 和 22 600 m^3/s,发生这样的洪水均超过了艾山以下堤防设防标准,且预见期只有 8 h,对下游防洪安全威胁很大,特别是滩区和东平湖滞洪区群众迁安救护十分困难。

(3)堤防质量差,隐患多,断面不足,险工防护能力低,仍有溃决的可能。黄河下游大堤堤身多为沙质土,抗冲能力差,历史决口口门多,基础条件复杂。现有险工标准低,坝顶高程不足,根石坡度陡,深度浅,稳定性差。虽经多年的加固处理,但仍存在许多隐患及薄弱环节。

(4)控导工程不完善,已建工程标准低,主流游荡变化剧烈,严重危及堤防安全。高村以上宽河段长 299 km,控导工程不完善,河势游荡还很剧烈,常形成"横河""斜河",严重危及堤防安全。现有控导工程标准低,根石稳定性差。小浪底水库运用初期下泄相对清水期间,下游河床将冲刷下切,河势变化加剧,工程出现险情的可能性将增加。

(5)东平湖滞洪区围坝质量差,退水困难,安全建设遗留问题较多。东平湖滞洪区是确保山东艾山以下河段防洪安全的一项重要分滞洪工程措施,但围坝质量差,蓄洪时渗水严重。湖区内安全设施少,现有避水村台标准低,还有 16.89 万人无避洪设施。同时由于黄河河道淤积抬高,排水入黄困难。

(6)黄河下游滩区安全设施少、标准低。黄河下游两岸大堤之间的滩地属黄河行洪区,面积 3 956 km^2,人口 180 余万人,淹没机遇多,而现有避水设施及交通道路少,不能满足就地避洪和撤退转移的需要。

(7)防洪非工程措施不适应防汛抢险要求。主要是水文测报设施、设备陈旧老化,数量不足,洪水预报预警系统建设滞后、预报精度低、预见期短,防汛抢险交通条件差,机动抢险队伍数量少、装备不足,防汛决策指挥系统自动化水平低等。

2. 水资源供需矛盾十分突出

(1)用水已超过黄河水资源的承载能力,缺水严重。随着经济社会的快速发展,用水量持续增加,生产、生活年用水量已由 20 世纪 50 年代的 120 亿 m^3 增加到 90 年代的 307 亿 m^3(其中流域外耗用 106 亿 m^3),导致黄河下游断流日益严重。1972~1998 年的 27 年中,有 21 年下游出现断流,累计达 1 050 d。1990~1998 年,几乎年年断流,且历时增加,河段延长。1997 年情况最为严重,距河口最近的利津断面全年断流达 226 d,断流河段曾上延至河南开封附近。黄河下游的频繁断流和入海水量减少,造成水资源供需矛盾加剧,生态环境恶化,水质污染加重,对河口地区的湿地和生物多样性构成严重威胁,同时使主河槽淤积增加,过流能力减小,防洪负担加重。

1999 年对黄河干流实行水量统一调度以来,断流现象虽然有所缓解,但黄河流域属资源性缺水地区,加之流域统一管理十分薄弱,权威、高效、协调的流域管理体制尚未形成,统一调度管理还缺少必要的法律、行政、经济调节和现代化的管理手段,黄河缺水断流问题还没有从根本上解决。

(2)随着经济社会的快速发展,水资源供需形势将更加严峻。预测 2030 年,在充分考虑节水的情况下,黄河流域及相关地区国民经济年总需耗水量547亿 m^3。考虑下游河道汛期输沙和非汛期生态基流低限需水量后,正常来水年份黄河流域可供国民经济年最大耗水量为440亿 m^3(包括地下水110亿 m^3),缺水107亿 m^3;在中等枯水年份,年缺水量将达160多亿 m^3。缺水已成为黄河流域和相关地区经济社会可持续发展的主要制约因素。

3. 水土流失及水环境恶化尚未得到有效遏制

(1)水土流失尚未得到有效遏制。黄土高原地区治理水土流失面临的突出问题有:一是长期以来投入严重不足,治理进度缓慢,现有治理标准低,工程不配套,林草成活率低。现有措施的维护、巩固、配套、提高的任务还很重。二是多沙粗沙区治理严重滞后,沟道坝系工程少。黄土高原7.86万 km^2 的多沙粗沙区,产沙十分集中,既是黄河下游河道泥沙淤积的主要来沙区,又是经济落后、生态环境最为脆弱的地区。由于沟道坝系工程少,拦减泥沙效果不明显。三是预防监督和管理不力,边治理、边破坏在一些地方还相当严重。特别是在晋陕蒙、豫陕晋接壤地区煤炭和有色金属的开采过程中,忽视经济建设与环境保护的关系,使本来就十分脆弱的生态环境更加恶化;子午岭、六盘山林区面积也在逐年减少。随着人类对自然界索取的不断增加,产生新的水土流失因素增多,对环境的压力越来越大。

(2)水污染日趋严重。黄河流域工业长期沿袭低投入、高消耗、重污染的发展模式,用水量和排污量大的企业较多,特别是20世纪80年代中期到90年代初期,小造纸、小化工、小制革等“十五小”重污染型企业发展很快,污染源增多,排污量加大;同时水污染治理严重滞后,缺乏有效监督,大量未经处理或达不到排放标准的废污水进入黄河干支流。90年代初,每年排入黄河干支流的废污水量达42亿 m^3,比80年代初增加了1倍,使水质呈急剧恶化之势。2008年黄河干支流评价河长13 847.7 km,年均符合Ⅰ～Ⅲ类水质标准的河长5 427.7 km,占评价河长的39.2%;符合Ⅳ～Ⅴ类水质标准的河长3 327.7 km,占评价总河长的24%;劣Ⅴ类水质标准的河长5 092.3 km,占评价总河长的36.8%。水质恶化不仅直接影响人民生活和身体健康,而且大大加剧了水资源的紧缺程度。

初步估计2030年全流域废污水排放量将超过74亿 m^3,同时,农牧业施用农药化肥等污染对水质的影响也有进一步扩大之势。如不及时采取有效措施,黄河干支流大中城市所在河段的水质有可能全部超过Ⅴ类水质标准,将严重影响黄河供水安全。

三、黄河的治理规划

(一)治理规划

规划的指导思想是:坚持全面规划、统筹兼顾、标本兼治、综合治理的原则,实行兴利除害结合、开源节流并重、防洪抗旱并举。把防洪作为黄河治理开发的一项长期而艰巨的任务,把水资源的节约和保护摆到突出位置,把水土保持作为改善农业生产条件、改善生态环境和治理黄河的一项根本措施,持之以恒地抓紧抓好。从战略高度全面规划、合理安排、分步推进。以水资源的可持续利用,支撑流域及其相关地区经济社会的可持续发展。

1. 防洪减淤

基本思路是:“上拦下排、两岸分滞”,控制洪水;“拦、排、放、调、挖”,处理和利用泥沙。解决黄河的洪水和泥沙问题,必须采取综合措施。“上拦”就是根据黄河洪水陡涨陡落的特点,在中游干支流修建大型水库,以显著削减洪峰;“下排”即充分利用河道排洪入海;“两岸分滞”即在必要时利用滞洪区分洪,滞蓄洪水。“拦”主要是靠上中游地区的水土保持和干支流控制性骨干工程拦减泥沙;“排”就是通过各类河防工程的建设,将进入下游的泥沙利用现行河道尽可能输送入海;“放”主要是在下游两岸处理和利用泥沙;“调”是利用干流骨干工程调节水沙过程,使之适应河道的输沙特性,以利排沙入海;“挖”就是挖河淤背,加固黄河干堤,逐步形成“相对地下河”。通过综合治理,谋求黄河长治久安。

2. 水资源利用及保护

节约用水是缓解黄河水资源供需矛盾的有效途径,要以提高用水效率为核心,全面推行各种节水技术和措施,发展节水型产业,建立节水型社会,城市建设和工农业布局要充分考虑水资源的承受能力。有重点地开展灌区的节水配套改造,大力发展节水农业;充分利用雨水资源,实行耕作制度改革,提高旱作农业生产水平。加大以节水为重点的结构调整和技术改造力度,严格限制高耗水重污染项目,鼓励发展用水效率高的高新技术产业,搞好城市工业和生活节水。要合理划定水功能区,实行入河污染物总量和省界断面水质双控制,并加强部门合作,实行水量、水质的统一管理和保护。加强水资源的统一管理是缓解黄河缺水的重要手段,要统筹考虑城乡生活、生产和生态环境等各方面对水量和水质的要求,加强水资源统一管理和科学调度。为从根本上缓解黄河流域资源性缺水问题,要从长计议、周密计划,积极做好南水北调的前期工作,按照先节水后调水、先治污后通水、先环保后用水的原则,抓紧作好规划,尽快开工建设。

3. 水土保持生态建设

黄土高原地区自然地理条件复杂,水土保持是一项十分艰巨的任务。必须从人口、资源、环境协调发展的高度,坚持人与自然的协调与和谐,加强生态保护,充分发挥生态系统的自我修复能力。考虑黄土高原重力侵蚀严重的特点,要以产沙集中、对黄河下游河道淤积有重要影响且经济相对落后的多沙粗沙区为重点,以小流域为单元,采取工程、植物和耕作综合措施,注重治沟骨干工程和一般淤地坝建设。同时,进一步加大水土保持监督执法力度,加强对开发建设项目的水土保持监督管理,切实控制人为造成新的水土流失。

(二)治理开发目标

通过长期不懈的努力,到21世纪中叶,建成完善的黄河防洪减淤体系,有效控制黄河洪水泥沙,初步形成“相对地下河”,谋求黄河长治久安。形成节水型社会,实现南水北调西线工程年向黄河流域调水170亿m^3左右,使黄河供需水矛盾基本解决。黄河流域地表水水质恢复到良好状态。黄河流域适宜治理的水土流失区基本得到治理,平均每年减少入黄泥沙达到8亿t,生态环境实现良性循环。

通过综合治理,近期达到下述目标:初步建成黄河防洪减淤体系,基本控制洪水泥沙。确保防御花园口站洪峰流量22 000 m^3/s堤防不决口,基本控制游荡型河道河势。相对稳定入海流路。上中游干流重点防洪河段的河防工程达到设计标准。

完善水资源统一管理和调度体制。节水初见成效,灌区灌溉水利用系数由目前的0.4左右提高到0.5以上,大中城市工业用水重复利用率由目前的40%~60%提高到75%左右。争取南水北调工程年向黄河流域调水40亿m^3左右,供需矛盾初步缓解,一般年份基本解决断流问题。

进入黄河干流的污染物符合总量控制要求,黄河干流水质满足水功能区要求,除排污控制区外,分别达到Ⅱ、Ⅲ类水质标准;主要支流饮用水源区及污染较轻的河段,达到水功能区水质要求,污染较重的河段,水质明显改善。

基本控制人为因素产生新的水土流失,黄土高原新增治理水土流失面积12.1万km^2,其中多沙粗沙区治理面积为5.5万km^2,平均每年减少入黄泥沙达到5亿t,水土保持初见成效,遏制了生态环境恶化的趋势。

四、治理开发黄河的主要工程

黄河治理开发的重点在干流,根据对黄河干流的规划,黄河上中游龙羊峡至桃花峪河段拟建30级水利枢纽,已建的水利枢纽从上游向下游依次为龙羊峡、李家峡、刘家峡、盐锅峡、八盘峡、大峡、青铜峡、三盛公、万家寨、天桥、三门峡、小浪底,其中龙羊峡、刘家峡、三门峡和小浪底是治理开发黄河的控制性骨干工程。

(一)龙羊峡水电站

龙羊峡水电站位于青海省共和县境内,是黄河流域综合利用梯级开发规划中最上游的一级电站,控制流域面积1.3万km^2,占黄河流域面积(不含内陆河流域面积,下同)的1.7%。水库总库容247亿m^3,是黄河梯级开发中的"龙头"水库。经过它的调节,可对其下游一系列梯级电站提高枯水期出力,并对甘、宁、蒙沿黄地区增加灌溉、防洪等综合效益。

枢纽由混凝土重力拱坝、坝后式厂房、开敞式溢洪道等部分组成,最大坝高178 m。电站装机容量128万kW,年发电量59.8亿kW·h。通过龙羊峡、刘家峡两水库的联合调节,可使下游已建的刘家峡、盐锅峡、八盘峡、青铜峡4座水电站年发电量增加5.4亿kW·h,新增灌溉面积1 500万亩,提供工业用水4.6亿m^3,还可提高兰州市的防洪标准。

(二)刘家峡水电站

刘家峡水电站位于甘肃省永靖县境内,距兰州市约100 km,是西北电力系统中的骨干电站,兼有灌溉、防洪、防凌、航运及养殖等综合效益。

装机容量122.5万kW,年发电量55.8亿kW·h。水库总库容57亿m^3,有效库容41.5亿m^3。除和龙羊峡水库联合蓄洪补给调节外,可解除兰州市100年一遇的洪水灾害;在解冻期控制下泄流量,可防止内蒙古河段的冰凌危害;库区内的航运及养殖事业也得到相应的发展,综合效益显著。

枢纽由混凝土重力坝、厂房、泄洪建筑物组成。最大坝高147 m,电站厂房采用地面和地下混合式布置,泄洪建筑物包括垭口溢洪道和右岸泄洪隧洞。

(三)三门峡水利枢纽

三门峡水利枢纽位于河南省三门峡市和山西省平陆县的边界河段,控制流域面积68.4万km^2,占黄河流域面积90.9%。1954年黄河治理规划中,把三门峡工程列为根治黄河水害、开发黄河水利最重要的综合利用水利枢纽,推荐为第一期工程。

三门峡水利枢纽于1957年4月开工,1960年大坝建成开始蓄水,运用中发现泥沙淤积很严重,潼关河床很快淤高,渭河汇入黄河处发生拦门沙,淤积沿渭河向上游迅速发展,造成渭河两岸农田的淹渍和浸没,甚至将威胁到西安市的防洪安全。1964年治黄会议,决定对三门峡工程进行改建。

第一次改建工程，于20世纪60年代中期实施两洞四管的泄流排沙措施。首先将4根发电引水钢管改为泄洪排沙钢管，接着在大坝左岸打两条8m×8m的泄洪排沙洞。

第二次改建工程于70年代初期进行，改建工程包括：打开大坝底部原来施工导流用的8个位于280 m高程的底孔和7个位于300 m高程的深孔（1960年水库蓄水时这些底孔和深孔都用混凝土严密封堵了）；把5个发电进水口由原来的底坎高程300 m降到287 m；安装5台5万kW的低水头水轮发电机组，共25万kW，1973年开始发电。

泄流二期改建工程于1985年开始进行，1990年7月完成，具体项目包括：溢流坝1~8号底孔改建，打开溢流坝9号和10号底孔，左岸隧洞进出口塌方及冲坑基础处理。

水电站机组扩建工程自1991年4月15日开工，6号机组1994年4月28日并网发电，7号机组1996年底扩装完工。机组扩建后，电力生产规模由原来的25万kW扩大到40万kW。

改建后的三门峡水利枢纽，由混凝土重力坝、坝后式厂房、左岸两条排沙泄洪洞组成，能起到一定的防洪、防凌、发电、灌溉等作用，特别是在运用实践中创造出的“蓄清排浑，调水调沙，保持长期有效库容”的运用方式符合黄河水沙运动的特点，是中国水利工作者的一个重大贡献。

（四）小浪底水利枢纽

小浪底水利枢纽（见图5-1）位于河南省洛阳市以北40 km的黄河中游最后一段峡谷的出口处，可控制黄河流域总面积的92.3%，是一座处于承上启下、能有效控制黄河洪水和泥沙的巨型水库。其开发目标是：以防洪、防凌、减淤为主，兼顾供水、灌溉和发电，除害兴利，综合利用。小浪底水利枢纽主体工程由三大部分组成：壤土斜心墙堆石坝，坝高154 m，坝顶轴线长1 667 m，总填筑方量5 185万m^3，是中国迄今为止最大的土石坝，库容126.5亿m^3；泄洪排沙系统包括由3条洞径为14.5 m导流洞改建的孔板消能泄洪洞、3条排沙洞、3条明流泄洪洞、1条灌溉洞和1座溢洪道，其最大总泄流能力达17 000 m^3/s。这10条泄水洞连同6条引水发电洞的进水口组合成由10个塔集中排列的巨型进水塔群，其前缘总宽度276.4 m，高113 m，出水口设置的3座2级消力塘也集中布置在一起，其总长为165 m，宽356 m，池深达28 m。泄洪系统是小浪底工程最具挑战性的施工项目，中外建设者在施工中引进先进施工工艺和技术，使得工程进度不断超前，在面积不足1 km^2、地质情况十分复杂的山体内开挖16条大跨径隧洞，被称为“世界水工史上的奇迹”。中外施工技术人员大胆采用环向无黏结后张预应力混凝土衬砌技术，解决了恶劣地质和黄河特殊水沙条件造成的施工难题，建成了世界上最高的进水塔、最大的消力塘和最密集的洞群系统；发电系统由6条引水发电洞和1座地下厂房（长251.5 m，宽26.2 m，高61.44 m）、1座地下主变室、1座地下尾水闸门室、3条尾水洞和1座防淤闸组成，厂房内装6台30万kW水轮发电机组。

小浪底枢纽主体工程量为土石方开挖3 625万m^3，石方洞挖280万m^3，土石方填筑5 574万m^3，混凝土337万m^3，金属结构安装3.26万t，机电设备安装3.09万t，帷幕灌浆30万m和固结灌浆35万m。水库移民安置18.86万人。

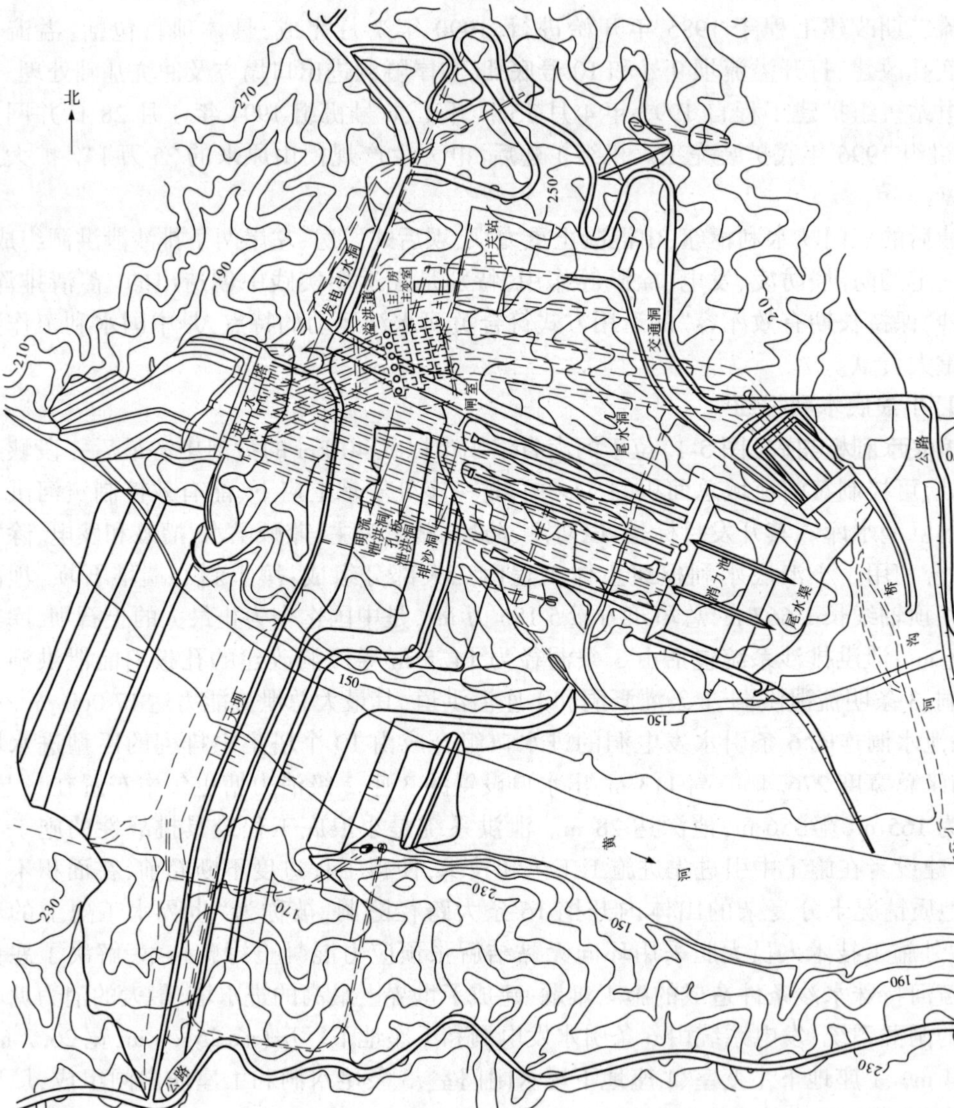

图 5-1 小浪底水利枢纽总布置

小浪底工程建设总工期为11年,其中前期准备工程工期3年,主体工程工期8年。前期准备工程于1991年开始,1994年9月12日主体工程开工,2001年底竣工。小浪底工程的静态总投资(按1995年价格)为269亿元人民币,并启用部分世界银行贷款。

小浪底工程采用蓄清排浑、调水调沙的运用方式,利用75.5亿m^3的调沙库容可滞拦泥沙78亿t,相当于20年下游河床不淤积抬高;20年后还可利用有效库容进行调水调沙,继续发挥减淤作用。小浪底工程建成将有效地控制黄河洪水,使黄河下游的防洪标准从现状的不足100年一遇提高到1 000年一遇,基本解除黄河下游洪水及凌汛的威胁,减缓下游河道淤积。工程每年可增加20亿m^3的供水量,大大改善了下游农业灌溉和城市供水条件。电站总装机容量180万kW,年平均发电量51亿kW·h。

小浪底水利枢纽工程以其在治理黄河所占有的重要地位、特殊的高含沙水流、复杂的自然地质条件、对枢纽运用调度的严格要求以及巨大的工程规模而被中外专家称为世界最复杂、最具挑战性的水利工程之一,小浪底水利枢纽的孔板消能泄洪洞、深混凝土防渗墙、大跨度的地下厂房、密集的地下洞群、集中布置的进水塔和消力塘以及高边坡预应力锚索施工都是具有挑战性的技术难题。该工程被誉为"治黄史上的跨世纪工程",它不仅是中国治黄史上的丰碑,也是世界水利工程建设中的杰作。小浪底工程建设实行业主负责制、招标投标制、建设监理制,全方位与国际管理模式接轨。

(五)拉西瓦水电站

拉西瓦水电站位于青海省贵德县及贵南县交界处的黄河干流上,距上游龙羊峡水电站32.8 km,距西宁市134 km,是黄河流域大坝最高、装机容量最大、发电量最多的水电站。工程的任务是发电,主要承担西北电网的调峰和事故备用,对西北电网750 kV网架起重要的支撑作用,是"西电东送"北通道的战略性工程。

水电站工程坝址控制流域面积13.2 km^2,正常蓄水位2 452 m,总库容10.79亿m^3。枢纽建筑物由双曲薄拱坝、坝身泄洪建筑物、坝后消能建筑物和引水发电系统组成。大坝采用对数螺旋线型双曲拱坝,最大坝高250 m。电站共6台机组,总装机容量420万kW。引水发电系统位于右岸,由电站进水口、压力管道、地下厂房、主变开关室、尾水调压室、尾水洞及其出口建筑物、出线站等组成。

工程由黄河上游水电开发有限责任公司投资建设,动态投资149.86亿元,施工总工期9年。2009年4月,首批两台机组投产发电。

(六)公伯峡水电站

公伯峡水电站位于青海省循化撒拉族自治县和化隆回族自治县交界处的黄河干流上,距西宁市153 km,是黄河上游龙羊峡至青铜峡河段中第四个大型梯级水电站。工程以发电为主,兼顾灌溉及供水,是西北电网中重要调峰骨干电站之一,可改善下游16万亩土地的灌溉条件。

枢纽建筑物由大坝、引水发电系统、泄水系统三部分组成。挡水大坝是黄河干流上修建的第一座大型钢筋混凝土面板堆石坝工程,坝顶高程2 010 m,最大坝高132.2 m,库容6.3亿m^3。大坝钢筋混凝土防渗面板一次性浇筑到坝顶,斜长达218 m,成为世界上最长的混凝土防渗面板。电站共5台机组,装机容量150万kW,年发电量51.4亿kW·h。泄水建筑物在国内外首次采用水平旋流消能技术,成功地将导流洞改建为泄洪洞,解决了在复杂恶劣地质条件下的泄洪安全问题。

公伯峡水电站是黄河上游水电开发有限责任公司组建后,投资兴建的第一座大型水电站。该工程2001年8月8日正式开工建设,2006年8月工程竣工。工程土石方开挖量1 170万 m^3,土石方填筑514万 m^3,混凝土浇筑145万 m^3,金属结构制安13 841 t。概算总投资62.57亿元,竣工决算总投资54.84亿元。

镶嵌在青藏高原峡谷中的公伯峡水电站,是国家"西电东送"北部重要通道,也是中国水电装机总容量达到1亿kW的重要里程碑。它的投产发电,缓解了青海省和海东地区的用电需求,满足了当地的电力市场供应需求,有力地推动了民族地区社会经济的发展,为国家电源建设抒写了华丽而苍劲的一笔。

(七)青铜峡水利枢纽

青铜峡水利枢纽工程是一座以灌溉为主,结合发电、防凌等综合利用的枢纽工程。位于宁夏回族自治区黄河中游的青铜峡峡谷出口,下距银川约80 km,有包兰铁路从左岸通过,对外交通方便。

青铜峡水利枢纽装机容量27.2万kW,灌溉农田600万亩,是开发黄河水力资源的第一期工程之一,主要建筑物有东、西两座引水流量分别为110 m^3/s 及400 m^3/s 的灌溉渠道,混凝土重力式溢流坝,最大坝高42.7 m,溢流坝位于河床中部,全长98 m,采用面流消能。厂房布置在溢流坝闸墩内,安装7台3.6万kW及1台2万kW的转桨式水轮机组。两个机组均有两个泄水、排沙底孔,均匀排泄泥沙,闸墩式电站是中国独具一格的电站。

(八)三盛公水利枢纽

三盛公水利枢纽位于内蒙古自治区磴口县,属黄河河套平原的入口处,是黄河干流上的一座低水头引水灌溉的大型工程,枢纽控制流域面积31.4万 km^2,占全流域面积的41.7%。

枢纽工程由拦河大坝、拦河闸、北岸进水闸、南岸进水闸、沈乌干渠进水闸、北总干渠电站及库区围堰等工程组成。土坝长2 100 m,最大坝高10 m;拦河闸18孔,每孔宽16 m,闸身总长325.84 m。设计灌溉面积1 112万亩,实际灌溉面积650万亩,电站装机容量2 000 kW。

(九)李家峡水电站

李家峡水电站位于青海省尖扎县与化隆县交界处,距西宁市直线距离约55 km。工程以发电为主,与西北330 kV电网联网,主供陕、甘、青三省和宁夏回族自治区,在系统内承担调峰、调频任务,兼有灌溉等综合效益。

坝址以上流域面积13.67万 km^2,多年平均流量664 m^3/s,采用千年一遇洪水设计,万年一遇洪水校核。水库总库容为16.3亿 m^3。枢纽由大坝、泄水建筑物、坝后厂房和左、右岸灌溉渠首等建筑物组成。大坝为三圆心双曲拱坝,最大坝高155 m,长414.39 m,底宽45 m;电站总装机容量为2 000 MW,年平均发电量59亿kW·h。电站是我国首次采用双排机组布置的水电站,也是世界上最大的双排机组水电站。

工程于1988年开工建设,1999年竣工。

(十)积石峡水电站

积石峡水电站位于青海省循化县境内积石峡出口处,距循化县城30 km,距省会西宁市 206 km,距民和县城 100 km。工程主要任务是发电,是黄河上游继龙羊峡、李家峡、公伯峡、拉西瓦电站后建设的又一座大型水电站,是国家“西电东送”北通道的骨干电源关键工程。

水库坝址控制流域面积 14.7 万 km^2,正常蓄水位 1 856 m,总库容 2.635 亿 m^3。大坝为混凝土面板堆石坝,最大坝高 100 m。水电站安装 3 台 34 万 kW 水轮发电机组,总装机容量 102 万 kW,保证出力 33.2 万 kW,多年平均发电量 33.63 亿 kW·h。

工程总投资 56.2 亿元,于 2005 年初开始前期准备,2010 年 11 月正式并网发电。

(十一)古贤水利枢纽

古贤水利枢纽工程位于黄河北干流下段,坝址右岸为陕西省宜川县,左岸为山西省吉县,上距碛口坝址 235.4 km,下距壶口瀑布 10.1 km,是黄河水沙调控体系的重要组成部分,具有防洪、减淤、供水、发电、灌溉等综合效益,目前尚未开始建设。

古贤水利枢纽控制流域面积 49 km^2,占三门峡水库流域面积的 71%。枢纽最大坝高 199 m,相应总库容 165.57 亿 m^3,长期有效库容 47.76 亿 m^3;电站装机 210 万 kW,多年平均发电量 70.96 亿 kW·h。

(十二)大柳树水利枢纽

黄河大柳树水利枢纽位于黄河干流黑山峡出口以上 2 km 处,宁夏中卫市境内,距中卫市区 30 km,上距兰州 250 km,下距银川 160 km,是黄河上游水电基地最后一个能建高坝大库的理想坝址,与已建成的龙羊峡和小浪底水利枢纽,形成黄河干流上 3 个最具关键意义的骨干梯级工程。该工程的开发建设,不仅对充分利用黄河水利水能资源和干流综合治理起着承上启下的重要作用,而且对推动西北地区社会经济的发展,改变西北地区的干旱面貌和脆弱的生态环境以及促进民族团结等都将产生重大而深远的影响。

规划大坝为混凝土面板堆石坝,最大坝高 163.5 m,坝顶长 662 m,总库容 110 亿 m^3;电站装机容量 200 万 kW,年发电量 78 亿 kW·h。施工工期 9 年,第 7 年时第一台机组运行发电。

该枢纽的主要效益是:①调水。大柳树水利枢纽位于黄河上游最后一个峡谷河段的出口,库容 110 亿 m^3,原始调节库容 67 亿 m^3,可对黑山峡以上黄河来水进行有效调节,每年 5~7 月灌溉高峰期,可向河口镇以下增补水量 30 亿~40 亿 m^3,可缓解下游断流现象。②发电。电站装机容量 200 万 kW,多年平均年发电量 78 亿 kW·h,同时,由于枢纽反调节作用,可使上游梯级电站每年增加发电量 2 亿 kW·h,增加保证出力 7.25 万 kW。③防洪、防凌。可使宁蒙河段的防洪标准由 10 年一遇提高到 50 年一遇,封河时下泄流量大于 500 m^3/s,开河时下泄流量控制在 350 m^3/s 左右,使冰期流量平稳过渡,防止发生冰塞现象。④改善生态。有效改善西北地区的干旱面貌,遏制荒漠化,促进绿洲化,有利于黄河和西北地区生态环境建设。可使宁夏已建的大部分扬水工程灌区变为自流,可减轻农民负担和政府财政压力,有利于贫困群众的脱贫致富,增强民族团结;从建设南水北调西线工程着眼,大柳树水库可满足反调节要求,使其充分发挥调水效益。

第三节 淮 河

一、淮河流域概况

淮河是中国古老的江河,是全国七大江河之一,是中国中部的重要河流,流域总面积 27 万 km^2。整个淮河流域包括淮河干流及沂、沭、泗河水系;其中淮河干流水系流域面积 19 万 km^2,沂、沭、泗水系流域面积 8 万 km^2。淮河流域位于北纬 31°~36°、东经 112°~121°,跨河南、安徽、江苏、山东 4 省。

从淮源至豫皖两省交界的洪河口为上游段。长 364 km,落差 178 km,比降为 5‰,河道比降较陡,洪水暴涨暴落,汇入的主要支流有浉河、洪河、汝河。

从洪河口至洪泽湖出口的三河闸为中游,主要汇入支流有史河、灌河、淠河、颍河、西淝河、涡河、沱河、濉河、安河等。其中:洪河口至正阳关两岸高岗起伏,岗地间为一连串湖泊洼地,较大的有蒙洼湖、城东湖、城西湖、邱家湖、姜家湖、唐垛湖等,总面积 3 000 多 km^2,是天然行、蓄洪区,用以调蓄上、中游洪水;正阳关以下南岸为丘陵岗地,北岸为淮北平原,所建淮北大堤为防洪屏障。

由洪泽湖出口的三河闸至江苏江都三江营为下游。其中洪泽湖为中国第四大淡水湖,除可调蓄淮河上中游洪水并为苏北里下河地区提供灌溉水源外,还具有航运、水产养殖等效益。入江水道是洪泽湖的主要排洪出路,排洪流量 1.2 m^3/s。洪泽湖另外有两个出口:一是高良涧闸,经苏北灌溉总渠,在扁担港入黄海,设计排洪能力 800 m^3/s;二是二河闸,经淮沭新河入新沂河,可分泄洪水 3 000 m^3/s。

沂沭泗水系:沂河、沭河源于沂蒙山南麓,二河平行南下,沂河经山东、江苏境内骆马湖,由新沂河入黄海;沭河流至东大官庄分为三支,老沭河南流汇入新沂河,新沭河东流入石梁河水库,经临洪口入黄海。沂沭河之间有分沂入沭通道。泗河源于沂蒙山西侧,由山东济宁市以南入南四湖(由南阳湖、独山湖、昭阳湖、微山湖组成),南四湖汇集两侧诸河来水后,经韩庄运河、中运河入骆马湖,南四湖面积 1 226 km^2,容积 53.6 亿 m^3。

流域的南面和西南面分别为大别山和桐柏山,西面为伏牛山,北以黄河南堤为界,东北为沂蒙山。山区、丘陵区面积约占流域面积的 1/3,平原面积约占 2/3。山丘土壤是壤土和沙土,淮南和淮河下游多属水稻土,淮北平原有砂姜黑土和黄泛淤土,部分地区有盐碱土。平顶山、淮南、淮北、徐州、枣庄、兖州等地煤炭资源丰富,是中国的重要产煤区。有京广、京沪、陇海等铁路干线通过,公路发达,京杭运河和淮河干流都是重要的内河航道。

淮河干流从桐柏山到三江营入长江全长 1 000 km,洪河口以上为上游,洪泽湖以下为下游。主要支流都在洪泽湖以上泄入,北岸有洪、汝、沙颍、涡、濉潼、新汴等河,南岸有史灌、淠、池等河。洪泽湖以下分三路,一路经三河闸、入江水道入长江,另一路经苏北灌溉总渠入海,第三路经淮沭河、新沂河入海。淮沭河是淮水灌溉徐淮地区的输水干渠,淮河大洪水时,可考虑分洪。苏北灌溉总渠以南、运河以东各河都直接入海。洪河口到正阳关,两岸有明显的岗地,南北两岗相距 10 多 km,中间都是湖泊和洼地,这些湖泊和洼地是淮河天然行洪滞洪地区。20 世纪 50 年代初期,按这些洼地行洪滞洪能力和垦殖情况,有计划地将其开辟为蓄洪区和行洪区。

沂沭泗河发源于沂蒙山区。沂河入骆马湖经新沂河入海。沭河在临沂东南分为两支,一支经新沭河入海,一支经老沭河入新沂河。泗河现入南四湖,流域面积仅 2 000 km^2。12 世纪前,泗河是淮河北岸最大的支流,在徐州附近接纳汴河,在宿迁西北接纳沂河,后又接纳濉河,在淮阴附近入淮河。泗河同淮河原来都是比较深广的地下河。12 世纪末,黄河改道占夺泗河和淮河河道,由于黄河的泛滥和泥沙淤积,汴河被淤平,沂河、濉河都另找出路,最后淮河也被挤出原道,南流入长江。1855 年,黄河虽改道北去,但在淮北平原上留下了高于平地的废黄河,成为淮河与沂沭泗河的分水岭。现在的泗河水系是指南四湖水系,由微山湖出口韩庄运河南流经中运河入骆马湖。

本流域位于温带半湿润季风气候区与亚热带湿润季风气候区的过渡带。无霜期在 200 d 以上,年降水量南部 1 200 mm,北部 650 mm,近海高于内陆,山区多于平原,同中国东部各流域一样,年降水量的 60%～70%集中在汛期(6～9 月),年际降水相差可达四五倍。春季有时干旱,类似华北经常发生的春旱;有时春雨连绵,类似长江中下游的低温多雨天气。全流域平均年径流量 622 亿 m^3,加上地下水年水资源总量约 870 亿 m^3,其中 40%的已被开发利用。

二、淮河的治理

淮河流域的治理和开发是较早的,中国记载中最早的灌溉工程——芍陂和最早的人工运河——邗沟都在淮河以南。以后,又有鸿沟、汴渠、京杭运河等的建设,灌溉事业也几经兴废。明清时代,淮河与黄河、运河纠缠在一起,三者的治理也密切相关。但淮河和泗河因河道被黄河所占,河床不断淤高,原有水系被破坏,排水条件恶化,水灾加重了。

大规模治淮是 1949 年以后开始的。1950 年国务院作出的《关于治理淮河的决定》,明确了“蓄泄兼筹”的方针,并针对淮河上中下游关系特别密切的特点,提出了统筹安排、团结治水的治淮原则。据此,制定了上游修山谷水库和推行水土保持;中游修湖泊洼地滞洪工程,培修堤防和疏浚河道;下游加固湖河大堤,筹建入海水道的治理措施。1950 年冬到 1954 年,治淮作为全国重点建设项目,在上中下游都建设了许多工程,取得初步成效。随后,根据 1956 年、1957 年编制的淮河和沂沭泗规划初稿以及 70 年代初修订的治淮规划,各地又分批进行了大量的建设。

淮河当前存在的主要问题有:①防洪除涝标准还比较低;②水资源不足,特别是流域北部严重缺水;③淮河干流行蓄洪区使用频繁,区内居民生产无保障,生活不安定;④水资源污染状况日益严重,恶化了生态环境,危害了人民健康;⑤资金不足,工程缺乏维修,老化、碳化现象严重,不少闸站带病运行,加之管理工作薄弱,工程效益不能充分发挥。

针对上述情况,今后规划仍应遵循“蓄泄兼筹”的方针,统一规划、统一治理、统一管理,提高综合效益。规划目标是:

(1)提高淮、沂、沭、泗干流的防洪标准,提高淮北平原的除涝标准。如在淮河干流上兴建出山店等大型水库,清障退建扩大河道泄洪能力。中游按 100 年一遇防洪标准续建临淮岗控制工程,续建怀洪新河大型综合利用工程。对行蓄洪区实行特殊政策,加强非工程措施,淮河干流下游开辟入海水道,扩大洪水出路等。对沂、沭、泗河水系在中下游扩大分沂入沭河道和新沭河,使沂、沭河上游洪水能大部分东调入海,扩大南四湖浅窄段,续建韩庄运河、中运河、新沂河,扩大南四湖和沂河等洪水南排能力。

(2)实行计划用水,厉行节约用水。进一步合理开发本流域的水资源,在此基础上调引外水,计划利用南水北调东线、中线和引江济淮从长江引水,再者在山东、河南省境内计划从黄河跨流域调水。

(3)调整行蓄洪区政策,加强工程建设,合理进行调度,尽量减少行蓄洪区的开启机遇,使行蓄洪区以适时有效的运用,使区内居民的生产生活有一定保障。

(4)重视生态环境,加强水资源保护。

(5)结合河道整治,发展内河航运,如提高京杭大运河的航道标准。

(6)充分利用水面和水利工程设施,利用工程周围的秀美景色,大力发展水产和旅游事业。

(7)加强山区建设,积极推广小流域综合治理的经验,防治水土流失。

(8)改善城市及工矿企业用水条件。

(9)继续开发水电资源,结合新建水库开发水电资源,重点抓好山区小水电建设,充分利用水能发展水力加工业。

三、治理开发淮河的主要工程

(一)淠史杭灌区

兴建于1958年的淠史杭综合利用工程是以灌溉为主、综合开发水电和水运、水产、给水等项目的大型水利工程,是中华人民共和国成立后兴建的全国最大灌区之一。这一庞大工程构架在岗峦起伏的皖豫丘陵大地上,横跨长江、淮河两大流域,它利用淠河上游的佛子岭、响洪甸、磨子潭水库,史河上游的梅山水库和杭埠河上游的龙河口水库作为灌区的源头,并在淠河和史河上分别兴建了横排头和红石嘴两个引水枢纽,包括进水闸、冲沙闸等,其进水闸设计流量分别为300 m^3/s和180 m^3/s,开挖淠河和史河总干渠等渠系,在龙河口水库下游杭埠河两岸开挖了舒庐干渠和杭北干渠。三个独立的灌区总称淠史杭灌区。

横跨长江、淮河两大流域的淠史杭灌区,小部分位于河南,主体位于安徽省中西部、大别山余脉的丘陵地带,灌区总面积14 107 km^2,担负着皖豫两省14个县(区)的农业、工业和居民生活供水的重任,设计灌溉面积1 124万亩,有效灌溉面积达1 000万亩。

淠河灌区的横排头、史河灌区的红石嘴和杭埠河灌区的梅岭、牛角冲为三大渠首枢纽工程,设计引水能力共605 m^3/s。除上述三大渠道枢纽工程外,灌区渠网纵横,渠系划分成七级固定渠道,总长2.5万km,各类水工建筑物6万余座,类型有涵闸、跌水、渡槽、倒虹吸、桥梁、排灌站、水电站等,库塘堰坝21万多座,加上灌区的382座抽水站,39处外水补给站,众位一体联合运用,形成了蓄、引、提并举长藤结瓜式的灌溉网络,灌区80%以上的农田实现自流灌溉。

灌区建设运行40余年来,骨干工程固定资产总额17.9亿元,累计供水1 215.4亿m^3,灌溉农田3.17亿亩,累计增产粮食375.6亿kg。过去十年九旱的皖西、皖中地区,现已成为全国重要的商品粮基地。与此同时,水力发电、城镇供水、林牧水产、旅游开发、航运、生态等综合效益也得到同步发展。这些光辉业绩表明,淠史杭工程是一项投资少、能耗低、回报率高的基础产业。灌区工程规划设计荣获安徽省科技进步奖一等奖,其续建配套工程为安徽“八五”十大建设成就之一,灌区被中外专家、学者誉为“中国水利建设史上一颗璀璨的明珠”。

淠史杭灌区续建配套与节水改造工程正在规划建设中。走过几十年风雨历程的中华人民共和国最大灌区将实现向现代水利的跨越。

(二)苏北灌溉总渠

苏北灌溉总渠始建于1951年,在“一定要把淮河修好”的号召下,从洪泽湖畔到黄海之滨,横穿淮安、盐城两市的4个县(市),开辟了一条全长174 km的苏北灌溉总渠,又整治了原有京杭大运河。纵横东西的苏北灌溉总渠与贯通南北的京杭大运河交汇于淮安市楚州城的西南侧,该处闸站林立,在2 km^2 的范围内共建有20多座水工建筑物,形成了闻名的淮安水利枢纽工程。苏北灌溉总渠是南水北调东线工程的第二级站,沿线涉及有10座工程,共挖土方7 000余万 m^3。苏北灌溉总渠原设计可灌溉2 600万亩农田,汛期还可用以排洪800 m^3/s 入海。

(三)淮河入海水道

淮河入海水道与苏北灌溉总渠平行,紧靠其北侧,西起洪泽湖二河闸,东至扁担港注入黄海,横穿淮安、盐城两市的4个县(市),全长163.5 km。淮河入海水道工程分两期实施,近期工程设计排洪流量2 270 m^3/s,使洪泽湖防洪标准可达100年一遇。远期工程设计排洪流量7 000 m^3/s,防洪标准可进一步提高到100年一遇。该工程堤距宽700~750 m,近期工程中间挖两道偏泓,远期工程再将滩面全部挖成深泓。主要有二河、淮安、滨海、海口四大枢纽和淮阜控制等水工建筑物。工程具有巨大的防洪效益和社会效益,较好的治涝效益,还将发挥航运效益和环境效益。淮河入海水道是跨世纪的宏伟水利工程,现已竣工投入运用,它实现了淮河下游地区广大人民的夙愿,将为苏北地区的国民经济和社会发展提供有力的防洪安全保障。

(四)淮河中游的滞洪、蓄洪工程

淮河中游河道比降仅为0.003%,汛期若洪泽湖水位抬高,水面比降更缓,影响泄洪。为控制干流洪水,确保淮堤安全,20世纪50年代以来就利用中游一连串的湖泊洼地,兴建了蒙洼湖、城西湖、城东湖、瓦埠湖4个蓄洪区,总面积1 930 km^2,保护耕地163万亩、人口近80万人,总计实有蓄洪库容51亿 m^3。蓄洪区都设有堤防,将其与淮河分开,蒙洼和城西湖蓄洪区还建有进洪和泄洪闸,城东湖和瓦埠湖的进洪和泄洪用同一个闸控制。大水年份,可对这些湖洼地区实行有计划、有控制的进洪、蓄洪和泄洪,直接削减干流洪峰,确保淮北大堤的安全。一般运用的顺序是蒙洼湖、城东湖、城西湖、瓦埠湖。蒙洼蓄洪区1952年建成,可蓄洪7.2亿 m^3;城西湖总蓄洪量为29.5亿 m^3,是中游蓄洪量最大的一个蓄洪区,是保淮北大堤防洪安全的一张“王牌”,曾于1964年、1968年两次破堤蓄洪;城东湖蓄洪量15.9亿 m^3,位于淮河、颍河、淠河汇流点正阳关附近,对控制正阳关洪水位作用显著,建成后有4年运用蓄洪;瓦埠湖蓄洪区本身集水面积大,内水位高,1954年曾漫堤进洪。

淮河干流中游在安徽境内还有18个行洪滞洪区,保护耕地121万亩,是淮河干流排洪通道的重要组成部分,分担河道泄流量的20%~40%,各行洪堤规定有行洪水位,分别采取漫堤行洪和开口门行洪。正阳关以上5个行洪区是南润段、润赵段、邱家湖、姜家湖、唐垛湖,其防洪标准较低,平均1.5~3年行洪一次,正阳关至河口的行洪区有寿西湖、董峰湖、上六坊堤、下六坊堤、石姚段、汤渔湖、洛河洼(幸福堤)、荆山湖,平均4~7年行洪一次。涡河口以下有5个行洪区,它们分别是方邱湖、临北缕堤、花园湖、香浮段、浮苏段。

(五)临淮岗水利枢纽

临淮岗水利枢纽工程位于淮河干流中游霍邱县和颍上县交界处的临淮岗,涉及河南、安徽两省,主体工程跨安徽省霍邱县、颍上县、阜南县三县,控制面积4.22万km^2,为一等大(1)型工程,按100年一遇洪水标准设计,滞洪85.6亿m^3,1 000年一遇洪水标准校核,滞洪121.3亿m^3。

主体工程由主坝、南北副坝、引河、船闸、进泄洪闸等建筑物组成。主坝长8.54 km,南副坝长8.41 km,北副坝长60.56 km。进泄洪闸包括49孔浅孔闸、14孔姜唐湖进洪闸、12孔深孔闸等工程。船闸包括临淮岗船闸、城西湖船闸等。

工程总投资22.67亿元。2001年底动工兴建,2003年11月提前一年成功实现淮河截流,2006年6月,主体工程顺利通过竣工初步验收。

临淮岗洪水控制工程是将淮河干流防洪标准提高到100年一遇的关键工程,在治淮历史上具有里程碑的意义。

(六)出山店水利枢纽

出山店水利枢纽位于淮河上游干流的河南省信阳市浉河区境内,是一座以防洪、灌溉、供水为主,结合发电、水产养殖、旅游、航运等综合开发利用的国家大型水库。

出山店水库坝址以上至淮河发源地河道长100 km,控制流域面积2 900 km^2,总库容34.9亿m^3。枢纽工程主要由主坝、副坝、灌溉洞、电站厂房四部分组成。其中,主坝为混合坝型,轴线长3 694.6 m。主坝坝顶高程100.3 m,最大坝高26.3 m;混凝土坝段包括连接坝段、溢流坝段、底孔坝段、电站坝段,坝顶高程100.3 m,最大坝高35.3 m。南、北副坝共4座,总长525.0 m,其中北副坝1座,南副坝3座,均采用碾压式均质土坝。引水建筑物有南、北灌溉洞各1孔。水电站为坝后式厂房,总装机容量2 900 kW。

工程对沿淮经济社会发展产生巨大的防洪效益、显著的经济效益、良好的生态效益、丰富的文化效益、丰厚的社会效益,将彻底改写淮河干流上游没有洪水控制工程的历史,极大改善淮河上游地区抵御自然灾害的能力,对于沿淮地区经济社会发展将起到巨大的促进作用。

第四节　海　河

一、概述

海河地处中国华北地区,流域范围南以黄河为界,西起太行山,北接内蒙古草原,以燕山山脉分水岭为界,东临渤海。流域地跨8省(区、市),包括北京、天津市的全部,河北省的大部,山西省的东部,山东、河南两省的北部以及内蒙古自治区、辽宁省的一小部分,流域面积 31.8 万 km^2，耕地 1.7 亿亩，总人口 1.25 亿人。

海河流域年均河川径流量为 288 亿 m^3。地表水年人均占有量 270 m^3，耕地亩均占有量约 170 m^3，相当于全国平均每人和每亩占有量的 1/10 左右，为全国占有量最低的地区。本流域水力资源贫乏，理论蕴藏量为 294 万 kW，仅占全国蕴藏量的 4%，其中可开发量为 213 万 kW。

流域属华北暖温带半湿润半干旱气候。冬季受西伯利亚大陆性气团控制，寒冷少雨雪；夏季受太平洋高压及台风影响，常在太行山、燕山山前区出现强大暴雨。

海河流域西部的太行山、北部的燕山山脉，海拔 500~2 000 m，山区面积约占 60%。山区河流源短流急，汛期容易形成山洪而发生洪灾。东南部为广阔的华北平原地区，海拔大都在 50 m 以下。山脉环抱着华北平原，形成一道高耸的屏障。在太行山北部、西部分布着面积较广的黄土丘陵，区内植被差，水土流失严重。在永定河、滹沱河及漳河上游有大同、忻定及长治盆地。

海河流域多年平均年降水量 539 mm。流域年降水量的年际变化极大，丰水年可达 800 mm 以上，枯水年仅有 270 mm 左右。流域降水的主要形式是暴雨，暴雨的成因十分复杂，主要影响因素有环流形势、副高压位置、天气系统和地形等。

本流域暴雨一般多由以西南水汽输送为主的天气系统造成，特大暴雨多以台风雨为主造成。与国内外其他地区暴雨相比，海河流域为中国东部降雨量最小的地区，但历时在 10 d 以下的暴雨量则十分突出，中国大陆暴雨极值多出现在本流域。如河北省尚义县玻璃沟 1973 年 6 月 25 日 1.5 h 降雨 430 mm，康保县白脑包 1992 年 6 月 25 日 2.5 h 降雨 550 mm，内丘县 1963 年 8 月 4 日 24 h 降雨 950 mm，8 月 2~8 日降雨 2 050 mm。

中华人民共和国成立前的海河是中国著名的害河之一。据统计，1368~1948 年的 580 年间，就发生过 387 次严重水灾，407 次严重旱灾。

此外，海河也是一条多泥沙河流，多年平均年输沙量达 1.6 亿 t。泥沙主要来源于永定河、漳河和滹沱河上游山丘区。永定河官厅站在官厅水库修建前，多年平均含沙量达 60.8 kg/m^3，漳河观台站为 12 kg/m^3，滹沱河黄壁庄站为 10 kg/m^3。

二、河道水系

海河流域包括海河、滦河和徒骇—马颊河三大水系。滦河水系位于海河流域的东北部，包括滦河及冀东沿海诸河，其下游有冀东沿海若干条独流入海的小河；海河水系位于滦河水系的西南，包括北系的蓟运河、潮白河、北运河、永定河和南系的大清河、子牙河、漳卫南运河及海河干流和黑龙港河远东地区；徒骇—马颊河水系位于流域的最南部，是平原排涝河流，单独入海。

海河流域平均长度 450 km，平均宽度 700 km，宽度为长度的 1.6 倍，为典型的扇形流域。海河的河长为 1 050 km（从浊漳河南源计）。流域的河系众多，虽已实现了各河分流入海，但河道泄洪能力仍然不足，特别是在下游表现更为突出。此种河势，使上游大量洪水一时难以入海，中、下游地区分布的众多的蓄洪滞洪洼淀，是各河共有的形态。海河流域各行洪河道一般都是地上河，汛期大水时容易形成洪涝争道、相互顶托的局面。天津市以南有一条与海河南系河道入海流向相垂直的南运河（地上河），加重了各河下游尾闾泄流不畅的问题。

特定的地形地貌等条件,使海河流域各河分为两种类型:第一类是发源于内蒙古高原的北部河流和发源于黄土高原的西部河流,在山区汇集大量支流,并有一条主干河道穿越山区而入平原。这类河流源远流长,流域调蓄能力较强,泥沙较多,有滦河、潮白河、永定河、滹沱河、漳河。第二类是发源于燕山、太行山迎风山区,源短流急,流域蓄调能力较小,泥沙也较少的河流。这类河流有蓟运河、北运河、大清河、滏阳河、卫河。这两类河流的洪水特性截然不同,而且是相间分布,从防洪角度看,这种分布形势还具有有利的一面。

三、海河的治理

古代海河的治理主要是控制海河泛滥,稳定社会及生产。公元前3世纪开始利用漳河水发展灌溉,以后历代在引用河水和利用井水灌溉方面,在开辟人工运河通航方面都不断有所发展。到隋代已开通了长达1 000 km的永济河,成为后来形成的中国大运河的主要组成部分。

大运河北起首都北京,南抵浙江省杭州,全长约1 700 km,纵贯中国南北,跨越北京、天津、河北、山东、江苏、浙江六个省(市),沟通了海河、黄河、淮河、长江、钱塘江五大水系,是古代中国重要的南北交通航道。

大运河自元初全线开通以来,历经元、明、清三代,一直受黄河侵淤的威胁。虽三代对此都做出了不懈的努力,但始终未解决黄河、运河之间的矛盾。1855年,黄河改道入大清河,运河不能畅通,随着海运的强化和铁路的兴起,运河到清末就废弃了,仅江南段、淮扬段和南北运河尚可通航。

中华人民共和国成立后,国家对恢复、治理大运河十分重视。为使大运河发挥航运、调水、灌溉、防涝、排洪等多种作用,除对沿运河地区的天然河湖水系进行全面治理外,还于1958年和"六五"期间先后两次重点扩建了徐州—扬州段404 km的运河河道。目前,长江以北扬州—济宁的运道,除济宁—韩庄—台儿庄—大王庙航道为六级标准外,徐州—扬州段均已建成二级航道标准;长江以南的镇江—杭州段运道则已达到五、六级航道标准。

规划的南水北调东线工程是沿大运河修建的。随着国民经济的发展以及南水北调东线工程的实施,古老的大运河将焕发青春,成为全国南北水运交通的运输动脉。

1949年后,对于海河流域的治理,首先整修了各河下游堤防,在永定河上修建了官厅水库,在大清河新辟了独流减河、新盖房分洪道,在漳卫河疏浚了四女寺减河,在滹沱河完成了泛区整治工程,同时还改建了拒马河房涞涿灌区和滹沱河石津灌区。1958年后,在山区各水系的主要干流上都修建了以防洪为主的控制性大型水库,如潮白河上的密云水库,子牙河上的岗南水库、黄壁庄水库,大清河上的王快和西大洋水库,漳河上的岳城水库,同时开展了水土保持工作,并发展了部分灌区。在平原地区,初步整治了部分河道,并修建了引水灌溉工程。1963年海河流域遭受特大洪水灾害后,对各河系的防洪措施重新作了安排,除进行山区水库加固外,更侧重于中、下游河道的治理,先后开挖了滏阳新河、子牙新河、永定新河和潮白新河,开挖、疏浚了徒骇河、马颊河、德惠新河、宣惠河、南大排河、东排河、北排河等骨干排涝河道,还结合洼地改造建成了一大批抽水站。

现在全流域已初步建成了防洪、除涝体系。目前海河北系各河可抗御相当于1939年的洪水,南系各河可抗御相当于1963年的洪水,滦河可抗御相当于1962年的洪水,达到20~50年一遇的防洪标准。在发展灌溉方面,除开发利用地表径流外,还大量开发利用地下水资源,全流域现有机井200余万眼,有效灌溉面积达9 651万亩。在工业用水及城市用水方面,海河流域有14座大型水库承担着供水,特别是滦河上潘家口、大黑汀水利枢纽、引滦入津和引滦入唐工程的兴建,缓和了天津、唐山、北京市用水紧张的状况。此外,全流域已建成水电站15座,总装机容量71万kW,约占可开发量的33%。个别河道还可季节性通航。

四、水利工程建设

中华人民共和国成立以来,海河流域的水利事业有了很大的发展,修建了大中小型水库1 900座,扩建后的总库容为315亿m^3。山区大型水库30座,总库容为243亿m^3;山区中型水库95座,总库容为28.8亿m^3。大中小型水库控制山区面积的83%。本流域多年平均地表年径流量为288亿m^3,大中小型水库的总库容与多年平均径流量的比值为1.09,这为控制山区洪水、调节水量创造了条件。海河三大水系分流入河,改变了过去各河洪水汇集天津的局面。1963年大洪水以来,在防洪方面认真贯彻了"蓄泄兼施"的方针,在续建水库的同时,着重于中、下游治理,新辟和整治了主要排洪排涝河道50余条。先后扩建、新辟的主要河道有永定新河、独流减河、滏阳新河、子牙新河、漳卫新河、卫运河、潮白新河等,使各河系排洪入海能力达到24 680 m^3/s,为治理前的10倍。流域内纳入建设规划的滞洪区26处,蓄滞洪容量约180亿m^3。

(一)潘家口水利枢纽

潘家口水利枢纽位于河北省迁西县滦河干流上,是一座供水、发电、兼顾防洪的大型综合利用水利枢纽,是引滦工程的总水源。

坝址控制流域面积337万km^2,约为滦河流域面积的75%。坝址多年平均年径流量为24.5亿m^3,库容26.2亿m^3。

潘家口水利枢纽主要包括两部分:一部分由上游主坝、溢洪道和泄水建筑物以及右岸坝后河床混合式抽水蓄能电站组成;另一部分由下游闸及河床式水电站组成。当坝上游形成潘家口水库并作为混合式抽水蓄能电站的上池,而由下游闸所形成的有效库容1 000万m^3,则为抽水蓄能电站的下池。

枢纽主要建筑物有:混凝土宽缝重力坝、坝后式厂房、副坝及下池。主坝(见图5-2)最大坝高107.5 m,坝顶长1 040 m。泄洪建筑物布置在河床中部,溢流坝设18个15 m×15 m的表孔,另设4个4 m×6 m的深式泄水孔。两座副坝均为土坝,坝高分别为22.5 m及5 m。坝下右侧为坝后式电站厂房,装机4台共42万kW。主坝下游6 km处建一座混凝土坝,高28.8 m,长1 098 m,形成有效库容1 000万m^3的下池,用于抽水蓄能,调节发电与供水的矛盾。

潘家口水利枢纽工程于1975年10月开工,1984年主体工程全部完成。

(二)密云水库

密云水库位于北京市密云县潮河、白河的汇流处,是一座防洪、供水、灌溉、发电的大

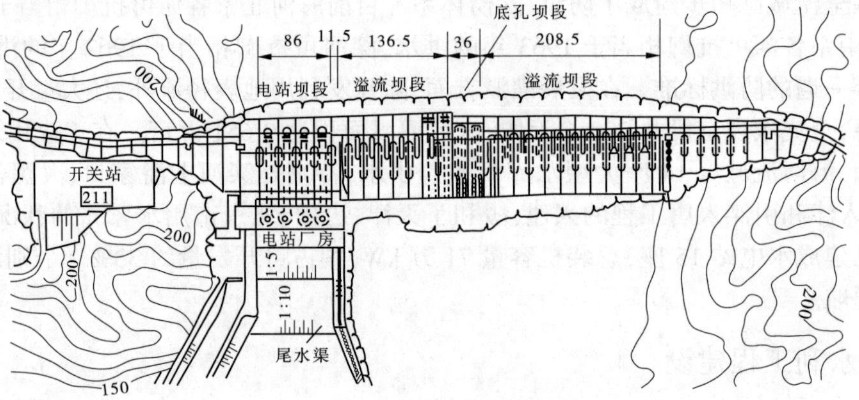

(a)主坝平面布置图

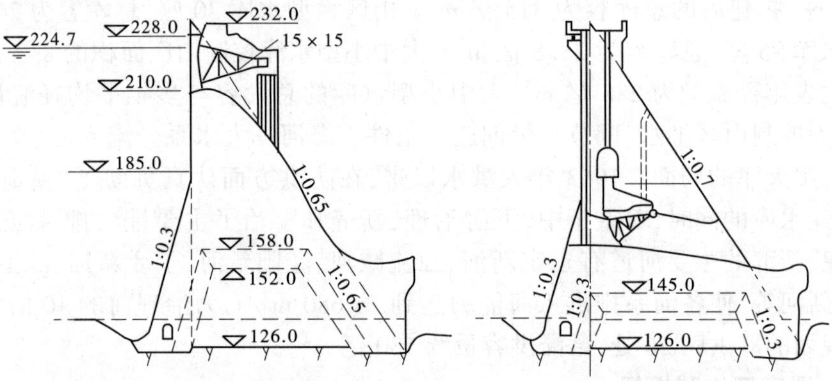

(b)溢流坝段 (c)深孔坝段

图 5-2 潘家口水利枢纽图 (单位:m)

型综合利用的水利枢纽。坝址控制流域面积 15 788 km^2(其中潮河、白河分别为 6 716、9 072 km^2),为总流域面积的 88%。

密云水库由白河和潮河两个枢纽工程组成,为多年调节水库。当水库水位在 133 m 以下时,水库分为潮河、白河两个水库。坝址多年平均年径流量为 14.9 亿 m^3,年输沙量为 190 万 m^3,总库容 43.75 亿 m^3。

水库下游建有京密引水渠道工程,长 110 km。引水渠起于密云水库电站尾水渠调节池,穿越怀柔水库,入昆明湖。在北京市海淀区罗道庄处与永定河引水渠汇合,为北京市城区生活和工业供水,并为沿线 5 个县(区)农业供水。

枢纽主要建筑物有:白河主坝、潮河主坝、引水式电站两座、第一第二溢洪道、走马庄泄洪隧洞、黄各庄输水隧洞、副坝。水库建成后,保护下游农田 600 万亩,平均每年可向下游供水 7.8 亿 m^3,潮河枢纽装机容量 8.8 万 kW,白河枢纽装机容量 8.2 万 kW,平均年发电量 0.6 亿 kW · h。

密云水库主体工程于 1960 年建成,引水工程于 1960 年、1964 年分两期施工,1964 年 4 月全线竣工通水。

(三)官厅水库

官厅水库位于河北省怀来县永定河干流上,该工程系防洪、供水,兼顾发电、灌溉的大型综合利用水利枢纽。

枢纽位于官厅山峡的入口处，坝址前地形开阔，坝址多年平均年径流量为 14.1 亿 m^3，年输沙量为 5 000 万 m^3，为多泥沙河流。坝址控制流域面积 43 400 km^2，约占永定河流域面积的 83%，水库总库容 41.60 亿 m^3。

永定河历史上称为无定河，水流出官厅山峡后，进入华北平原，由于泥沙淤积，河道普遍高于两岸地面。1949 年以前，下游地区洪灾频繁，威胁着北京和天津市的安全。

水库枢纽主要建筑物有黏土心墙拦河坝、输水洞、溢洪道、水电站厂房。拦河坝加高前坝高 45 m，库容 22.7 亿 m^3，大坝加高 7 m 后，总库容增加到 41.6 亿 m^3。输水洞为无压马蹄形隧洞，洞宽 8 m。左岸设有开敞式岸边溢洪道，总宽 64 m，分 4 孔，每孔净宽 13 m，装有弧形闸门。引水隧洞直径 6 m，长 813 m，电站厂房设在左岸，装机 3 台，总装机容量 3 万 kW。官厅水库枢纽见图 5-3。

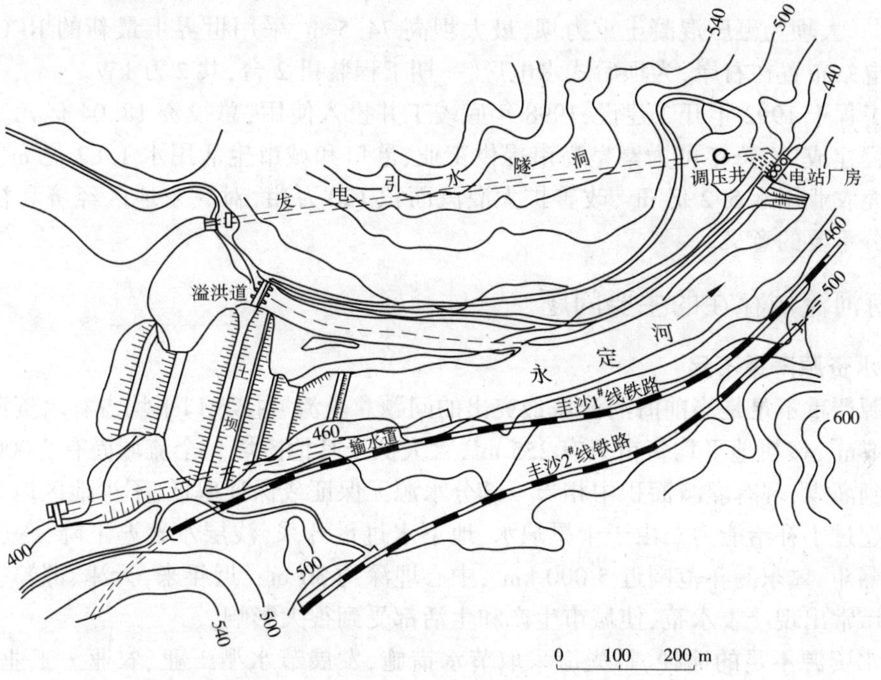

(a)平面布置图

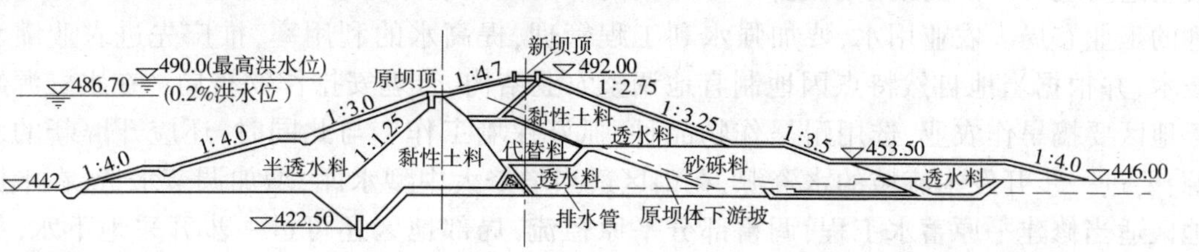

(b)土坝剖面图

图 5-3　官厅水库枢纽图　（单位：m）

官厅水库于1951年10月开工,1954年5月竣工。

(四)岳城水库

岳城水库位于京广铁路西约12 km的河北省磁县岳城镇,是海河流域漳河干流上的一座控制性工程,控制流域面积1.81万km^2,占漳河山区面积的99.4%,现有总库容12.2亿m^3,是一座以防洪、灌溉为主,兼顾发电的大型水库。

岳城水库由大坝、泄洪洞、溢洪道、电站和引水闸组成。大坝为均质土坝,最大坝高53 m,电站装机容量17万kW。

该水库于1959年10月开工,1965年底全部建成。

(五)桃林口水利枢纽

桃林口水利枢纽位于滦河主要支流青龙河上,主要为唐山、秦皇岛两市提供农业生产和城市用水,是一座具备供水、发电、旅游、养殖等综合功能的现代化大型水利枢纽工程。

桃林口水库坝址以上控制流域面积5 060 km^2,为青龙河流域面积的78%,总库容8.59亿m^3。大坝为碾压混凝土重力坝,最大坝高74.5 m,采用世界上最新的RCC施工工艺。水电站布置在右岸,为坝后式水电厂,一期工程装机2台,共2万kW。

水库工程于1992年开工建设,1998年底竣工并投入使用,总投资18.04亿元。桃林口水库工程建成后,每年可为秦皇岛市提供工业、港口和城市生活用水1.82亿m^3,为秦唐地区补充农业用水5.2亿m^3,改善扩大灌溉面积120万亩,对冀东地区经济和社会发展具有十分重要的意义。

五、海河流域存在的主要问题

(一)水资源严重不足

水资源严重不足是当前海河流域最突出的问题。全流域按人口平均占有水资源量每人只有305 m^3,按耕地平均每亩只有255 m^3,大大低于其他流域。全流域尚有8 000万亩耕地得不到灌溉,现有灌溉面积中相当一部分水源无保证或保证率低,不少地区地下水开采已大大超过了补给能力。由于干旱缺水,地下水过量开采,浅层水普遍下降,深层水出现大面积漏斗,冀东漏斗范围近5 000 km^2,中心埋深约30 m。近年来,天津、邯郸、沧州、德州等城市常出现严重水荒,使城市生产和生活都受到很大影响。

解决水资源不足的途径,首先应采取节水措施,发展节水型工业、农业。工业用水,要通过对现有厂矿的技术改造,尽可能提高水的重复利用率,并根据水源条件,考虑合理的工业布局。农业用水,要加强水利工程管理,提高水的利用率,推广先进农业灌水技术,并根据当地自然特点因地制宜地调整农业结构,合理安排作物布局。在水资源缺乏地区要搞旱作农业,选用耐旱作物品种,抓好保墒工作。与此同时,还应开辟新的水源:要进一步开发本流域的水资源,在山区适当增修大中型水库,增加调节水量;在平原地区适当修建平原蓄水工程,调蓄部分平原径流,局部地区还可进一步开采地下水,并研究利用部分微咸水,向天津等地补充城市用水;修建南水北调东线、中线工程,调引长江水量补充。

海河流域工农业生产发达,人口集中,是中国经济最发达的地区之一。首都北京位于流域北部,全国大工业城市之一的天津市就位于海河干流两岸。因此,根据海河流域水资源短缺的现实及其所处地理位置的重要性和流域内工农业生产结构方面的特点，进行远距离调水是从根本上解决本流域严重缺水问题的有效途径之一。

（二）水土流失严重

海河流域是全国水土流失严重地区之一，水土流失类型多、面积大、分布广、危害重、治理难。根据水利部的遥感调查结果，海河流域各类水土流失面积达 12 万 km^2，其中山区水土流失面积 11 万 km^2，占山区面积的 60%。

进入 21 世纪以来，流域水土保持工作积极贯彻可持续发展治水思路，坚持人与自然和谐相处，加大保护力度，充分发挥生态自我修复能力，取得了较大成效，为流域内的社会经济可持续发展提供了有力的保障。但同时还存在一些突出的问题：一是全流域仍有各类水土流失面积近 10 万 km^2，生态环境恶化的趋势仍未得到有效的控制；二是人为水土流失严重；三是治理水土流失投入不足；四是治理水土流失的科研和技术还比较落后。流域水土流失治理任重而道远。

（三）水源污染

海河流域水源污染问题也很突出。2004 年，海河流域年排废污水量已超过 50 亿 t，流域受污染的河流长达 3 068 km，在全国各大流域中属最严重的，这对于水资源极为短缺的华北平原威胁极大。实际上许多河段在枯水季节流淌的全部是废污水，特别是城市附近河段的这一状况还在发展，严重影响城市生活用水水质，应切实解决。防治水源污染、保护生态环境、保护广大人民的健康，也是一项不可忽视的任务。

第五节　珠　江

一、流域概况

珠江是中国南方的一条大河，横贯华南大地，是中国七大江河之一。珠江流域面积 45. 37 万 km^2，其中：中国境内有 44. 21 万 km^2，地跨云南、贵州、广西、广东、湖南、江西 6 省（区）；越南境内有 1. 16 万 km^2。

珠江流域是一个复合的流域，由西江、北江、东江及珠江三角洲诸河等 4 个水系组成。西、北两江在广东省佛山市三水区思贤滘，东江在广东省东莞市石龙镇汇入珠江三角洲，经虎门、蕉门、洪奇门、横门、磨刀门、鸡啼门、虎跳门及崖门等八大口门汇入南海。其中磨刀门、蕉门和虎门分别为西江、北江和东江的主要出口。

主流西江发源于云南省曲靖市境内的马雄山，在广东省珠海市的磨刀门企人石入注南海，全长 2 214 km。西江由南盘江、红水河、黔江、浔江及西江等河段所组成，主要支流有北盘江、柳江、郁江、桂江及贺江等。思贤滘以上河长 2 075 km，流域面积 35. 3 万 km^2，占珠江流域面积的 77. 8%。西江流经中国著名的石灰岩分布地区，形成众多伏流和岩溶湖，河网结构得天独厚。

北江发源于江西省信丰县大茅坑山，思贤滘以上河长 468 km，流域面积 46 710 km^2，占珠江流域面积的 10. 3%，主要支流有武水、滃江、连江、绥江等。北江上游为浈水，源于江西信丰县石碣大茅坑山，至广东韶关市与武水汇合后始称北江，自此以下为中游，出清远市飞来峡后为下游,南流至思贤滘与西江相通后注入珠江三角洲。北江是一条山区性河流。

东江发源于江西省寻乌县桠髻钵山,石龙以上河长 520 km,流域面积 27 040 km^2,占珠江流域面积的 5.96%。主要支流有新丰江、西枝江等。干流上游称寻乌水,广东龙川县合河坝至博罗县观音阁为中游,观音阁以下为下游。

珠江三角洲包括思贤滘以下西江、北江三角洲和石龙镇以下东江三角洲,为冲积平原,总面积 2.68 万 km^2,占珠江流域总面积的 5.91%。境内地势平坦,河网密布,水道纵横,平均 1 km^2 有 0.8 km 的河道。西江、北江三角洲主要水道近百条,总长达 1 600 km,东江三角洲主要水道有 5 条,总长达 138 km。

珠江流域北靠五岭,南临南海,西部为云贵高原,中部丘陵、盆地相间,东南部为三角洲冲积平原,地势西北高、东南低。山地和丘陵占总面积的 82.8%,全流域土地资源共 66 300 万亩,其中耕地 7 200 万亩,林地 18 900 万亩,耕地率低于全国平均水平,流域人均拥有土地仅 9.31 亩,约为全国人均拥有土地的 3/5。

珠江流域地处亚热带,北回归线横贯流域的中部,气候温和多雨,多年平均温度为 14~22 ℃,年降水量 1 200~2 200 mm,降雨量分布明显呈由东向西逐步减少之势,降雨年内分配不均,地区分布差异和年际变化大。

珠江流域水资源丰富。全流域多年平均天然年河川径流总量为 3 360 亿 m^3,仅次于长江,居中国第二位;1 km^2 土地上平均每年产水 74 万 m^3,为中国七大河流之冠,全流域年人均水资源量为 4 700 m^3,相当于全国人均数的 1.7 倍,但年际变化大,时空分布不均匀,致使流域洪、涝、旱、碱等自然灾害频繁。年内 4~9 月汛期降水占年降水量的 80%,而且具有强度大、历时长的特点,容易形成峰高、量大的流域性洪水,对人烟稠密、经济发达的中下游地区造成严重威胁。1915 年西江和北江同时发生洪水,两江中下游地区有 780 万亩受灾,广州市进水 7 d,损失很大。流域内近 38%的农田没有灌溉设施,经常出现春旱或秋旱。流域内碳酸盐类岩石分布较广,岩溶地貌发育,局部地区人畜饮水困难。

珠江属少沙河流,多年平均含沙量为 0.249 kg/m^3,年平均输沙量 8 872 万 t。据统计分析,每年约有 20%的泥沙淤积于珠江三角洲网河区,其余 80%的泥沙分别由八大口门输出到南海,三角洲的部分滩涂平均每年以近百米的速度向外海延伸。

珠江河川径流丰沛,水力资源丰富,全流域可开发的水电装机容量约为 2 512 万 kW,年发电量可达 1 168 亿 kW · h。其中西江的红水河落差集中,流量大,天生桥至大藤峡 940 km 河段可能开发的容量就有 1 120 万 kW,开发条件优越,素称水力资源的"富矿"。目前已开发利用的尚少,亟待加快开发。

珠江流域内各河流水量充沛,河道稳定,具有良好的航运条件,现有通航河道 1 088 条,通航总里程 14 156 km,约占全国通航里程的 13%,年货运量仅次于长江而居第二位。

珠江流域自然条件优越,资源丰富。沿海开放港口城市有广州、湛江、北海,经济特区城市有深圳、珠海、汕头。珠江三角洲已经形成以广州为中心,包括周围几十个中小城市在内的珠江三角洲城市群,为全国城镇化水平最高的地区。珠江流域所属地区贫富差距大,而欠发达地区所占面积达 90%以上。

二、治理与开发

珠江流域最早建设的水利工程是灵渠。公元10世纪,珠江三角洲就开始修筑堤防。1949年以后,兴建了大量工程。至2103年,流域内(中国境内)已建成大中型水库808座,总库容1 260亿 m^3;大中型水闸1 139座;万亩以上灌区934处;修建江海围堤2.6万km,保护耕地2 058多万亩。各类水利设施可灌溉农田2 581万亩,除涝1 273万亩,水土保持工程控制面积8 809万亩。珠江三角洲堤防逐年加高培厚,联围筑闸,提高了防洪能力,一般能防御10~20年一遇洪水;西江、东江、北江中游堤防能防御5~20年一遇洪水。部分航道经过治理,通航条件有所改善。西江梧州以上可全年通航至南宁和柳州;梧州以下至广州市和各河口,可通航300~500 t级轮船;三角洲主要航道可通航100~1 000 t级轮船,万吨海轮可驶入黄埔港,3 000 t海轮可乘潮驶入广州港。

存在的主要问题有:许多地区和城市防洪除涝标准不高,尤其是中下游平原和河谷存在着较大洪涝灾害的严重威胁。水力资源已开发利用的只占可开发的17%;许多水电站调节库容小,保证出力低,南方缺煤,开发水力资源显得更为重要。多数航道没有整治,有的有闸坝碍航,通航里程缩短,不能发挥水运优势。灌溉设施分布不平衡,灌溉保证率不高,因旱减产时有发生。水资源缺乏通盘安排和统一管理,部分河段水质污染严重。局部边远山区人畜用水还有困难。

20世纪80年代,《珠江流域综合利用规划报告》中提出了上中下游统筹兼顾、泄蓄兼施、以泄为主的方针。采用堤、库结合,提高主河段防洪能力,加高加固西江、北江、东江和三角洲地带的堤防,兴修北江飞来峡、黔江大藤峡、红水河梯级的龙滩、百色等水库,对水资源进行综合利用。计划使西江、浔江堤防防洪标准提高到30年一遇,珠江三角洲堤防提高到40~100年一遇,北江大堤堤防提高到300~500年一遇,东江中、下游堤防提高到100年一遇。梅州大堤、南盘江干堤、韩江南北堤、贵港、海口防洪堤是珠江干流或重要支流的二级堤防,其建设对提高流域整体防洪标准具有重要作用。近期建设堤防总长363.64 km。对珠江三角洲、浔江和西江三个易涝区进行重点治理,增加电排装机容量,修建水闸,整治排水系统,扩大治涝面积,提高治涝标准。

珠江流域近期防洪建设的目标是:广州市的防洪标准达到100年一遇,其中北江大堤与飞来峡水库联合运用可防御北江300年一遇洪水,城区防洪(潮)堤可防御200年一遇的内洪和潮水;珠江三角洲重点防护区和南宁、柳州、梧州等重点防洪城市的防洪标准达到50~100年一遇;其他重要地区的防洪标准达到20~50年一遇;一般防护区的防洪标准达到10年一遇。

珠江流域水电发展前景广阔,在南盘江、北盘江、红水河、西江中下游、柳江、郁江、桂江、贺江、北江和东江共10条干支流河段规划建设总装机容量1 865万kW、年发电量940亿kW·h的梯级水电站,其中重点建设红水河水电基地,项目有南盘江天生桥一级、天生桥二级,红水河的龙滩、岩滩,黔江的大藤峡等水电站。同时在中小河流上积极发展中小型水电站。

规划中有西江南宁至广州的航运干线,通航标准1 000 t级;南盘江、北盘江及红水河航线,通航标准为250~500 t级,以分担滇、黔两省煤、磷等矿产资源外运任务;柳江、右江、桂江、贺江、北江、东江航道,通航标准为50~100 t级。珠江三角洲及其出海航道干线通航标准:广州至黄埔港为3 000~5 000 t级,黄埔港出海航道为2万~3.5万t级。今后还计划兴建湘桂、粤赣等运河,沟通长江和珠江两大流域的水运,为桂、滇、黔打通较近的出海口,解决闸坝碍航问题。

河口有8个入海口门,水流分散,浅滩发育,泥沙淤积,潮沟纵横。治理方针是:有利于排洪纳潮,改善和发展航运,进行滩涂围垦和水产养殖,改善生态环境,珠江河口整治涉及香港和澳门特别行政区,要按照相关规定,加强协作、综合治理。既要考虑防洪安全,又要兼顾通航及生态环境建设,满足珠江三角洲地区经济社会发展的需要。近期河口整治的重点是磨刀门水道、横门水道、洪奇门水道和蕉门水道。目前,广东省正在按已批准的《珠江河口疏浚整治99实施方案》进行疏浚整治,珠江水利委员会组织制定了《珠江河口综合治理规划》,珠江河口治理工程的总体规划方案确定后,应分轻重缓急逐步安排建设,2005年前完成了洪奇门、横门、磨刀门和蕉门的初步整治,2010年完成上述4个口门的全部整治和其他口门及浅海区的初步整治。

珠江干流中下游河道经多年整治,河势基本稳定,但局部河段因深槽靠岸、主流顶冲,出现滑坡塌岸,部分河段严重无序采砂,影响河道行洪安全。近期要完成北江大堤险段、芦苞涌和西南涌、深圳河、韩江干流等重点险工险段的整治。

灌溉规划方针是巩固提高现有工程、加强管理、挖潜配套、扩大效益。灌溉水源依靠中小河流分散解决,重要灌区水源由附近大型水利枢纽提供。

城市供水以广州、深圳、珠海、香港、澳门及其他沿海城市为重点。云贵高原、滇东南、黔南、桂西、桂北等边远地带,交通不便,经济落后,人畜饮水困难,这些地区主要改善人民生活用水条件,发展农田灌溉和小水电,同时要治理水质污染、清除重点污染源。

水土保持划分为上游云贵高原区、中游岩溶区和下游丘陵平原区。采取水利措施与农、林、渔、牧措施相结合,进行综合治理,分片实施。对开发渔业资源、发展旅游事业进行统一规划。

三、治理珠江的主要工程

(一)百色水利枢纽

百色水利枢纽工程位于广西郁江上游右江河段,坝址在百色市上游22 km处,是珠江流域综合利用规划中治理和开发郁江的一座大型骨干水利工程。该项目已列入国家《国民经济和社会发展第十个五年计划纲要》,是西部大开发的重要基础设施项目之一,被列为国家实施西部大开发战略的重要标志性工程之一。该工程是一座以防洪为主,兼顾发电、灌溉、航运、供水等综合利用效益的大型水利枢纽。百色水库总库容56.6亿m^3,其中防洪库容16.4亿m^3,有效库容26.2亿m^3,属不完全多年调节水库。水库正常蓄水位为228 m,汛期限制水位214 m,死水位203 m。工程概算总投资47.13亿元,建设总工期为6年。工程建设对提高自治区首府南宁市防洪标准,对促进广西、云南经济的发展,带动右江革命老区脱贫致富,保障当地经济社会的可持续发展具有重要意义。

该工程主要建筑物包括:一座主坝和两座副坝,主坝为全断面碾压混凝土重力坝,最大坝高130 m,坝顶长720 m,坝顶宽10 m,坝顶高程234 m;两座副坝位于主坝左侧约5

km处,分别为坝高39 m的银屯土石坝和坝高26 m的香屯均质土坝;一个装机容量达54万kW(4台机组)的地下发电厂房系统;通航建筑物采用远离主坝的2×300 t两级垂直升船机方案,船闸进水闸部分水下工程与主体工程同时施工。其余通航工程作为二期工程建设。

该工程建成后,可使南宁市的防洪能力提高到50年一遇洪水标准;远期与下游老口水利枢纽联合调度,可使防洪标准提高到100年一遇。同时还可使右江沿岸的百色、田阳、田东、平果、隆安等市县基本免除50年一遇以下标准洪水的威胁。结合郁江河段防洪标准为10年一遇的堤防,可使南宁下游的邕宁、横县、贵港、桂平等市县的防洪能力提高到20年一遇以上标准。可保护187.3万人口和109.2万亩耕地,水库多年平均防洪效益达7.75亿元。

百色水利枢纽电站为地下式厂房,总装机容量54万kW,安装4台单机容量分别为13.5万kW的水轮发电机组,电站年均利用小时数3 130 h,年均发电量16.9亿kW·h,其中可调峰电量占64%以上,可缓解电网峰谷差矛盾和电力供需矛盾。电站建设总工期为6年,单位千瓦投资8 728元,单位电能投资2.79元/kW·h,经济内部收益率27.22%,财务内部收益率4.73%,以还贷期20年测算电站上网电价为0.26元/kW·h,具有较强的市场竞争力。

百色水利枢纽工程项目于1998年3月经国务院同意国家计委批准立项;工程可行性研究报告于2000年12月经水利部审查、2001年4月通过中国国际工程咨询公司的评估,2001年8月经国务院同意国家计委下达了批复通知;工程初步设计报告、水土保持方案、环评复核报告、首期淹没处理及移民安置规划补充报告相继完成并分别通过了相关部门组织的审查;2001年9月通过国家计委对开工报告的审查,10月初国务院同意该工程开工。

百色水利枢纽工程2001年10月主体工程开工,2002年10月大江截流,2005年10月第一台机组发电,2006年10月工程竣工。

(二)红水河的开发利用

红水河素有"壮乡母亲河"之称,年平均流量为1 500 m^3/s,蕴藏着巨大的水能资源。据勘测,红水河的水能总装机容量为1 365万kW,年发电量可达610亿kW·h,占广西水电资源的68%,系全国十大水电基地之一,也是华南重要的能源基地。该水电基地包括上游南盘江自黄泥河口至北盘江汇合口河段、红水河及下游黔江至大藤峡河段的所有梯级水电站,全长1 050 km,流域面积19万km^2,总落差达750多m,其中南盘江自天生桥至纳贡,全长仅14.5 km,集中落差达181 m,平均12~13 m/km,是全河落差最集中的地方。通过规划选10级开发方案,即天生桥高坝、天生桥低坝、平班、龙滩、岩滩、大化、百龙滩、恶滩、桥巩、大藤峡,加上黄泥河上的鲁布革水电站合计装机容量1 192万kW,多年平均年发电量502.5万kW·h。

红水河梯级水电站,水库调节性能好,发电效益大,地质构造较稳定,地震烈度不高,淹没损失较小,位置适中,距负荷中心较近,而且中型与大型水电站相结合,有利于适应近期与远期负荷的发展。除发电外配合河道整治,还可发展航运、灌溉、水产养殖和旅游业,综合利用效益显著。

(三)鲁布革水电站

鲁布革水电站位于云南省罗平县和贵州省兴义市境内,云贵两省交界的深山峡谷之中,是珠江上游南盘江左岸支流黄泥河上的最后一座梯级电站。该电站主要任务为发电,以 220 kV 和 110 kV 电压输电线路接入云南省电力系统,主要供电给曲靖、昆明,并向贵州兴义地区送电。

鲁布革水电站为引水式水电站,由首部枢纽、引水发电系统、地下厂房三部分组成。首部枢纽建筑物有堆石坝、泄洪建筑物、电站进水口及排沙设施。堆石坝为土心墙堆石坝,最大坝高 103.8 m。土心墙料采用近坝区的坡积残积层红土和全风化砂页岩混合料。泄洪建筑物由左岸开敞式溢洪道和左、右岸泄洪隧洞组成。电站装有 4 台 15 万 kW 水轮发电机,多年平均年发电量 27.5 亿 kW·h。

鲁布革水电站由挪威和澳大利亚政府向工程提供贷款和咨询服务。根据与世界银行的使用贷款协议,鲁布革部分项目实行国际招标。工程三大部分之一——引水隧洞工程进行国际招标。在中国、日本、挪威、意大利、美国、德国、南斯拉夫、法国八国承包商的竞争中,日本大成公司中标。工程于 1982 年 11 月开工建设,1988 年 12 月第一台机组投产发电,1990 年底建成,1992 年 12 月 11 日正式通过国家验收。

鲁布革水电站是我国在 20 世纪 80 年代初首次利用世界银行贷款并实行国际招标投标,引进国外先进设备和技术建设的电站,被誉为中国水电基础建设对外开放的"窗口"电站。鲁布革工程管理经验的精髓是改革、发展和创新。在此之后,全国大小施工工程开始试行招标投标制与合同制管理,对我国工程建筑领域的管理体制、劳动生产率和报酬分配等方面产生了重大影响。它的影响早已超出水电系统本身,是中国水电建设改革史上的重要里程碑。

(四)光照水电站

光照水电站位于贵州省晴隆县与关岭县交界处,是一个以发电为主,结合航运,兼顾灌溉、供水及其他综合效益的多年调节性水电工程。通过电站对径流的调节,可较大幅度提高北盘江下游河道枯水期流量,改善下游河道的航运条件。

坝址以上流域面积为 13 548 km^2,年平均流量为 257 m^3/s,水库总库容 32.45 亿 m^3。工程枢纽主要由碾压混凝土重力坝、坝身泄洪系统、右岸发电引水系统及地面厂房和左岸预留远景通航建筑物等组成。大坝坝顶高程 750.5 m,最大坝高 195.5 m。水电站安装 4 台单机容量 26 万 kW 的混流式水轮发电机组,总装机容量 104 万 kW,年均发电量 27.54 亿 kW·h。

光照水电站总投资 69.03 亿元,2003 年 5 月开始前期施工准备,2004 年 10 月大江截流,2007 年 12 月 30 日下闸蓄水。

(五)龙滩水电站

龙滩水电站位于红水河上游的广西天峨县境内,距天峨县城 15 km,是南盘江红水河水电基地十级开发方案的第四级,是红水河开发的控制性工程。其上游为平班水电站,下游为岩滩水电站,为西部大开发的标志性工程和"西电东送"的重点项目之一。

坝址以上流域面积 98 500 km^2,占红水河流域面积的 71%。水库设计蓄水位 400 m,库容 273 亿 m^3。电站枢纽主要由大坝、地下发电厂房和通航建筑物三大部分组成。大坝为碾压混凝土重力坝,坝高216.5 m;水电站共安装9台70万kW的发电机组,总装机容量630万kW。

龙滩水电站创造了多项世界纪录,电站拥有三项世界之最:一是最高碾压混凝土大坝,坝高为216.5 m,坝顶长836 m;二是最大的地下厂房,主厂房藏于山腹中,厂房长388.5 m、宽28.5 m、高74.4 m;三是提升最高的升船机,最高提升高度179 m,全长1 700 m。

2001年7月1日,龙滩水利枢纽工程开工建设,总工期为9年。水电七局、八局和葛洲坝集团组成"七八葛"联营体中标承建了大坝工程,水电十四局、七局、八局组成"1478"联营体中标承建了地下厂房引水发电系统工程。2003年大江截流,2007年6月,首台机组发电,2009年所有机组投产发电。龙滩旅游风景区是集中国第二大水利枢纽工程与自然山水景观为一体的旅游区,以完美的生态和拥有三项世界之最吸引了大量的海内外游客。

(六)广州抽水蓄能电站

广州抽水蓄能电站位于广州市从化区吕田镇深山大谷中,距广州市90 km。它是大亚湾核电站的配套工程,为保证大亚湾电站的安全经济运行和满足广东电网填谷调峰的需要而兴建。

电站枢纽由上、下水库的拦河坝、引水系统和地下厂房等组成。上水库坝为混凝土面板堆石坝,最大坝高68 m,溢洪道为岸边侧槽式。下水库坝为碾压混凝土重力坝,最大坝高43.3 m,溢流坝段设2孔宽9 m的溢流孔。引水系统包括上下库进出水口、引水隧洞、上游调压井、高压隧洞、尾水隧洞及下游调压井等。电站总装机容量240万kW,装备8台30万kW具有水泵和发电双向调节能力的机组。

工程分两期建设,各装机120万kW,其中一期工程4台30万kW机组于1994年3月全部建成发电;二期工程1998年12月第一台机组并网运行,在2000年已全部投产。除机电设备进口外,广州抽水蓄能电站的设计、施工都是我国自行完成的,它标志着我国大型抽水蓄能电站的设计施工水平已跨入国际先进行列。

第六节 东北地区诸河流

一、松花江

(一)流域概况

松花江位于中国东北地区北部,是黑龙江最大的支流,系中国七大江河之一。整个流域位于东经119°~132°、北纬41°~52°,流域面积55.68万km^2,河道全长2 308 km,流经内蒙古、辽宁、吉林、黑龙江等省(区),是东北地区最主要的河流之一。

松花江有南北两个源头。南源为松花江,发源于长白山主峰,西北流经吉林市,在扶余市三岔河口与嫩江汇合,河道长958 km,流域面积7.34万km^2。吉林市以上河段两侧悬崖陡壁、河谷狭窄、河床弯曲、高山峻岭纵横交错,吉林市以下河段由低山丘陵区过渡到平原区。北源为嫩江,发源于大兴安岭山脉的伊勒呼里山南麓,自北向南经嫩江市、齐齐哈尔市后,在三岔河口与松花江汇合,嫩江全长1 370 km,流域面积为29.7万km^2。嫩江市以上属于山丘区,以下由丘陵过渡到嫩江平原。

三岔口以下河段为松花江干流,长938 km,流域面积18.64万km^2,流向为自西向东再折向东北,在同江市附近流入黑龙江。干流两岸主要河流有拉林河、呼兰河、蚂蚁河、牡丹江、倭肯河、汤旺河、梧桐河等。松花江下游与黑龙江、乌苏里江的汇合处为大片低洼湿地,多沼泽,是著名的三江平原。

全流域三面环山,其中山地占61%,丘陵占15%,平原占23.9%,湖泊占0.1%。流域内资源丰富,开发潜力巨大。松花江上游的大小兴安岭山区,森林茂密,是中国主要的林业基地;草原连片,有耕地2亿亩,可耕荒地300万亩,农业发展潜力大;松嫩平原石油资源丰富,建有大庆油田,1985年原油产量占全国的50%;三江平原煤炭资源也丰富。

松花江流域冬季严寒漫长,一般从11月初封冻,翌年4月中下旬解冻,封冻期长达130~160 d,最大冰层厚度为1.0~2.0 m,最低气温为-50 ℃。解冻后,积雪融化,产生凌汛。个别河段由于两岸高山阻挡,日照不均,冰层厚,造成各河段解冻日期不同,极易产生冰坝,造成危害。夏季温热多雨,最高气温达40 ℃,年平均降雨量为526.8 mm,降水分布极不均匀。

东涝西旱,旱涝频繁。由于本流域降水分布极不均匀,西部松嫩平原多发生旱灾,以春旱为主,平均每两年即发生一次;东部三江平原涝灾频繁,平均两年一次,灾情严重。据统计,1996年涝灾面积达0.25亿亩,其中0.13亿亩绝收。

河道宽阔,利于泄洪。松花江干流堤距为5~10 km,高水位泄洪能力强。许多河段100年一遇洪水位只比50年一遇洪水位高出约0.5 m,有利于筑堤防洪。

松花江流域的开发与治理较晚,到1949年为止,只有丰满和镜泊湖水电站、查哈阳灌区和前郭灌区、哈尔滨市堤防等少量水利工程,流域内径流调节和灌溉能力很低,防洪能力很差。1999年底,全流域共修建江河堤防11 937 km,水库1 539座,万亩以上灌区424处,机电井12.45万眼,水闸102座。这些水利工程提高了防洪标准,使哈尔滨、齐齐哈尔、佳木斯和长春等重要城市及300万亩的农田防洪能力大大提高,能抵御一般性洪水,一些河段达到了40年一遇标准;易涝面积得到初步治理,除涝面积为3 729万亩,占易涝面积的75%,防涝标准达到5年一遇;扩大了灌溉面积,使有效灌溉面积达到了2 528万亩,约占耕地面积的12.64%;水能资源开发效益显著,水电站装机总容量为280万kW,占可开发量的27%,年发电量在70.1亿kW·h以上,对电网调峰发挥了重要作用;促进了航运事业的发展,水运里程达2 600 km,年运货量为260万t,丰水年航船可到嫩江和松花江上游,下游可与黑龙江、乌苏里江联运;治理水土流失面积4 442万亩,占水土流失总面积的32%,水土保持取得了一定成效。综合整治对地区经济和国民经济的发展起到了重要作用。

(二)流域开发与治理

1.存在问题

防洪治涝标准偏低。多数河流的防洪标准只达到10年一遇,哈尔滨等重要城市也仅能达到40年一遇,大庆油田没有可靠的防洪工程。三江平原易涝区,土地开垦速度过快,治涝工程跟不上,农业生产处于极不稳定状态,已建工程配套差,灌区基本配套率只有30%,许多工程不能发挥预期效益。嫩江缺乏大型调节性水库,径流调节能力低,干旱年灌溉用水因得不到保证,使许多鱼塘、苇塘因缺水而衰退,航运也随径流变化时断时续。

由于流域内一些地区山林采伐过度,毁林开荒,使得水土流失程度加重,造成土壤肥力下降,生态环境恶化。水污染逐年增加,水质下降。由于工矿企业和城市生活废水污水的排放量逐年增加,松花江水系受到不同程度的污染,松花江中下游河段和松花江干流污染较重,使水资源价值大减。

2. 治理措施

松花江治理应以防洪治涝为重点。在防洪方面,继续整修加固现有堤防,提高城市和农田的防洪标准,采取工程措施,在嫩江、松花江上游修建布西、大赉和哈达山等水利枢纽,提高径流调节能力,使农田达到能抵御20~50年一遇洪水标准,哈尔滨、长春、齐齐哈尔、大庆和佳木斯等重要城市达到100年一遇洪水标准。在治涝方面,以排水为重点,提高除涝标准。西部松嫩平原旱涝并存,采取蓄排兼施,以排为主,有利于改善风沙干旱的生态环境;松花江中部以河谷平原为主,农业发达,应提高治涝标准,达到5~10年一遇;下游的三江平原是沼泽化涝区,易涝面积大,由于排水基础设施差,近期可按5年一遇低标准过渡,之后逐步提高标准。

全面开发,促进发展。对现有工程加强配套和管理,提高使用效率,有计划地扩大水田面积,合理调整农业结构,使农、林、牧、副、渔各业协调发展;在嫩江、牡丹江和松花江上兴建水力发电枢纽,开发利用水能资源,各个支流上兴建小型水电站,补充农村用电不足,加快地方水电建设。充分利用现有条件搞好水运和水产,提高通航能力。做好水资源综合平衡和统一管理,在节约用水、合理安排用水的基础上,调出一部分水量支援邻近流域的缺水地区。

加强水源保护。在流域内大力实施水土保持措施,还坡造林,全面绿化,对各小流域实行综合治理,防治水土流失。对水源采取必要的保护措施,健全法规,依法管理,对已污染的河段进行整治,控制污染源,形成良性循环。

二、辽河

(一)流域概况

辽河系中国七大江河之一,是东北地区主要的河流,位于东北的南部。辽河流域包括辽河和大辽河两个水系,流域总面积为21.9万km^2。流域内山地占35.7%,丘陵占23.5%,平原占34.5%,沙丘占6.3%。

辽河全长1 394 km,有东西辽河两大支流。东辽河发源于吉林省辽源市哈达岭的隆哈岭,西北向经吉林十屋镇再转向西南至福德店与西辽河汇合,流域面积为1.13万km^2。西辽河有两个源头,一个发源于河北省平泉市七老图山脉的光头山,称为老哈河,另一支发源于内蒙古克什克腾旗境内的白岔山瀑布,称为西拉木伦河。两河在内蒙古自治区苏家铺附近汇合后称为西辽河,然后自西向东再折向南,在辽宁省昌图县福德店与东辽河汇合后称辽河,流域面积为13.7万km^2。辽河干流自福德店纳入招苏台河、清河、柴河、泛河、柳河、绕阳河等主要支流,经盘锦市双台子河闸泄入渤海,干流长度516 km,流域面积为4.37万km^2。

大辽河也有两个源头,一支发源于辽宁省清原县,称为浑河,西南流经抚顺市和沈阳市,在海城市三岔河与太子河汇合;另一支流为太子河,发源于辽宁省新宾县,西南流经本溪市和辽阳市,在三岔河与浑河汇合。两河汇合后称为大辽河,流经营口市入海。大辽河流域面积为2.7万km^2。

辽河流域的西部是大兴安岭、七老图山和努尔虎山,高程为500~1 500 m,东部是老哈山、龙岗山和千山,高程为500~2 000 m,地势大体为自北向南、自东西两侧向中间倾斜,中下游为辽河平原,高程在200 m以下。辽河干流流经辽河平原,纵贯辽宁中部地区,沿途有铁岭、沈阳、盘锦、鞍山、抚顺、本溪和辽阳等重要城市,人口密集、交通发达、工矿企业云集,是辽宁省水稻集中产区和中国重要工业基地之一。流域特点如下:

(1)东西部水沙条件反差极大。辽河西部干燥少雨,干旱灾害频繁,水土流失严重;东部雨量充沛,但年内分配极不均匀,经常发生洪涝灾害。产沙条件各不相同,流域西部地区年降水量仅250~500 mm,年蒸发量为1 700~2 500 mm,年平均风速达3~6 m/s,雨少、风大、蒸发大,经常出现风沙天气,地区内散布沙丘,其中柳河地区还分布有大片移动沙丘,主要河流如西辽河、柳河、绕阳河等流域内植被率不足30%,河水浑浊,悬移质输沙模数很大,最大年输沙模数1 000 t/km^2,水土流失严重。流域东部主要支流如招苏台河、清河、柴河、泛河、浑河、太子河等都发源于石质山区,植被条件好,年降水量较大,为500~1 000 mm,河水输沙量很小。虽然东部地区流域面积不足总流域面积的40%,但地表径流量却占全流域径流量的80%以上,降雨主要集中于6~8月。这种水沙条件的差异是造成辽河西部连续干旱、东部发生洪涝灾害的主要原因。

(2)水资源、水能资源十分贫乏。辽河西部地区和辽河中下游地区年人均水量仅587 m^3,亩均水量为364 m^3,不仅远远低于全国平均水平,而且低于辽宁地方平均水平,属于严重缺水区。区域内城市密度大、人口多、工业发达,工农业生产用水和城市生活供水矛盾十分突出。流域内水能资源更为贫乏,只能结合农业灌溉适当发电。

(3)经济发展极不平衡。西辽河流域面积占全流域的62%,人口仅占23%,耕地2 600万亩,其中水田不足2万亩,工农业总产值仅占全流域的5%。辽河东部及辽河中下游地区,流域面积仅占全流域的38%,人口为2 200万人,占全流域的77%,耕地为4 300万亩,其中水田500万亩,工农业总产值占全流域的95%。区内有抚顺、辽源、沈北、铁法等煤矿,鞍山、本溪钢铁公司,辽宁、清河、抚顺发电厂,辽阳化纤厂,辽河油田等国家大中型企业,经济地位十分重要。

(二)流域开发与治理

1.流域开发与治理取得的成效

流域的开发与治理起步较晚,1949年以前,流域内仅有二龙山水库和闹德海水库,堤防共1 200 km。水库库容小,堤防标准低,对辽河防洪作用很小。辽河的治理和水资源的开发,1949年后才进入正式发展阶段,到1990年底,全流域建成了大中小型水库676座,其中大中型水库87座,水库总库容为139.18亿m^3;整修堤防8 960 km;开挖排水干渠9 500 km;建成机电井13.91万眼;万亩以上灌区245处。灌区的面积已扩大到2 101万亩。全流域中1 788万亩易涝面积,有1 738万亩得到了治理,占总数的97%。西辽河地区通过治理,生态环境有了一定的改善,输入辽河干流的泥沙已明显减少。通过开发和整治,辽河干流的防洪标准达到20年一遇,浑河、太子河上由于有大型水库控制,防洪标准达到50年一遇,在很大程度上保证了农田和城市的防汛安全,保证了城市和工农业用水的基本要求。

2. 流域开发与治理存在的主要问题

(1)河道淤积严重,防洪标准偏低,泄洪能力有限。柳河每年输入辽河大量泥沙,造成辽河干流河床抬高,河道淤积。主要支流和清河、柴河、泛河、浑河、太子河等,由于河滩上建房、围垦等缩小了泄洪断面,增大了行洪阻力,壅高了水位,降低了应有的泄洪能力,致使辽河的防洪标准仍然偏低。

(2)水资源短缺,供需矛盾尖锐。辽河流域已建工程总供水能力为138亿 m^3,占流域多年平均年径流量的60%,中下游地区水资源开发利用程度更高,一些城市大面积超采地下水,造成地下水位下降,漏斗深度加深,局部地区达80~100 m,有的地区地下水已近枯竭,入海口有海水入侵。工业的发展和规模的扩大,人民生活水平的提高,使工农业用水矛盾加大。生活用水需求增长过快,加剧了水资源的紧张。

(3)水源污染严重。辽宁省工业比重大,污水废水排放量大。浑河沈阳段以上日排污168万t,工业污水占80%以上,河水浑浊异臭。太子河经本溪、辽阳和鞍山段,日接纳排污水181万t,不仅河水被污染,地下水也受到了影响。污染的结果使许多河段水质恶化,鱼虾绝迹,河口及近海水产品产量和质量严重下降。

(4)水土流失严重。据1990年统计,全流域水土流失面积为69 657万亩,其中西辽河占76%。已经治理3 371万亩,占流失总面积的4.84%,边治理边破坏的问题应引起重视。砍伐森林、开荒种地、放坡养参使得植被较好的东部山区也出现程度不同的水土流失。

3. 今后治理开发应加强的几方面工作

(1)对现有工程要完善配套,加强管理,进一步挖掘老工程的潜力。加强河道整治,提高干支流的防洪标准,将干支流河滩上的阻水设施全部予以清理,整修加固堤防,加固处理险工险段,提高河道的行洪能力。在辽河干流和柳河上,分别兴建石佛寺水库和颜家水库,使清河口以上干流防洪标准达到50年一遇,清河口以下干流达到100年一遇。对西辽河上游红山水库、台洞口分洪枢纽进行加固改造,使西辽河防洪标准达到50年一遇,城市达到100年一遇。对浑河和太子河上的大伙房水库、观音阁水库和汤河水库等进行联合调度,增加径流调节能力,使浑河、太子河农田防洪标准达到50年一遇。沿河城市防洪标准相应得到提高,抚顺达到300年一遇,沈阳、辽阳、本溪、鞍山达到500年一遇。

(2)加强对水资源的合理使用。水资源短缺是长期制约辽河流域社会经济发展的一个关键因素,兴建新的水源工程已没有多大余地,应建立节水型工农业体系,统一分配水资源,优先考虑工业用水和城市生活用水,提高污水处理和再生利用能力,提高水的利用率。大力推广喷灌、滴灌、微灌、渗灌等先进的节水灌溉技术。修建石佛寺水库,提高辽河的区间调节和流域补偿能力。

(3)加强水资源保护,制定本流域的水资源保护法规。对已经污染的水源限期进行治理,并采取新措施防止污染,对工矿企业排污的标准应严格管理。新建工业项目,没有污水处理措施的不得立项,已经兴建的项目,污水不处理的不得投产,使水源形成良性循环。

(4)水土保持应进一步加强。西辽河、柳河作为水土保持重点治理地区,应以小流域为单元进行综合治理,积极调整单一的农业结构。东辽河和大辽河流域应抓紧制定水土保持长远规划,采取得力措施改善与恢复生态,防止水土条件恶化。

(5)跨流域引水。辽河流域水资源开发利用程度很高,靠本身的水资源解决当前的用水已经极为困难,只有采取跨流域调水才能从根本上解决问题。方案一是从水量较丰沛的鸭绿江支流引水到太子河的东水西调方案;另一方案是在嫩江和松花江上修建取水枢纽,经松辽分水岭引水到辽河,由石佛寺水库进行反调节的北水南调方案。两方案实施后,辽河流域水资源供需矛盾可暂时缓解。

三、开发辽河、松花江的主要工程

(一)红山水库

红山水库位于内蒙古自治区赤峰市翁牛特旗红山镇境内老哈河上,水库是以防洪为主,兼顾灌溉、发电、养鱼等综合利用的大型水利枢纽工程。

水库集水面积2.45万km^2,占老哈河总流域面积的74%。总库容25.6亿m^3,防洪库容17.46亿m^3,兴利库容3.14亿m^3。工程始建于1958年,1960年主体工程完工,1965年竣工投入使用。水库枢纽工程由主坝、副坝、溢洪道、泄洪闸、输水洞和水电站等组成。主、副坝均为均质土坝,主坝长1 174 m,最大坝高31 m;副坝长694 m,最大坝高6.4 m。溢洪道为3孔×12 m的混凝土宽顶堰,最大泄洪流量2 820 m^3/s。泄洪洞为宽8 m、高9 m的马蹄形无压隧洞,泄洪流量825 m^3/s。输水洞为洞径4 m的圆形有压隧洞,过流量170 m^3/s。水电站装机5台,共6 720 kW,其中4台为1 600 kW,1台为320 kW。

(二)大伙房水库

大伙房水库位于浑河上游辽宁省抚顺市章党乡,是一座以防洪、灌溉为主,兼顾城市用水、发电、养鱼等综合利用的大型水利枢纽工程,为多年调节的大(1)型水库,坝址距抚顺市区18 km。

水库按千年一遇洪水设计,可能最大洪水校核。水库总库容22.68亿m^3,其中防洪库容8.14亿m^3,兴利库容12.96亿m^3,多年调节水量10.56亿m^3。坝址以上河长169 km,集水面积5 437 km^2。枢纽工程由大坝、溢洪道、输水道、取水建筑物4部分组成。大坝有主坝1座、副坝3座、贴坡坝1座。主坝坝型为碾压式黏土心墙坝,最大坝高49.8 m,坝长1 367 m。一副坝为碾压式黏土心墙坝,最大坝高31.5 m,坝长328 m;二副坝为均质土坝,最大坝高10.1 m,坝长85 m;三副坝为混凝土斜墙坝,最大坝高9.8 m,坝长210 m。

(三)观音阁水库

观音阁水库位于辽宁省本溪市本溪满族自治县境内太子河上游,是一座以供水和防洪为主,兼有灌溉、发电、养鱼等综合效益的大型水利枢纽工程。坝址距本溪市约40 km。

主体工程于1990年5月正式开工,1994年9月下闸蓄水,1995年9月主体工程建成。工程按千年一遇洪水设计,万年一遇洪水校核。总库容21.68亿m^3,其中防洪库容5.81亿m^3,兴利库容13.852亿m^3。多年平均调节水量9.47亿m^3。坝址以上集水面积2 795 km^2,占太子河流域面积的20.1%。主体工程为碾压式混凝土重力坝,由挡水坝段、溢流坝段、电站坝段和底孔坝段4部分组成。坝顶长1 040 m,宽10 m,最大坝高82 m,最大底宽 61.3 m。溢流堰顶净宽 144 m，共 12 孔，采用挑流消能，最大泄量 9 492 m^3/s。2 个放水底孔，最大流量 1 094 m^3/s。电站装有 3 台 6 500 kW 和 1 台 1 250 kW 的水轮发电机组，总装机 2.075 万 kW，年均发电量 8 015 万 kW·h。

(四) 二龙山水库

二龙山水库位于吉林省四平市东辽河上游，是以防洪、城市供水、灌溉为主，兼防涝、发电、养鱼等综合利用的大型水利枢纽工程。坝址在吉林省梨树县石岭镇二龙山村境内，西距四平城区 45 km，库区跨四平市石岭镇、公主岭市龙山乡和伊通满族自治县小孤山镇。坝址以上集水面积 3 799 km^2。

二龙山水库工程按千年一遇洪水标准设计，万年一遇洪水标准校核。总库容 17.92 亿 m^3，兴利库容 7.04 亿 m^3，调洪库容 10.08 亿 m^3。二龙山水库工程主要建筑物有挡水土坝、混凝土溢流坝、引水隧洞和电站。主坝为复式断面黏土心墙坝，坝长 419 m，坝顶宽 6 m，最大坝高 32.16 m；副坝为均质坝，坝长 99 m，坝顶宽 6 m，最大坝高 11.06 m；溢洪道是混凝土重力式滚水坝，全长 100 m，坝高 28 m，最大泄洪流量 1 243 m^3/s；输水隧洞全长 333 m，直径 5.5 m，最大过流量 293 m^3/s；电站为坝后式厂房，设 4 台水轮发电机，结合灌溉用水季节性发电，总装机容量 8 360 kW。

(五) 丰满水库

丰满水库是松花江中游河段上一座以发电为主，兼有防洪、灌溉、工农业及城市供水、航运、养殖和旅游等综合利用的大型水利枢纽，位于松花江距吉林市城区东南 24 km 处。电站枢纽由混凝土重力坝、坝后式厂房和泄洪洞组成。

工程由混凝土重力坝、溢流坝、坝后厂房、左岸泄洪放空洞及三期发电厂房组成，为多年调节水库。大坝按 500 年一遇洪水设计，万年一遇洪水校核，坝顶高程 267.7 m，最大坝高 91.7 m，坝长 1 080 m。总库容 109.88 亿 m^3，兴利库容 61.64 亿 m^3，死库容 26.85 亿 m^3。控制流域面积 4.25 万 km^2，是白山、红石、丰满梯级开发的最下一级。

丰满水电站于 1937 年开工建设，是东北地区最早修筑的大型水电站。丰满水电站对东北的国民经济发展起到了至关重要的作用。然而，因当时施工管理水平低，工程材料质量低劣，丰满水电站原大坝存在诸多先天性缺陷。多年来，虽经补强加固和精心维护，原大坝的固有缺陷仍然无法彻底消除。2012 年，丰满水电站重建工程取得国家发展和改革委员会核准批复，按原任务和功能目标，在原大坝下游 120 m 处新建一座大坝。新大坝工程于 2014 年 7 月开工。

(六) 尼尔基水利枢纽

尼尔基水利枢纽位于嫩江干流上。坝址右岸为内蒙古自治区莫力达瓦达斡尔族自治旗的尼尔基镇，左岸为黑龙江省讷河市二克浅镇，距下游黑龙江省齐齐哈尔市 189 km。该枢纽是一座以防洪及工农业供水为主，结合发电、航运及水环境，并为松辽流域水资源的优化配置创造条件的大型控制性工程。

枢纽控制集水面积 6.64 万 km^2，总库容 86.11 亿 m^3。枢纽工程主要由主坝、副坝、溢洪道、水电站厂房及灌溉输水洞等建筑物组成。工程等别为 Ⅰ 等工程，主要建筑物为 1 级，地震设防烈度为 7 度。大坝总长 7 265.55 m，最大坝高 40.55 m，坝顶高程 221 m。正常运用洪水标准为千年一遇,非常运用洪水标准为可能最大洪水。

工程建成后,通过水库的调蓄作用,提高了下游哈尔滨、齐齐哈尔、大庆等地的防洪安全,可使保护齐齐哈尔和大庆地区的齐富堤防的防洪标准由50年一遇提高到100年一遇;尼尔基至齐齐哈尔沿江两岸堤防的防洪标准由20年一遇提高到50年一遇;齐齐哈尔以下嫩江干流堤防的防洪标准由35年一遇提高到50年一遇;同时,在洪水期承担为下游哈尔滨等地削峰任务,成为嫩江及松花江防洪工程体系的重要组成部分。

工程于2001年6月动工,2006年12月末竣工。

(七)白山水库

白山水库地处吉林省东部山区桦甸与靖宇两县交界处,是松花江上一座以发电为主,兼有防洪、航运、养鱼等综合效益的大型水利枢纽工程,为松花江干流已开发梯级水电站群的首座枢纽,下距红石、丰满坝址分别为39 km与250 km。1958年10月开工,1962年6月停工缓建,1975年复工,1992年6月完工。

白山水库枢纽由拦河坝、泄洪建筑物、一期地下厂房、二期地面厂房、开关站等建筑物组成。大坝按500年一遇洪水设计,5 000年一遇洪水校核,并按可能最大洪水保坝复核。经水库调节后,下泄最大流量13 750 m^3/s,水库总库容62.15亿m^3。白山水库拦河坝为三心圆混凝土重力拱坝,中部小半径320 m,两侧大半径770 m,坝顶弧长676.5 m,最大坝高149.5 m,坝顶宽9~12 m,坝顶高程423.5 m,最大坝底宽63.7 m。

(八)莲花水库

莲花水库为牡丹江下游的一座以发电为主,兼有防洪、灌溉、航运及养鱼等综合效益的大型水库。坝址位于黑龙江省海林市三道镇,距牡丹江市城区约210 km。

莲花水库总库容41.8亿m^3。枢纽主要由拦河坝(包括大坝和二坝)、溢洪道和引水发电系统等组成。大坝为钢筋混凝土面板堆石坝,是中国目前在寒冷地区修建的一座混凝土面板堆石坝。最大坝高71.8 m,坝顶高程225.8 m,坝顶长度902 m,坝顶宽度8 m,上下游坝坡均为1:1.4。二坝为黏土心墙砂砾石坝,布置在左岸低矮垭口处,最大坝高64 m。水电站装机55万kW,设计年发电量7.97亿kW·h。溢洪道位于右岸低分水岭处,为开敞式岸坡溢洪道。

(九)大顶子山航电枢纽

大顶子山航电枢纽工程是松花江航道梯级开发总体规划中的七座枢纽之一,是一座以航运、发电和改善哈尔滨市水环境为主,同时具有交通、旅游、供水、灌溉和水产养殖等综合利用功能的航电枢纽工程。

松花江大顶子山航电枢纽船闸是我国封冻河流上的第一座船闸,也是东北三省第一座船闸。船闸布置在松花江干流主河道右叉右岸侧,上闸首作为枢纽挡水建筑物的一部分。闸室有效长度180 m,净宽28 m,可同时容纳4艘千吨级驳船过闸。大顶子山航电枢纽为河床式,按无调节径流发电,安装6台单机容量为11 MW的灯泡贯流式水轮发电机组,总装机容量66 MW,多年平均发电量3.52亿kW·h。泄洪系统由布置在厂房两侧的泄洪闸组成,厂房右侧设10孔,厂房左侧设28孔,共38孔泄洪闸。

第七节 西南地区诸河流

一、概述

西南诸河区域流域辽阔,河流众多,位于中国西南边陲,是青藏高原和云贵高原的一部分。该区域总的地势是西高东低、北高南低,东南部最低。该地区北部有唐古拉山脉、冈底斯—念青唐古拉山脉,南部有喜马拉雅山脉,东部为横断山脉。除了东部的山脉大体呈南北走向外,其他山脉基本上呈东西走向。

区域内水资源虽十分丰富,但时空分布却很不均匀,水土资源不相适应的状况十分突出。耕地稀少的藏东南地区集中了全区域约50%的水量,亩均水量高达50万 m^3,其中藏南诸河东部地区亩均水量更高,达100万 m^3 以上;而耕地较集中的雅鲁藏布江拉孜—羊村段,以及云南境内的几个分区,亩均水量都在1万 m^3 以下。如果考虑水土资源沿高程的不均匀分布,则亩均水量的地区差别更大。例如,本区域所属云南境内山势陡峻、河谷深切,坝区(盆地)面积仅占总面积的3%,平均1 km^2 耕地多达700亩,坝区又分布于支流的中上游段,集流面积小,亩均水量为0.1万~0.4万 m^3,山区平均1 km^2 有耕地约80亩,水资源又丰富,亩均水量为0.4万~0.6万 m^3。

该区域具有水资源丰富,时空分布极不均匀,耕地多的地区水少,需水的季节来水少,来水与需水时空分布极不相适应的特点,实际上能被利用的径流量却很少。因此,因地制宜地修建水利工程,对径流进行人工调节,就成为影响经济发展的重要因素。然而本区域地势高峻、山峦重叠、耕地分散、交通不便,水利工程施工艰难,需要的投入较大,加上工、农、牧业基础薄弱,水资源的开发利用较为困难。

同时,该区域水资源和水力资源十分丰富,并且水质良好。该区域开发利用率较低,是全国水资源开发利用率最低的地区之一,开发的潜力很大,开发前景广阔。

该区域河流多属山区性河流,有利于水能资源的开发利用,但河流与流域的产水量都存在时空分配不均和农时用水不协调的矛盾。这一矛盾在坝子分布最多的中部地区最为突出,而这一地区是人口、政治、经济、文化的中心,也是首先要进一步开发的地区。因此,今后水利建设不能只限于考虑灌溉用水,还必须综合考虑水能以及农业、工业、城乡居民生活等多方面的用水问题。

近年来,西南地区的水利建设有了较大的发展,水利设施为中华人民共和国建立前的5倍,水资源的开发利用(利用率)也由中华人民共和国成立前不到1%增加到5%。但总的来看,目前西南地区的水利化程度还很低。以云南省为例,2016年境内产生地表水和地下水2 089亿 m^3,全省11座大型水库、229座中型水库以及小型水库年末蓄水总量为87.63亿 m^3,供水量仅150.2亿 m^3。可见,利用率还很低,开发潜力很大。

二、区域主要河流

本区域除西藏南部零星分布着一些面积大小不等的内陆河外,其余河流分别自新疆、西藏、云南、广西流出国境,经其他国家入海,均属外流国际河流。这些外流河,按入海的位置可分为印度洋和太平洋两大水系,其中怒江及怒江以西的河流注入印度洋,怒江以东的河流注入太平洋。

(一)雅鲁藏布江

雅鲁藏布江是中国乃至世界上海拔最高的大河,发源于西藏西南部喜马拉雅山北麓的杰马央宗冰川。河流大体由西向东流,经西藏米林市转向东北之后,又急剧向南流,形成举世闻名的雅鲁藏布江大拐弯段。该江经巴昔卡流入邻国印度,进入印度后称布拉马普特拉河,它又流经孟加拉国与恒河相汇后注入印度洋的孟加拉湾。河流全长约2 900 km,流域面积93.5万km^2,其中在中国境内为2 057 km,集水面积24.1万km^2。

雅鲁藏布江可分为三段:上游段从源头到里孜,中游段从里孜到派区附近,下游段从派区附近至巴昔卡。

雅鲁藏布江在萨噶以上称马泉河,它有两个源头,正源为杰马央宗曲,出自杰马央宗冰川;另一个源头库比曲,出自阿色甲果冰川。雅鲁藏布江上游河床都在海拔3 950 m以上,两岸山岭连绵不断,但山势都比较和缓。

雅鲁藏布江干流河谷是沿着一条东西向断裂带发育起来的,干流南部横卧着喜马拉雅山脉,北部及东北部有冈底斯、念青唐古拉等山脉。干流两岸支流众多,但大多短小。

雅鲁藏布江流域上中游地区大部属高原温带或寒温带气候,下游河谷地区多属热带、亚热带气候。受地形影响,流域内降水量地区差别很大,并明显地呈现出沿干流河谷自下而上逐渐减少的规律。下游地区中的墨脱县戴林站,22年平均年降水量高达5 317 mm,一般大都超过2 000 mm,往上游至通麦附近下降为1 000 mm以上,村芒为650 mm左右,拉萨为450 mm,江孜288 mm,江孜以西降水量更少。

雅鲁藏布江控制站奴下站以上集水面积约1.9万km^2,根据1956~1979年年径流量资料统计,平均年径流量601亿m^3。奴下站至国境线的下游区间集水面积约5.1万km^2,这里是全国大陆上降水量最丰富的地区之一。

雅鲁藏布江流域集中了西藏境内绝大部分水力资源,位居中国各大河流流域水能蕴藏量的第二位(仅次于长江流域),平均单位面积水能蕴藏量则居于首位。在各大河干流水能蕴藏量中,雅鲁藏布江也占据第二位(仅次于长江),平均单位河长水能蕴藏量则居于首位。

雅鲁藏布江及其主要支流的天然水能蕴藏量近1亿kW,约占全西藏的50%。但开发利用量却很小,在西藏已建的600多座水电站中,除有十几座水电站的装机容量大于500 kW(最大的水电站装机容量也不足1万kW)外,其余均为几十千瓦至三四千千瓦不等,总装机容量还不到4万kW,仅占西藏可开发水能资源的0.07%。由于西藏工农业生产及生活用电需求的增大,现有发电量已不能满足要求;而且,枯水期保证出力很小,小型水电站甚至停工,中型水电站出力一般也仅为装机容量的1/3~1/2,冬春季节用电更为紧张。因此,电力提灌和农牧副业产品加工的发展受到很大的限制,许多工厂被迫部分停产或改用其他燃料。此外,流域内大部分地区燃料十分缺乏,拉萨市的工矿企业和机关需从数百里外运来木材或煤炭,广大居民仍以牛粪、草皮为生活燃料。电力不足严重地影响了工农业的发展和人民生活水平的提高。

根据用电量分布特点和今后国民经济发展的要求,可逐步考虑兴建以下几座水电站:从上游向下依次为岗来、彭错林、永达、桑日—加查水电站。这些电站坝址良好,又处于西藏工农牧业发达地区,供电距离短,且装机容量均在10万kW以上,规模较大。在雅鲁藏布江的支流上,除已建的水电站外,还可考虑在帕隆藏布、尼洋曲、拉萨河、多雄藏布等支流上逐步建立装机容量分别为几万至十万千瓦的水电站,以满足这些地区中近期工农牧业生产发展的需要。

雅鲁藏布江下游,从派区至墨脱,河道呈"U"字形大拐弯,河段长200多km,落差达2 000余m,因此有利于水电建设。

(二)怒江

怒江是中国西南地区的大河之一,又称潞江,发源于青藏高原唐古拉山南麓的吉热格帕。该江源流称纳金曲,南流入错那湖,过那曲市东流称那曲,与右岸支流姐曲汇合后称怒江。怒江由西藏到云南,穿行于怒山和高黎贡山之间,几与澜沧江平行,在云南保山进入缅甸,流入缅甸后改称萨尔温江,最后注入印度洋的安达曼海。

怒江进入云南境内以后,奔流在碧罗雪山与高黎贡山之间,西岸高黎贡山的峡谷高差达5 000 m,东岸碧罗雪山的峡谷高差达4 000 m,平均高差3 000多m,山谷幽深,危崖耸立,水流在谷底咆哮怒吼,故称"怒江"。怒江大峡谷是仅次于雅鲁藏布江大峡谷及美国科罗拉多大峡谷的世界第三大峡谷。

怒江从河源至入海口全长3 240 km,中国境内2 013 km,流域面积32.5万km^2,中国境内13.78万km^2。怒江在西藏嘉玉桥以上为怒江上游,称为那曲河;嘉玉桥至云南省的泸水市为怒江的中游,泸水市以下为下游。上游除高大雪峰外山势平缓,河谷平浅,湖沼广布;中游处横断山区,山高谷深,水流湍急;下游河谷较为开阔,水流趋于平缓。

怒江水量以雨水补给为主,大部分集中在夏季,多年变化不大,水力资源丰富。怒江多年平均径流量689亿m^3,水能蕴藏量4 600万kW,主要分布于中国境内。干流水能蕴藏量为3 641万kW。但是,怒江流域水资源开发利用程度低,截至本世纪初,修建中小型水库约200座,蓄、引、提水灌溉面积共6万多hm^2,占耕地面积的1/4;建中小型水电站约200处,装机容量3万~4万kW。

(三)澜沧江

澜沧江发源于青海唐古拉山北麓夏茸扎加的北部,大体呈南偏东流向,流经中国的青海省、西藏自治区和云南省,出境后称湄公河,经老挝、缅甸、泰国、柬埔寨、越南等国,最后注入太平洋的南海。云南省境内的南垒河、南览河等河流入邻国缅甸后,均汇入湄公河。

澜沧江在中国境内水流短促,流域面积不大,其中超过1万km^2的支流仅有子曲、昂曲、漾濞江3条,许多支流的流域面积仅有几百平方千米,昂曲是最大的支流。澜沧江干流全长4 500 km,总落差5 500 m,中国境内干流长1 612 km,落差达5 000 m。

澜沧江水电基地是澜沧江干流梯级水电站的总称。在中国境内澜沧江干流从溜筒江到南腊河口规划为15级开发方案,自上而下为:溜筒江、佳碧、乌弄龙、托巴、黄登、铁门坎、功果桥、小湾、漫湾、大朝山、四家村、糯扎渡、景洪、橄榄坝、南腊河口,共利用落差1 655 m,总装机容量2 073万kW,保证出力958.5万kW,多年平均年发电量为1 088.3

亿 kW · h。在这 15 个梯级中有 9 座水电站装机容量超过 100 万 kW,总容量达 1 713 万 kW,占整个梯级总容量的 83%。

澜沧江梯级开发以发电为主。在 15 个梯级水电站中,以中下游河段(自功果桥至南腊河口)9 座梯级的开发条件较好,特别是中游河段地理位置适中,地形条件好,水库淹没损失小,交通比较方便。

(四)元江

元江发源于中国云南省巍山县境内,大体呈西北—东南流向,进入越南后称红河,流域面积 7.9 万 km^2。元江支流主要有李仙江、藤条江、盘龙江、南溪河、百都河等。元江流域北邻金沙江流域,西与澜沧江以无量山为分水岭,东接南盘江流域,南面与越南接壤。流域的地势自西北向东南倾斜,流域平均宽度约 120 km。

元江流域年平均降水深 1 347 mm,年均降水量为 1 027 亿 m^3,一般从下游向上游呈递减趋势。降水一般集中在 5~10 月,占全年降水量的 85%,其中 7、8 两月又集中全年降水量的 40%~50%。流域内洪水主要由暴雨形成,一般洪峰历时较短,洪水暴涨暴落,河床水位变幅较大,一般达 12~20 m。

元江全程天然落差 2 519 m,水能资源十分丰富。流域内除干流元江,支流李仙江、普梅河等河床坡度较缓外,其余河流如盘龙江、绿水河、南溪河、金平河等河道坡度变化十分剧烈,落差集中,有利于水电建设。

元江流域水能理论蕴藏量为 988.8 万 kW,其中干流水能蕴藏量为 149.8 万 kW,占全流域水能蕴藏总量的 15%,支流水能蕴藏量为 839 万 kW,占流域总蕴藏量的 85%。从元江流域水能资源分布情况看,其开发重点在支流。

元江干流拟作 8 个梯级开发,即三江口、达哈河、马滩、干庄河、裴脚、乍拉、马堵山、大湾,其中,三江口、马滩和马堵山为梯级控制性枢纽。八级电站共利用落差 459.9 m,总装机容量 86.3 万 kW,平均年发电量为 51.23 亿 kW · h,均仅进行过规划阶段工作。

三、区域内主要工程

(一)糯扎渡电站

糯扎渡电站位于澜沧江下游普洱市思茅区和澜沧县交界处,是澜沧江下游水电核心工程,也是云南省培育以水电为主的电力支柱产业、建设全国水电能源基地的重要工程。水库坝址以上流域面积 14.47 万 km^2,正常蓄水位 812 m,总库容 237.03 亿 m^3,调节库容 113.35 亿 m^3。枢纽由心墙堆石坝、左岸溢洪道、左岸引水发电系统等组成。心墙堆石坝最大坝高 261.5 m,电站安装 9 台 65 万 kW 机组,总装机容量 585 万 kW,多年平均发电量 239.12 亿 kW · h。

电站总投资约 611 亿元,2011 年 3 月正式通过国家核准。2014 年 6 月,水电站全面建成投产。

(二)小湾水电站

小湾水电站位于云南省西部南涧县与凤庆县交界的澜沧江中游河段与支流黑惠江交汇后下游 1.5 km 处。电站以发电为主,兼有防洪、灌溉和库区水运等综合效益,是澜沧江水电能源基地的“龙头水库”,也是开发澜沧江中下游的关键工程。

水库正常蓄水位 1 240 m,总库容 151 亿 m^3,为多年调节水库。枢纽工程主要由混凝土双曲拱坝、坝后水垫塘和二道坝、右岸地下厂房、左岸泄洪洞组成,坝身设有泄洪表孔、中孔和放空底孔。拱坝坝顶高程 1 245 m,最大坝高 292 m,坝顶长 992. 74 m,拱冠梁底宽 69. 49 m,拱冠梁顶宽 13 m。坝身设 5 个开敞式表孔溢洪道、6 个泄水中孔和 2 个放空底孔。电站厂房内装有 6 台 70 万 kW 混流式发电机组,总装机容量为 420 万 kW,多年平均发电量 190. 6 亿 kW · h。

小湾水电站工程总投资 277. 31 亿元,于 2002 年 1 月 20 日正式开工,2004 年 10 月 25 日提前一年实现大江截流,2010 年 8 月 6 台机组全部投产。

(三)墨脱水电站

还在勘测阶段的墨脱水电站位于西藏雅鲁藏布江下游米林市至墨脱县的 260 km“大拐弯”峡谷段。该河段落差为 2 350 m,河弯直线距离 35 km,可打巨型隧洞引水,穿过喜马拉雅山至墨脱城下游,建成一座超巨型水电站,电站装机容量可达 43 800 MW, 年发电量 2 630 亿 kW · h。

藏东南部中印边境地区蕴藏的丰富水电能源,在中印双方未来的能源结构中,都占有不可忽视的重要地位,它关系到我国的国家安全、国际关系、能源结构、生态环境和未来社会经济的可持续发展。随着我国十二大水电能源基地建设的进展和投产,2020 年后,我国水电开发的主战场将逐渐转向藏东南地区,即澜沧江、怒江上游以及雅鲁藏布江中下游地区,从国家可持续发展长远战略考虑,对其进行超前期的综合调查论证研究,则具有十分的必要性和现实的重要性。

第八节　东南地区诸河流

一、概述

中国东南沿海,主要是丘陵山地,濒临海洋,属亚热带季风气候区,气温高,空气湿润,水汽来源充沛,季风盛行,夏秋之间台风频繁,常发生强大暴雨,因而水资源丰富,单位面积产水量为全国之冠。

该地区降水的水汽来源,主要来自南海及太平洋。台风频繁出现,挟带大量湿热的西太平洋、南海的水汽。该地区的地形地貌以山地、丘陵为主,除少数河流下游有小面积平原以外,绝大多数地区为山岭耸峙、丘陵起伏、河谷盆地错落的地形。高山丘陵起伏的地形,使丰沛的水汽受到迎风坡的动力抬升作用,为降水提供了极为有利的条件。

该地区降水在年内及地区上的分配均与季风的活动关系密切。每年春、夏季节降水丰沛,秋、冬季节尤其冬季雨水较少。一年内大多数地区出现两个降雨高峰,第一个高峰发生在 4~6 月,第二个高峰在 8~9 月,两峰之间的 7 月,往往出现一个相对雨量较低的过程。一般每年的 5、6 月是降雨最大的月份。与其他流域相比,降水的年际变化相对较为稳定,丰水年与枯水年的降水量之比一般为 1. 7~3. 6。

二、本区域主要河流

(一)闽江

闽江是福建省最大的河流,发源于武夷山脉,流域面积 60 992 km^2。河流全长 577 km,河道平均坡降为5%,有沙溪、富屯溪、建溪三大支流,沙溪为其主流。沙溪发源于宁化县枫树排,全长 304 km,流域面积 11 792 km^2;富屯溪发源于光泽县司南乡;建溪发源于崇安县铜钹山。此三溪的流域面积占全流域面积的69%。沙溪与富屯溪汇合于沙溪口后称闽江,干流全长 256 km。沙溪口以下 20 km 至南平汇入建溪,南平以下又汇入尤溪、古田溪、大樟溪等支流,然后流经福州、马尾出海。

闽江地区平均年降水量为1 043.1亿 m^3(相当于年降水量1 710.2 mm),年平均径流量629亿 m^3。闽江水能资源丰富,理论蕴藏量632万 kW,可开发量463万 kW,已开发18%。已建有桂口水电站、安砂水电站、池潭水电站、沙溪口水电站、水口水电站等一批大中型水电站。

水口水电站位于福建省闽清县境内闽江干流上,坝址以上流域面积5.24万 km^2,坝址处多年平均流量1 720 m^3/s,年径流量545亿 m^3。水库正常蓄水位高程65 m,相应库容23.4亿 m^3。枢纽由混凝土溢流重力坝、电站厂房、船闸组成,坝顶高程74 m,最大坝高101 m,大坝全长786 m,电站装机140万 kW,是中国华东地区最大的水电站。

(二)钱塘江

钱塘江位于浙江省境内,为该省最大河流,由于河道在杭州附近曲折呈“之”字形,故又名之江、曲江。钱塘江发源于浙、赣、皖交界的山区,流域面积5.56万 km^2,全长688 km,河流平均坡度为5‰,钱塘江由杭州湾入海。流域多年平均降水量为1 200~2 200 mm,多年平均天然河川径流量442.5亿 m^3。

钱塘江主流自发源处至衢州有江山港和乌溪江汇入,称为衢江;至兰溪市有金华江汇入,称为兰江;至梅城与主要支流新安江相汇后成为干流,称桐江;桐庐以下称富春江;闻家堰以下始称钱塘江,其间还有浦阳江汇入。

闸口以下至澉浦102 km,称为河口,澉浦至扬子角80 km水域称为杭州湾。河口和杭州湾的平面呈喇叭形,闸口处的水面宽度约1 km、澉浦处为21 km、扬子角处为100 km。东海潮波进入杭州湾和河口受喇叭口收缩以及沙坎抬高的强烈作用而急剧变形,东海潮差在扬子角为2.8 m,而澉浦最大潮差达8.93 m,潮波溯至澉浦以上13 km的鼠尾山成为举世闻名的“钱塘江涌潮”。实测最大涌潮高度2.5 m,传播速度9.6 m/s,潮水气势磅礴,景象壮观。

在钱塘江水系上建有新安江、富春江等大中型水电站。

新安江水电站位于浙江省建德市境内钱塘江支流新安江上,是中国第一座自己勘测、设计、施工和制造设备的大型水电站。水库控制流域面积1.048 0万 km^2,坝址处多年平均流量357 m^3/s,年径流量113亿 m^3。水库正常蓄水位高程108 m,总库容220亿 m^3。枢纽由混凝土宽缝重力坝、坝后溢流式电站厂房组成(见图5-4),坝顶高程115 m,最大坝高105 m,全长465.4 m,电站装机容量66.25万 kW。

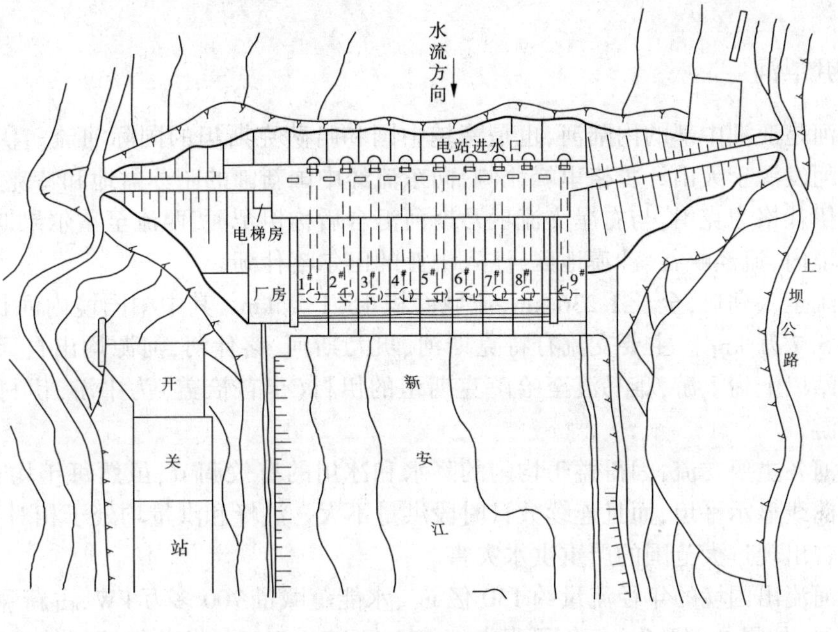

图 5-4　新安江水电站平面布置图

富春江水电站位于浙江省桐庐县境内钱塘江上游富春江上，坝址以上流域面积 3.164 5 万 km^2，坝址处多年平均流量 1 000 m^3/s，年径流量 315.6 亿 m^3。水库正常蓄水位高程 23.0 m，总库容 8.74 亿 m^3。

枢纽由混凝土溢流重力坝、电站厂房、船闸及溢洪闸组成（见图 5-5）。坝顶高程 32.2 m，最大坝高 47.7 m，溢流坝全长 287.3 m，电站装机容量 29.72 万 kW。

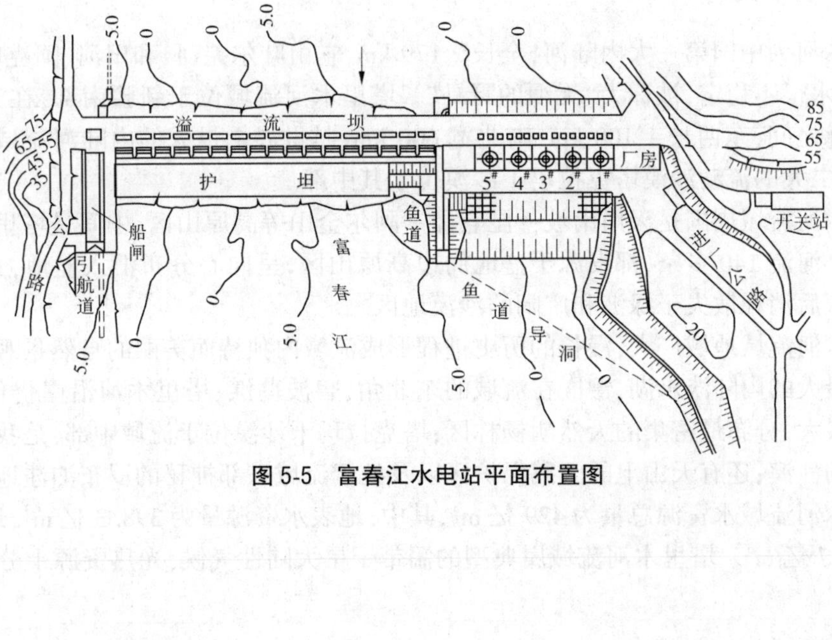

图 5-5　富春江水电站平面布置图

第九节　其他地区河流

一、伊犁河

伊犁河是亚洲中部的内陆河,也是跨越中国和哈萨克斯坦的国际河流。伊犁河的主源特克斯河发源于天山汗腾格里峰北侧,向东流经中国新疆的昭苏盆地和特克斯谷地,又向北穿越伊什格力克山,与右岸支流巩乃斯河汇合后称伊犁河,西流至霍尔果斯河进入哈萨克斯坦境内,流经峡谷、沙漠地区,注入中亚的巴尔喀什湖。

从河源至入湖口,全长1 236 km,流域面积15.1万km^2,其中中国境内河长442 km,流域面积5.7万km^2。主要支流有特克斯河、巩乃斯河、喀什河,河源均出自天山。伊犁河雅马渡站以上为上游,雅马渡至哈萨克斯坦的伊村(卡普恰盖)为中游,伊村至巴尔喀什湖为下游。

伊犁河各主要支流,因得益于均匀的降水和冰川的有效调节,虽然每年均有汛期,但洪峰频率曲线显示平坦,而且连续数日时段洪量不大。洪峰和洪量均处于相对平稳状态,历史上未曾出现过大范围的严重洪水灾害。

伊犁河流出国境的年径流量约130亿m^3,水能蕴藏量700多万kW,占新疆水能蕴藏总量的21%,如果全部开发,每年可得电能620亿kW·h。开发条件较好的坝址有30多处,装机容量300万kW。现已建成中小型水电站132座,总装机容量约10万kW,其中规模最大的是喀什河托海水电站,装机5万kW,价值很高;同时坝址地形地质条件优越,适于灌溉、防洪、发电及水产养殖综合开发利用。

中国境内的伊犁河段已建成各类永久性渠首64座,总引水能力达到853 m^3/s。先后新建、改建、扩建引水干渠164条,总长2 600多km。

二、塔里木河

塔里木河为中国第一大内陆河,全长2 179 km,它由叶尔羌河、和田河、阿克苏河等汇合而成,河水很不稳定,被称为“无缰的野马”。塔里木河流域位于新疆南部,在天山山脉和昆仑山脉之间,东西长1 100 km,南北宽600 km,是世界上最大的内陆河流域,我国最大、世界第二大的流动沙漠塔克拉玛干沙漠位于其中部。

塔里木河流域周围是天山南坡—昆仑山—阿尔金山等高原山区,中间是塔里木盆地。周边有大小河流140多条,都发源于盆地周边高原山区,呈向心分布汇入盆地,大多数小河流出山区后消耗散失于绿洲和广阔的沙漠地区。

塔里木河流域地域广大,漫长的历史进程形成流域内独特而美丽的自然景观:博斯腾湖是我国最大的内陆淡水湖,镶嵌在流域的东北角,碧波荡漾;塔里木河沿岸仍保留着世界上面积最大、分布最密集的天然胡杨林区;塔克拉玛干沙漠位于流域中部,是我国最大、世界第二的沙漠;还有天山上的天鹅保护区以及处于流域东部神秘的罗布泊洼地等。

塔里木河流域水资源总量为429亿m^3,其中,地表水资源量为398.3亿m^3,地下水资源量为30.7亿m^3。塔里木河流域属典型的温带干旱大陆性气候,光热资源十分丰富,流域内干燥多风,日温差较大,降水稀少,蒸发强烈。

目前,流域内仍以农牧业为主,主要种植粮食和棉花,是新疆重要的优质棉、粮基地,此外,也是新疆库尔勒香梨、杏、薄皮核桃、伽师瓜、石榴、无花果等特色果品园艺产品基地。进入20世纪90年代以来,塔里木盆地石油和天然气勘探开发、国家棉花基地建设、南疆铁路线开通,特别是国家西部大开发战略的实施,必将给流域生态环境的改善、流域经济的腾飞、社会的发展带来巨大的推动作用。

大西海子水库是塔里木河最末端的一座水库,建于20世纪五六十年代。大西海子水库将塔里木河干流来水全部拦截,是造成下游绿色走廊断流的重要原因之一。塔里木河下游断流以来,下游河道被沙漠恣意掩埋,2 160万亩草场退化、沙化,胡杨林面积锐减,塔克拉玛干沙漠和库鲁克沙漠多处合拢,已严重威胁到下游绿色通道的安全。

根据国务院批准的《塔里木河流域近期综合治理规划报告》,为恢复塔里木河下游绿色走廊,使大西海子以下塔里木河干流恢复径流,确定废弃大西海子水库,对恰拉水库进行改建和扩建,原灌区用水完全由恰拉水库调节,保证向塔里木河下游生态输水通道畅通,改善下游生态环境,保护及恢复塔里木河下游绿色走廊。

恰拉水库位于新疆巴音郭楞蒙古自治州尉犁县境内,于1958年动工兴建,1967年基本建成,以后逐年配套。为了替代大西海子水库于2003年8月开始扩建,2005年底全部完工。设计库容1.61亿 m^3,属国家大(2)型平原灌注式水库,主要水源为孔雀河来水。水库配水给恰铁干渠,灌溉塔里木垦区31~35团40余万亩耕地,承担着农业灌溉的任务。坝体为碾压式均质土坝,全长45.112 km,设计有2个放水涵洞。最大泄水能力为38 m^3/s,于水库以南4 000 m处汇入恰铁干渠。

三、南渡江

南渡江又称南渡河,古称黎母水,是中国海南岛最大河流。发源于海南省白沙黎族自治县南开乡南部的南峰山,干流斜贯海南岛中北部,流经白沙、琼中、儋州、澄迈、屯昌、定安、琼山等市(县、区),最后在海口市美兰区的三联社区流入琼州海峡。全长333.8 km,比降0.72‰,总落差703 m,流域面积7 033 km^2。

南渡江水源丰富,流量大。流域气候有明显的干湿两季,又多暴雨,故河流流量和水位常出现暴涨暴落。每当暴雨后,山洪暴发,河水猛涨,立即可达最大洪峰。一年中河流水位出现两次高峰,分别发生在5月和9、10月。南渡江三角洲河床比降小,河道淤积快,夏秋台风暴雨之时,潮水倒灌,时有洪潮灾害。

松涛水库位于海南省儋州市南部,有防洪、灌溉、发电等效益,是海南省最大的人工湖,也是海南省最大的水利枢纽工程。大坝位于南渡江上游的儋州市亲足口峡谷,集水面积1 440 km^2,总库容33.40亿 m^3。库区枢纽工程由主坝1座,副坝7座,溢洪道1座,输水隧洞及导流洞各1座组成。主坝为碾压式均质土坝,坝顶高程197.1 m,最大坝高80.1 m,是海南省建成的最高的土坝。副坝7座,共长4 025.7 m,最大坝高8.6 m。

水库蓄水后,库内有300座山岭变成了岛屿。

四、浊水溪

浊水溪位于中国台湾省本岛中部西侧,是台湾省最长的河流。源出中央山脉合欢山南麓,向南接纳万大溪,沿山脉走向南下,接纳南来的郡大溪后,向西流,穿行于中低山和丘陵地带,与来自南部玉山的陈有兰溪汇合后,流出山地;向西流经平原地区,主流经西螺入台湾海峡,河长186.4 km。流经南投、彰化、云林三县,流域面积约3 150 km^2。

浊水溪河流主要靠雨水补给,流域降雨丰沛,年降水量1 500 mm左右,河川年径流总量51.84亿 m^3。浊水溪最大径流量为22 000 m^3/s,几乎相当于黄河的最大流量。下游易闹水灾。浊水溪上游具有山溪型河流特性,坡降大,水流急,河床多岩礁出露,不利于航运;下游为平原型河道,地势低平,河汊发育,滩洲棋布,形成台湾岛最大的三角洲冲积扇。

山区暴雨强度大,坡度陡,水土流失严重,年输沙量达6 555万t。浊水溪水流常呈混浊状态。这是因为覆盖在台湾背斜上部的第三纪地层多为脆弱的黏板岩,经暴雨和急流冲刷,大量被河水搬运到下游段,致使浊水溪变为泥浆状,"浊水"一名即由此而得。

浊水溪是台湾省水力资源最丰富的河流,落差2 400 m,理论蕴藏量126万kW。已建有日月潭水电站、万大水电站等大型电站。

浊水溪流经的水里乡是台湾省水力发电厂最集中的地方。浊水溪在水里乡境内长约8 km,流域内有先后建成的大观一厂、大观二厂、明潭电厂、钜工电厂和水里电厂共5座,大观一厂使用的5组帕氏横式水轮发电机是1923年制造的,目前仍在正常运转,被称为奇迹。

第六章　中国水资源存在问题与对策

水是人类赖以生存和社会发展的最宝贵的自然资源。随着社会的不断进步，水资源的研究已日益成为世界所关注的话题。联合国第47届大会根据联合国环境与发展大会在《21世纪议程》第十八章《保护淡水资源质量和供应：水资源开发、管理和利用的综合性办法》中所提出的建议，决定从1993年开始，每年的3月22日为“世界水日”。本章对中国水资源存在的几个突出问题，即水资源污染与防治、跨流域调水、节水灌溉、水土保持予以介绍。

第一节　水资源污染与防治

水资源的开发利用为人类社会进步、国民经济发展提供了必要的基本物质保证，但长时间的无序开采和不合理利用，产生了一系列与水资源有关的环境、生态和地质问题，严重制约了工农业生产的发展和城市化进程，严重威胁着人类的健康和安全，其中水资源的污染尤为严重。

一、中国水资源的质量

2007年度根据全国水资源保护监测站网的监测资料，对全国10个水资源一级区170个水系的1 300余条河流、44个重点湖泊、321座重要水库及294个省界断面的水体水质进行了评价。评价标准为《地表水环境质量标准》(GB 3838—2002)。全国总评价河长143 604.4 km，其中Ⅰ～Ⅲ类水河长占总评价河长的59.5%，Ⅳ～Ⅴ类水河长占18.8%，劣Ⅴ类水河长占21.7%。江河水资源污染基本特征表现在：①下游水质劣于上游，干流水质好于支流，流经城市的河段水质最差；②南方地区河流水质优于北方地区河流水质，中西部地区的水质优于东部发达地区的水质；③从整个流域分布来看，污染最严重的为淮河流域、黄河流域、海河流域和松花江流域，而长江流域的太湖地区污染也十分严重；④全国的水质污染以耗氧有机污染为主，有毒及易积累物质类污染次之，其中前者污染相对严重的为海河、淮河，污染河长均超过评价河长的50%，后者较严重的为黄河、松花江、淮河和海河流域。对全国44个重点湖泊的18 093.9 km^2水面进行了水质监测评价。湖泊评价结果表明：全年湖泊以Ⅲ类、Ⅳ类和劣Ⅴ类水质为主。

所谓水资源污染，是指江河或其他水域，由于工业废水和生活污水排放量超过水体的自身净化作用的容许量而造成的水体污染现象。水体的自身净化作用，一般是指污水进入水域后，污染物被稀释，同时其中的有机物和其他物质，由于受到氧和微生物的作用而分解、沉淀等，从而达到自然净化的作用。

按照《地表水环境质量标准》(GB 3838—2002)规定，中国水资源质量标准共分以下五类。

Ⅰ类:主要适用于源头水、国家自然保护区;

Ⅱ类:主要适用于集中式生活饮用水地表水源地一级保护区、珍稀水生生物栖息地、鱼虾类产卵场、仔稚幼鱼的索饵汤等;

Ⅲ类:主要适用于集中式生活饮用水地表水源地二级保护区、鱼类越冬场、洄游通道、水产养殖区等渔业水域及游泳区;

Ⅳ类:主要适用于一般工业用水区及人体非直接接触的娱乐用水区;

Ⅴ类:主要适用于农业用水区及一般景观要求水域。

一般超过三类标准的水,水中有毒物质的含量已高出国家有关规定的指标,已影响到人身健康,故无法满足饮用水的要求。

二、水资源污染特征

在人类活动影响下,水质变化朝着水质恶化方向发展的现象,统称为水污染。不管此种现象是否使水质恶化达到影响使用的程度,只要这种现象发生,就应视为污染。

水污染主要分为地表水体污染和地下水体污染。地表水体污染可视性强,易于发现,其循环周期短,易于净化和水质恢复。而地下水体污染则具有以下特点:

(1)隐蔽性。因污染发生在地表以下的孔隙介质之中,尽管地下水已遭到相当程度的污染,也往往从表观上很难识别,一般仍然表现为无色、无味,即使人类饮用了有害或有毒成分污染的地下水,其影响一般也是慢性的,不易觉察。

(2)难于逆转性。地下水一旦遭到污染就很难得到恢复。地下水流速缓慢,如果等待天然地下径流将污染物带走,则需要相当长的时间。而且孔隙介质中的砂土对很多污染物具有吸附作用,使污染物的清除更加困难。即使在切断污染源后,靠水层本身的自然净化,少则需几十年,多则需上百年的时间。

(3)延缓性。在含水层上部的包气带土壤中,由于各种物理、化学及生物作用,因而会在垂直向上延缓潜水含水层的污染。对于承压水层,由于上部隔水层顶板的存在,污染物向下运移的速度会更加缓慢,因此地下水污染向附近的运移、扩散也相当缓慢。

三、水的污染源、污染物和污染途径

(一)水的污染源

水的污染来源繁多,根据形成原因可将其分为两大类:即人为污染源和天然污染源。

(1)人为污染源。包括城市液体废物如生活污水、工业污水、地表雨水径流,城市固体废物如生活垃圾、工业垃圾、污泥,农业生产及采矿活动。

(2)天然污染源。即天然存在的污染物,主要是海水及含盐量高和水质差的地下水。

(二)污染物

污染物的种类甚广,一般可分为以下10类:

(1)有毒物质。主要包括氰化物、有机农药、酚、砷及其化合物和重金属类物质等,有毒物质污染的水质,易引起人的中毒。

(2)致病微生物。致病微生物一般能够传染各种疾病,并具有较强的繁殖能力,主要包括各种细菌、病毒、原生动物等。

(3)植物营养物。植物营养物是指植物生长所需要的营养成分,如氮、磷、碳等化合物。这类物质一旦流入水域,易造成水域的“富营养化”,其结果将严重威胁鱼类和人的健康。

(4)耗氧废弃物。这类物质又分为有机物和无机物两大类,前者主要是可以生成分解的天然有机物,而后者一般是还原性物质,如亚硫酸盐、硫化物、亚铁盐和氨等。水中由于耗氧废弃物的存在,将会在生物、化学氧化的同时,大量消耗水中溶解氧,致使水质恶化,甚至使水质变臭,严重者还会造成鱼虾的大量死亡。

(5)放射性物质。主要是指各种裂变的物质在裂变过程中所放出的射线,这种放射性危害往往具有一定的潜在性。如来自原子反应堆、铀矿加工厂、科研机关以及应用放射性等部门排放的放射性废物、废水。

(6)有机化学物质。这种物质是一种高稳定合成化学物质,生物分解难度很大,一般是通过食物链逐渐浓缩而造成一定的危害,如多氯联苯、合成洗涤剂等。

(7)无机化合物和矿物质。这类物质的浓度过高会降低水质,危害水生物,也易于腐蚀水下的各种器具设备,如各种水溶性氯化物、盐类和其他各种酸性、碱性物质。

(8)冲积物和其他不溶性固体物。由于水土流失,在汇流过程中所冲刷的泥沙,将出现堵塞渠道、河道积淤和积水等现象,造成水体浑浊、水质污染。

(9)油类物质。油类物质往往比水轻,又不溶解于水,极易形成水面薄膜层,从而阻隔空气中的氧气溶于水中,致使水体中溶解氧量降低,恶化水质,对水产养殖威胁很大。严重者还将引发火灾事故,必须引起高度重视。

(10)热流出物。主要是指热电厂、各种工业冷却循环水等流出物。这些流出物由于具有较高温度的杂物和水,一旦流入水域后将使局部水体生态发生强烈的变化,引起热污染现象。

(三)污染途径

地表水体污染较为简单,主要为连续注入或间歇注入,如工矿企业、城镇生活的污水、固体废弃物直接注入地表水体。造成地表水体的污染属于连续注入式污染,而农田排水、固体废弃物存放地降水淋滤液对地表水体的污染则属于间歇式污染。地下水体污染要复杂得多,大致分为以下几种:

(1)间歇型。这种污染主要是污染潜水,污染物通过大气降水或灌溉水的淋滤,使固体废弃物、表层土壤或地层中有害有毒成分周期性地从污染源通过包气带渗入含水层。这种途径的地下水污染,其污染成分是呈固体形式赋存于固体废物或土壤里的。

(2)连续型。主要是指污染物随水连续不断地渗入含水层,污染潜水。如在废水聚集地段和受污染地表水范围内,若是连续的渗漏,则会造成地下水的污染。连续入渗型的另外一种形式,是通过受到污染的河流、湖泊的侧向渗入而污染地下水含水层。

(3)越流型。污染物通过越流方式,从已污染的含水层转移到未被污染的含水层当中。如系由于地下水的开采改变了水流方向以后,使已被污染的潜水进入到未被污染的承压水而造成的污染情况,则当开采潜水或浅层承压水时,深层承压水如果是咸水同样也可以通过上述途径向上越流污染潜水或浅层承压水。上述情况发生在勘探石油、煤田或其他矿产时,由于一些勘探孔未作严格的封孔处理,致使勘探孔成为深层咸水向浅层流动的通道,从而造成浅层水的污染。

(4)径流型。指污染物通过地下径流而进入含水层,致使潜水或承压水遭到污染。如污染物通过地下岩层渗孔道而进入含水层造成的污染现象。污染物不是从地表通过包气带土层下渗,而是将污水送到地面以下一定深度处或直接送入含水层中。有些特殊的高浓度工业废水处理费用昂贵,所以常常将其排入到地下深处的土壤孔隙或岩石裂缝中,这种处理废水的方法称为工业废水的"地下处理法"。利用土壤、岩石表面对污染物的物理、化学的自净作用,可以使污染物浓度降低,乃至达到完全净化的目的。

四、水资源污染的危害

水资源的污染,将直接影响人的身体健康和工、农业生产的发展,使水环境恶化,因此必须予以高度重视。

(一)水资源污染对人体健康的危害

水资源的污染对人的身体健康危害极大,随着现代化工业的高速发展,人口的高度密集,大量污水、废水未经处理直接进行排放,导致水质污染日趋加重,危害越来越大。按照水质污染对人体危害的性质,可将其分为以下三大类:

(1)水中有病毒微生物引起疾病传染。污染物中的各种病毒、微生物直接进行排放进入水体后都可存活一定时间,如痢疾杆菌可以在地面水中存活数天至数星期,伤寒杆菌可以在地面水中存活1~3星期,脊髓灰质炎病毒可以在水中存活数月或更长,这些病毒微生物可以引起某些肠道传染病的流行蔓延。

(2)水中有毒物质超标引起人的中毒。水中有毒物质,主要来源于工业废水和农药污水。水源被工业废水污染后,水的浑浊度将显著提高,出现色、味、气泡与油膜现象。对于长期生活在这种水质中的鱼类,鱼鳃及体内会溶解大量有害成分,鱼鳃变乌紫,鱼肉变异味,人们食用后易引起中毒。

(3)水中有致癌化学物质易引起癌症。工业废水中常带有一些具有致癌作用的化学物质,常见的有砷、汞、铅、镍、铬、苯等,这些物质能在悬浮物、水生物体内蓄存,通过食物链的逐渐积聚,最后才进入人体造成危害。

(二)水资源污染对农业的危害

水资源污染对农业的危害,主要表现在两个方面,即对农作物和对农机设备的危害。

(1)对农作物的危害。水源污染对农作物的危害,随着污染物质的种类与浓度、作物品种、气候条件、土壤性质、作物生长周期等因素的不同而有所不同。主要表现在:①水中污染物的浓度过高,可以直接杀死农作物,而导致减产或绝收;②有毒有害的污染物质能积聚于作物中,进而危害人类;③污染物存积在土壤中恶化土壤的物理、化学性质,使土壤中的微生物活动受到影响,进而妨碍农作物的发育生长等,促使农作物早熟、减产,加剧了水资源短缺的矛盾,严重制约了社会经济的发展。如早在20世纪40年代,日本的足尾矿由于大量含铜矿山废水侵入农田,造成土壤结构严重破坏,恶化了土质,结果使矿区周围80 km以内的稻苗发育不良,大面积减产90%。

(2)对农机设备的危害。这种危害主要表现在:①浮游物质附着在各种管道上,从而降低机械效率,而无法充分发挥机具应有的作用;②各种酸性污水对机具的腐蚀作用,易使机械的使用寿命降低,增加了生产成本。

此外,由于地表水的污染加剧,使得大量农业灌溉渠道系统不得不放弃掉,重新进行投资打井,超量开采地下水,极大地增加了农民负担,提高了粮食、蔬菜的成本。

(三)水资源污染对工业的危害

水资源污染对工业的危害,应该说是最大的。工业的发展与多方面因素有关,除了上述内容外,还会造成工业原材料及能耗的增加,污水处理的成本增加,工业产品的质量下降,工业产品的价格提高,甚至使得企业倒闭。

五、水污染的防治

水质污染的日趋严重,极大地制约了城市社会经济的发展。因此,治理水环境,防治水资源污染已成为我们水资源开发利用和保护的一项极为紧迫而艰巨的任务。

防治水污染是指运用各种措施,对水环境污染进行防治。

(一)防治水污染的基本原则

1. 转变经济增长方式,提高资源利用率与水污染治理相结合

人类生态系统中水循环有两个方面,一是自然水循环,另外一个是社会用水循环(工农业生产用水和生活用水)。在水循环过程中要保证安全用水界限,并尽可能不降低水的质量,就只有对经济再生产过程进行调节和控制,包括转变经济增长方式,调整经济结构,特别是要调整工业结构和改善工业布局,以及推行清洁生产等。当前调控手段和方法还很难做到完全不产生污染、不排放污染物,所以还需要有污染治理措施,两者相结合。

2. 合理利用环境的自净能力与人为措施相结合

排海工程、排江工程、优化排污口的分布都是合理利用水环境自净能力的措施。但要从整体出发进行系统分析,土地处理系统,排江、排海工程、一级和二级污水处理,氧化塘等各种措施要优化组合。

3. 污染源分散治理与区域污染集中控制相结合

《污水综合排放标准》(GB 8978—1996)规定的第一类污染物必须由污染源分散治理达标排放,对于小型工业企业可以采取污染治理社会化的方法来解决。对于其他的污染物应当以集中控制为主,提高污染治理效益,将两者结合起来。

4. 技术措施要与管理措施相结合

在规划、评价的基础上选定技术方案可以避免盲目性;技术方案实施后只有加强管理,才能使技术措施正常运行,获得良好的效益。

(二)防治水污染的主要对策

1. 对水环境进行合理的功能分区

水环境功能分区是进行水污染综合防治的依据。根据水环境的现行功能和经济、社会发展的需要,依据《地表水环境质量标准》(GB 3838—2002)进行水环境功能区划,是水源保护和水污染控制的依据。

按功能区控制污染,保护水资源。首先,按照水域功能划定保护级别,提出控制水污染的要求。其次,按照功能区实行总量控制。所谓总量控制是指为了保持某环境功能区的环境目标值,所能容许的某种污染最大排放量。所以,水环境功能区划是实施水污染总

量控制的依据。

2. 制定水污染综合防治规划

水污染综合防治的主要内容和制定工作步骤如下:

在水环境调查评价的基础上,分析确定水环境的主要问题。根据水环境问题分析结论,考虑行政区划、水域特征、污染源分布特点,将污染源所在区域与受纳水域划分为一个水污染控制单元。提出环境目标,进行可行性论证。环境目标要由主要污染物总量控制目标和水环境综合整治各分项具体目标组成。确定取样污染物削减量,以及削减比例分配方案。制订水污染综合防治规划及实施方案。

3. 实行排污许可证制度,对主要污染源逐步由浓度控制向总量控制过渡

在推行排污许可证制度时,遵循下列要求:从实际出发确定总量控制目标。当排放污染物的受纳水体的环境容量难以确定时,可以根据国家环保部门提出的总量控制方案所确定的原则,以主要水污染物的排放总量作为一个目标总量,按所在地区的实际技术经济水平,确定削减比例,分配到主要污染源。选好发证对象。发放许可证的对象主要是本地区的污染大户,一个城市抓十几户或者几十户即可。要经过污染源调查评价,选好控制重点。控制污水总量,因地制宜地进行计量。强化发证后的环境监督管理。

第二节 跨流域调水

跨流域调水就是通过改变河流的流向或修建能输送大量可利用水量的大运河等人工措施,从余水地区向缺水地区大量调水的方法。跨流域调水,是一项必要的、有效的工程措施,在中国有着悠久的历史。特别是当前工农业生产用水量大幅度增加,北方缺水矛盾更显突出,跨流域调水工程已经成为人们普遍关心的热门话题。

一、跨流域调水的重要性

中国水资源的分布极为不均,随着工、农业生产的飞速发展,特别是近几年来,其用水矛盾变得日益严重。特别是黄淮海流域,目前面临严重的资源性缺水现象。

黄淮海平原是中国最大的平原,黄淮海流域的人口、国内生产总值、工业总值、有效灌溉面积、粮食产量均占中国的1/3以上,是中国重要的经济区和粮食、棉花的主产区,在中国国民经济与社会发展中具有重要的战略地位。但是,黄淮海流域水资源总量仅占全国的7.2%,年人均水资源量462 m^3,为全国人均水平的1/5,是中国水资源承载能力与经济社会发展最不适应的地区。

由于长期干旱缺水,尽管这些地区都加大了节约用水的力度,但是仍不得不过度开发利用地表水、超采地下水,不合理占用农业用水、生态用水以及使用未处理的污水,造成黄河下游频繁断流,淮河流域严重污染,海河流域基本处于“有河皆干,有水皆污”和地下水严重超采的窘况。尤其是海河流域由于地表水长期过量开发,平原河道长期干涸,被迫大量超采地下水,造成地下水埋深大面积持续下降。黄淮海流域水资源的过量开发,导致河湖干涸、河口淤积、湿地减少、土地沙化、地面沉陷以及海水入侵等,生态环境日趋恶化,严重制约着经济社会的可持续发展。

有关研究表明,黄淮海流域年现状缺水量为145亿~210亿m^3,预计2030年为320亿~395亿m^3。黄淮海流域的缺水量80%分布在黄淮海平原和胶东地区,在缺水量中,又有60%的集中在城市,缺水对经济社会的发展造成了很大的影响。

因此,实施跨流域调水,从水量丰富的余水地区向缺水地区适量调水,可以为缺水地区补充新水源,缓解水资源的供需矛盾,有利于该地区工农业生产发展和人民生活的改善,对于全国经济持续发展和粮食安全至关重要。

二、中国的跨流域调水工程

中华人民共和国成立以后,跨流域调水工程得到了高度的重视和发展,如江苏修建了江水北调工程,广东修建了东深引水工程(向香港供水),山东修建引黄济青工程,河北与天津修建了引滦入津工程,甘肃兴建了引大入秦工程,辽宁引碧入大工程(从辽东半岛的碧流河水库引水至大连,1984年通水,年供水量1.3亿m^3),此外较著名的还有引青济秦工程、引黄入晋工程、东北的引松济辽(北水南调)工程和宏伟的南水北调工程等。

(一)江苏江水北调工程

江苏江水北调工程,是在江苏省扬州附近的江都抽水站抽取长江水,用于灌溉里运河以东的里下河地区,并经沿途各个泵站抽水进入洪泽湖,再沿京杭大运河经骆马湖送水至徐州附近,以补给徐州、淮阴地区的灌溉和航运用水。

江水北调工程中已建成江都、淮安等多个梯级泵站,计划总抽水流量470 m^3/s,累计扬程30 m,以18个大型泵站为骨干,配以上万计的中小型排灌站,形成了大范围的机电排灌系统。

(二)山东引黄济青工程

引黄济青工程位于山东省境内,是从黄河下游打鱼张引水至青岛市,工程始建于1986年4月,1989年11月竣工通水,路线全长250多km。一般年份每日可向青岛市供水30万m^3,并且可向沿线的地区年供水6 400万m^3,其中1 100万m^3供给高氟地区作为人畜饮水。

引黄济青渠道所通过的部分地区为高氟区,由于可以利用的地表水有限,人和牲畜不得不饮用高氟地下水,因此对人体健康造成了严重的影响。引黄济青工程不但缓解了青岛的水荒问题,还向高氟区提供了良好的饮水条件,真可谓功在当代,利在千秋。

(三)引滦入津、引滦入唐工程

引滦工程始建于1978年,1985年建成通水,是从华北的滦河向天津和唐山市跨流域引水的工程,其设计引水流量分别为60 m^3/s和80 m^3/s,一般干旱年份可供水给天津市10亿m^3,供给唐山市3亿m^3。滦河来水由潘家口水库调蓄后,经大黑汀水库抬高水位,再通过分水枢纽分别送入引滦入津和入唐工程。

(1)引滦入津工程。该工程是从滦河流域向海河流域调水,引水路线全长234 km。自分水枢纽开始,通过隧洞穿越滦、瀫分水岭进入瀫河,行程56 km后到达于桥水库,再经州河向南48 km穿新开挖输水明渠进入尔王庄水库,通过尔王庄水库调蓄,分两路送往天津市:一路是沿钢筋混凝土暗渠,先经宜兴埠泵站加压,再通过管道分别送入天津市区的西河预沉池和新开河水厂;另一路是沿明渠经新引河、北运河和海河进入天津市。

主要工程有:引滦入津隧洞,长12.39 km;潒河、州河整治,长110 km;挖筑九王庄至大张庄明渠,长64 km;新建5 000万 m^3 库容的尔王庄平原水库;修建尔王庄至宜兴埠钢筋混凝土暗管,长26 km;修建多座倒虹吸管、加压泵站、提升泵站等。

(2)引滦入唐工程。该工程分上、下两段,设计引水流量分别为80 m^3/s、40 m^3/s,全长52 km。上段为引滦入还(还乡河)工程,长26.3 km,自分水枢纽与引滦入津工程分流后,经明渠、渡槽、隧洞及暗渠等进入还乡河,然后再进入邱庄水库;下段为引还入陡(陡河水库)工程,自邱庄水库左岸穿越隧洞,沿明渠,跨渡槽,再经跌水进入陡河西支,南流13.2 km后进入陡河水库,经过水库调蓄后,沿陡河输水进入唐山市区。

主要工程有:隧洞7条总长7 700余m,2座渡槽共长2 700余m,6处暗管总长4 200 m,挖明渠14.3 km。此外,还有整治河道、邱庄水库加固等工程。

(四)南水北调工程

南水北调的设想,自从20世纪50年代提出后,根据中国的地形地貌特点、水土资源分布与组合状况,以及经济社会发展对水资源的要求,经过近50年的勘测、规划和研究,在分析比较50多种规划方案的基础上,分别在长江下游、中游、上游规划了三个调水区,形成南水北调工程东、中、西3条调水线路,与长江、黄河、淮河和海河相互连接构成了"四横三纵"的总体格局。利用黄河贯穿中国从西部到东部的天然优势,通过黄河对水量重新调配,可协调东、中、西部经济社会发展对水资源的需求,达到中国水资源南北调配、东西互济的优化配置目标。

中国大陆地势形成三个阶梯,西线工程位于最高一级的青藏高原,地形上可以控制整个西北和华北,因长江上游水量有限,只能为黄河上、中游的西北地区和华北部分地区补水;中线工程从第三阶梯西侧通过,从长江中游及其支流汉江引水,可自流供水给黄淮海平原大部分地区;东线工程位于第三阶梯东部,因地势较低需要抽水北上。

长江是中国最大的河流,水资源丰富,多年平均年径流量约9 600亿 m^3,特枯年有7 600亿 m^3。由于长江的入海水量约占天然径流量的94%以上,所以从长江流域调出部分水量,可以缓解中国北方地区水资源严重短缺状况。南水北调中的东线、中线、西线三项工程的年调水总规模380亿~480亿 m^3,相当于黄淮海平原和西北地区增加一条黄河的水量。

早在20世纪50年代,水利部就对水资源量丰沛、大部分水流出国境的澜沧江、怒江等西南诸河进行了实地考察,研究从这些河流调水的可能性,认为其工程难度很大。从发展战略上考虑,合理调配水资源在地区间的不平衡,补充中国西北地区的水资源不足,从澜沧江、怒江等西南诸河调水,远景可能是需要的。水利部在研究西线工程的后续水源时初步考虑了从这些河流调水的方案,构建了西线工程的远景设想,且该设想属于总体布局的延伸。

南水北调工程,是解决中国北方地区水资源严重短缺问题的重大战略举措,是关系中国社会经济可持续发展的特大型基础设施建设项目。该工程各条线路的修建,可以共同实现中国水资源的优化配置,对北方地区特别是黄淮海地区经济社会的发展,将起到重要的支撑和保障作用。工程中的三条调水线路既有各自的供水目标和供水范围,同时又是一个有机的整体。在一定条件和时间这三条线可以相互补充,尤其可通过适当调整黄河水量分配，使南水北调工程与北方东、中、西部水资源相互补偿。东线或中线工程的兴建，可替换出黄河下游的30亿~40亿 m^3 引黄水量，增加黄河中上游供水量，暂时代替西线工程的部分供水。同样，西线工程实施后，当汉江、淮河出现严重缺水，中、东线供水不足时，由国家统筹安排，西线工程的调水量也可通过黄河向华北补水。东线、中线都可向白洋淀供水，补充海河流域生态用水。

1. 东线工程

南水北调东线工程，位于华北平原的东部，在三条调水线路中所处的地势最低，是一项以缓解黄淮海平原东部地区缺水为主、多目标开发利用的战略性骨干工程。东线工程是在江苏省江水北调工程现状（抽取长江水400 m^3/s）基础上扩大规模和向北延伸的。从长江下游扬州附近抽引长江水，利用京杭大运河及与其平行的河道为输水主干线和分干线，逐级提水北送，并连通作为调蓄水库的洪泽湖、骆马湖、南四湖、东平湖，在位山附近通过隧洞穿过黄河，然后利用卫运河、南运河自流到天津。

东线调水工程从长江调水至华北平原，输水主干线全长1 150 km，其中黄河以南660 km，黄河以北490 km。跨越长江、淮河、黄河、海河四大流域，经过江苏、山东、河北等省，线路长，涉及范围广，规模大，具有较大的综合效益，是解决中国北方地区水资源短缺的战略性措施之一。

东线工程主要供水地区为黄淮海平原东部和山东半岛，解决苏北、山东东部和河北东南部农业用水，以及津浦铁路沿线和山东半岛的城市缺水，并可作为天津市的补充水源。

从东平湖建山东西水东调工程，送水到山东半岛的烟台、威海。西水东调工程是解决山东半岛严重缺水的关键工程，其西段（240 km）由东平湖经济南至引黄济青干渠，中段（138 km）利用现有引黄济青工程的干渠，东段（318 km）从引黄济青干渠的家庄建分水闸，需建3~4级泵站扬水至烟台、威海。

东线工程全线最高点东平湖的蓄水位高于长江水位约40 m，黄河以南需建设13个梯级75座泵站，总扬程约65 m。黄河以北可自流到天津。抽水泵站大部分又可结合当地骨干排水河道排涝。东线工程除调水北送任务外，还兼有航运、防洪、除涝等综合效益。

根据华北地区、山东半岛的需水要求和国家的经济承受能力，东线工程计划实行"先通后畅，分期实施"的方案，逐步扩大调水规模。

（1）第一期工程。该期工程也称应急工程，是在江苏省江水北调工程（抽江规模400 m^3/s）的基础上，于江苏段改扩建部分泵站和输水河道，扩挖山东境内河道和兴建四级泵站，年调水入东平湖水量10亿 m^3 左右，再续建一条穿黄隧洞，实现黄河以北利用正在建设的引黄济津线路进行输水。当华北遇连续干旱时，可以利用江苏省泵站的空闲时间，从10月中旬至次年3月，向黄河以北或山东半岛送水，其中年向天津应急供水4亿~5亿 m^3。

（2）第二期工程。在第一期工程的基础上，抽江规模扩大至600~700 m^3/s，多年平均年抽江水量90亿~100亿 m^3；进上级湖的规模达到350 m^3/s，进东平湖达到300m^3/s，可以向山东半岛供水50 m^3/s，年水量10亿~15亿 m^3；过黄河200 m^3/s，年水量30亿~40亿 m^3，可替换山东引黄灌区和河北、天津的部分引黄水量，补充海河东南部平原的供水不足。

（3）第三期工程。在第二期工程的基础上，抽江规模扩大至800~1 000 m^3/s，多年平均年抽江水量130亿~170亿 m^3;向山东半岛供水90 m^3/s,年水量15亿~20亿 m^3;过黄河400 m^3/s,年水量60亿~80亿 m^3,向城市供水20亿 m^3。预计在2030年前后开工建设。

东线工程的整个输水渠道,有90%的可以利用现有的河道和湖泊,这也是东线工程最大的优越条件。但是,东线也存在以下几个难点:沿线水质污染较为严重;难以解决北京的缺水问题;黄河以南需用电力泵站扬水,运行费用较高;由于江苏省江水北调工程与之共用输水河道、泵站和湖泊,遇淮河流域干旱或江苏用水高峰期,向北供水的水量和过程难以保证;工程的运行管理较为复杂。

东线一期主体工程自2002年12月开工建设,2013年11月15日正式通水,目前运行良好。

2. 中线工程

南水北调中线工程是从长江中游引水进行北送的。长江干流水量丰富,但因从长江三峡引水难度较大,规划从长江支流汉江上的丹江口水库引水。

中线工程从丹江口水库陶岔闸引水,经长江流域与淮河流域分水岭方城垭口,沿唐白河流域和黄淮海平原西部边缘开挖渠道,在郑州京广铁路大桥以西孤柏嘴河段通过穿黄工程,沿京广铁路西侧北上,自流到北京、天津。输水总干渠从陶岔闸至北京全长1 246 km,其中黄河以南482 km,黄河以北764 km。天津干渠从河北省保定市徐水区分水,全长144 km。

中线工程主要供水目标,是向唐白河流域、淮河中上游和海河流域西部平原的湖北、河南、河北、北京及天津5省(市)供水,重点解决北京、天津、石家庄等沿线20多座大中城市的缺水,并兼顾沿线生态环境和农业用水。根据汉江流域的社会、经济和环境用水要求,中线工程多年平均年调水量宜为130亿~140亿 m^3,年过黄河水量80亿~90亿 m^3,除补充海河平原城市年供水50亿~60亿 m^3 外,还可补充生态环境和农业用水。干旱年份汉江的年可调水量65亿~70亿 m^3,可保证京津及华北地区城市用水。

结合对经济和产业结构调整的预测,实际需水增长将有一个过程,调水量应与经济社会的发展和经济承受力相适应,因此在丹江口大坝加高的基础上,采用逐步扩大调水规模的方案,对中线工程输水干渠分两期进行建设。第一期陶岔渠首规模为350 m^3/s,多年平均调水80亿~90亿 m^3;过黄河流量250 m^3/s,相应水量40亿~50亿 m^3,向北京、天津供水10亿 m^3。从清泉沟向南引水100 m^3/s,供湖北省11亿 m^3。输水总干渠全线衬砌,与交叉河道全部立交,建一条穿黄工程。第二期工程是在一期总干渠旁再修一条输水工程,仍与交叉河道全部立交,全线衬砌,再建一条穿黄工程。黄河以南的输水工程也可以一次建成,黄河以北的工程需要比较高线输水或高低分流等方案。第二期工程将根据受水区的实际需要,预计在2030年前后开工建设。

中线工程建设项目,主要包括水源工程、输水总干渠、穿黄工程、调蓄工程和汉江中下游补偿工程等。

(1)水源工程。中线工程的水源为丹江口水库,该水库控制汉江流域面积9.5万 km^2,占汉江流域面积的60%,多年平均年径流量为409亿 m^3,占汉江流域年径流量的70%。丹江口水库于1958年开工建设,1973年建成初期规模,拦河大坝为混凝土重力坝,坝顶高程 162 m,水库的主要任务是防洪、供水、发电、航运。在库区河南省淅川县境内建有陶岔引水闸和清泉沟引水隧洞,并开挖了 8 km 长的引水渠,设计年引水量 15 亿 m^3,为湖北、河南两省 210 万亩农田供水。

中线工程的实施,需要对丹江口大坝进行加高。大坝加高的高度为 14.6 m,正常蓄水位由 157 m 上升到 170 m,坝顶高程 176.6 m,增加库容约 116 亿 m^3,总库容达到 290.5 亿 m^3,水库将由年调节变为不完全多年调节。根据 1990 年的调查结果,丹江口大坝加高将涉及淹没区人口 22.4 万人移民,其中农业人口 21.1 万人;将淹没生产用地 23.5 万亩,其中耕地 20.1 万亩。

(2)输水总干渠。总干渠自陶岔渠首引水,沿已有渠道延伸,在南阳过白河后跨越江淮分水岭方城垭口进入淮河流域,途经宝丰、禹州、新郑西,在郑州西北孤柏嘴处穿越黄河,然后沿太行山东麓山前平原、京广铁路西侧北上,至唐县进入低山丘陵地区,经过北拒马河进入北京市境,最后过永定河进入北京市区,终点为玉渊潭。

总干渠渠首水位为 147.2 m,终点水位为 49.2 m。黄河以南渠道纵向坡度为 1/25 000,黄河以北为 1/15 000~1/30 000,全线为自流引水。为了减少总干渠输水损失,沿渠全线根据不同地质情况,分别采用混凝土、水泥土喷浆抹面予以断面衬砌。

总干渠沟通了长江、淮河、黄河、海河四大流域,沿渠工程种类多、数量大。穿越黄河干流及其他集流面积 10 km^2 以上的河流有 219 条,跨越铁路 44 处,需要建设跨越总干渠的公路桥 571 座。总干渠上需要建各类建筑物 936 座,如节制闸、分水闸、退水建筑物、隧洞、暗渠等。此外,天津干渠上的建筑物有 119 座,需穿越大的河流 48 条。

(3)穿黄工程。穿黄工程是南水北调中线总干渠穿越黄河的关键性工程,也是南水北调中线干线工程总工期中的控制性项目。穿黄工程位于河南省郑州市以西约 30 km 处,荥阳市境内,总长 19.30 km。穿黄工程由南北岸渠道、南岸退水建筑物、进口建筑物、穿黄隧洞、出口建筑物、北岸新老蟒河交叉工程,以及孤柏嘴控导工程等组成。

为适应黄河游荡性河流与淤土地基条件的特点,南水北调中线穿黄工程开创性地设计了具有内、外两层衬砌的 2 条长 4 250 m 的隧洞,内径 7 m,外层为厚 0.4 m 的拼装式管片结构衬砌,内层为厚 0.45 m 的钢筋混凝土预应力衬砌,两层衬砌之间采用透水垫层隔开,内、外衬砌分别承受内、外水的压力。这种结构形式在国内外均属先例,也是国内首例用盾构方式穿越黄河的工程。

穿黄隧洞是南水北调工程中规模最大、单项工期最长、技术含量最高、施工难度最复杂的交叉建筑物。穿黄工程于 2005 年 9 月 27 日开工建设,2010 年 9 月 27 日全线贯通,历时 5 年。设计流量 265 m^3/s,加大流量 320 m^3/s。

(4)调蓄工程。除考虑线路以西的现有水库和以东的白洋淀等洼淀进行补偿调节外,可改建河北省保定市徐水区的瀑河水库,扩建河南省的白龟山水库和河北省的东武仕水库等进行水量调蓄。

(5)汉江中下游补偿工程。从丹江口水库年调水 130 亿~140 亿 m^3 北送,将对汉江中下游造成一定的影响。为了保证汉江中下游的社会、经济和环境不受影响,需要采取相应的补偿措施:兴建碾盘山水利枢纽以及引江济汉工程(全长约 82 km,设计引水流量 500 m^3/s)。用碾盘山水利枢纽的发电等效益,可以滚动开发丹江口至武汉间的兴隆等梯级枢纽工程。

中线工程建成后,可缓解京、津及华北地区城市的严重缺水状况,改善生态环境,促进国民经济和社会的持续稳定发展。但是也存在如下一些难点,如丹江口水库水量相对有限,移民数量较大,输水线路上的调蓄库容较小,基建投资较大等。

2014年12月,南水北调中线工程正式通水。

3. 西线工程

南水北调西线工程,通过在长江上游大渡河、雅砻江、通天河上筑坝兴建水库,采用隧洞穿过巴颜喀拉山,实现向黄河上游补水,供宁夏、内蒙古、陕西、山西用水。东线、中线建成后,可调配给山东、河南的部分黄河水量给下游用。巴颜喀拉山南侧长江上游的各引水河段水面低于黄河水位80~450 m,在大渡河、雅砻江、通天河上调水,需修建150~300 m的高坝和开凿30~289 km的超长隧洞,以穿过长江与黄河的分水岭。

随着中国经济建设重心向中西部地区的转移,黄河上中游支流水资源的开发利用、水土保持生态环境建设和集雨工程的发展,势必减少进入黄河干流的水量。西线工程可以补充这部分水量,还可解决干流扬黄、自流引黄、黄河冲沙输沙和生态环境用水。此外,还可结合计划兴建的黄河大柳树水库调节作用,抬高黄河水位,往河西走廊供水。因此,西线工程是补充黄河水资源不足,解决中国西北地区干旱缺水,促进黄河治理开发的重大战略性工程。

西线工程的可调水量,与引水坝址的位置有关,坝址越往下游,海拔越低,水量越大,而离黄河越远,工程规模越大。有关研究表明:大渡河在海拔2 900 m附近,而雅砻江、通天河在海拔3 500~3 600 m附近,三条河的年径流总量约221亿 m^3。初步规划三条河流平均每年可调水量达120亿~170亿 m^3,其中大渡河30亿~50亿 m^3,雅砻江35亿~40亿 m^3,通天河55亿~80亿 m^3。西线第一期工程可先实施在靠近黄河的大渡河支流阿柯河、麻尔河、杜柯河三条支流上年调水30亿~50亿 m^3 的方案。

50多年来,在西线南水北调研究、规划过程中,有关部门和科技工作者提出了多种方案。西线工程的地形、地质条件复杂,工程十分艰巨,高寒地区规划、施工和管理的难度都很大。

三、规划中的调水工程

(一)引松济辽工程

引松济辽工程是为了促进东北地区的经济与社会发展,充分发挥水资源的综合效益,将水量较为丰沛的松花江流域部分水量调往辽河,用于补充辽河中、下游及吉林省和内蒙古自治区沿线地区的用水。

为了向南调水和调蓄径流,计划在松花江上修建哈达山水库,在嫩江上兴建布西水库,下游在辽河上修建石佛寺反调节水库和400 km长的引水渠道,引水渠自哈达山水库和嫩江上的大赉渠首取水,两条输水渠道汇合后,在太平川近郊穿越松辽分水岭,最后注入辽河。本工程最大调水流量拟定为400~500 m^3/s,规划在实现调水后,通过再兴建松辽运河,使黑龙江、松花江、松辽运河和辽河成为南北贯通的内河航线,并且可连通海运。

引松济辽工程一旦实施,每年可以往南调水70亿 m^3,并且通过计划用水和节约用水,可以使辽宁、吉林、内蒙古三省区的工农业和人民生活用水问题基本得以解决。此外,还有利于改善输水沿线地下水高含氟地区的饮水条件。通过兴建布西、哈达山、石佛寺等水库,还可使嫩江、松花江干流和辽河干流的防洪标准,由20年一遇提高到100年一遇,并且沿线的排涝能力也将会得以改善。

(二)北水南调规划

我国在20世纪80年代初已作有松花江、嫩江和辽河的流域综合水利规划,目前,一些关键工程和重点工程已经实施或正在实施。但是,由于水资源有限,对于一些重点城市供水、工业供水和主要农、林、牧开发区用水,水资源还欠短缺,特别是很重要的生态用水及内蒙古东部和辽西的防风治沙用水没有考虑。因此,可以与邻国协商从黑龙江上游调出一部分水量补充嫩江、松花江和辽河水资源的不足。初步设想,调水路线有二:一是从漠河镇自流引水,经部分明渠和隧道入嫩江,上游有石勒喀河和额尔古纳河两河水源补给;二是从黑龙江呼玛筑坝引水,通过提水入嫩江,水资源较有保证。黑龙江水源引入嫩江以后,可以根据需要与松辽平原调配。

(三)西水东调规划

南水北调工程每年从长江流域调水600亿~800亿 m^3,折合引水流量每秒超过2 000 m^3,枯水期将对河口生态环境产生非常不利的影响,必须对长江补水。因此,在南水北调的同时或随即进行西水东调,用隧洞打通雅鲁藏布江、怒江、澜沧江、金沙江间的分水岭——伯舒拉岭、他念他翁山、芒康山,从雅鲁藏布江林芝水库引水入怒江上建的水库,在水库上游经隧洞引水至澜沧江上的调节水库,在水库上游经隧洞引水入金沙江,共从西藏三江向长江流域调水1 000亿 m^3,经调节后一部分沿金沙江南下,另一部分通过隧洞进入川西高原的雅砻江、大渡河流域,实现西水东调,利用藏水补充长江南水北调后的发电损失。余水经大渡河规划中的双江口水库调蓄后,沿川西高原东缘向东北穿过岷山由甘肃省岷县进入洮河,由洮河流入黄河上游,实现南水北调,参与黄河流域的水资源调度,进入金沙江、雅砻江、大渡河的水量,最终进入长江,通过长江中下游的调水工程实现南水北调。

第三节 节水灌溉

中国农业用水量2007年为3 602亿 m^3,占全国用水总量的61.9%,属于最大的用水产业。长期落后的灌溉方式、粗放的管理,使全国灌溉用水的有效利用率只有47%,而发达国家已达70%~80%,可见在农业中实行节水灌溉具有重要的意义。中国节水灌溉技术的推广应用开始于20世纪70年代,从80年代到90年代,节水灌溉逐步引起重视。近年来,由于全国农业干旱缺水和水资源短缺的问题日益严重,引起了党和国家的高度重视,故节水灌溉进入了新的发展阶段。

一、节水灌溉的概念

节水灌溉,是在充分利用降水和土壤水的前提下高效利用灌溉用水,最大限度地满足作物需水,以获取农业生产的最佳经济效益、社会效益、生态效益。不同水资源条件,不同的气候、土壤、地形条件和社会经济条件,其节水的标准和要求也不相同。节水灌溉的根本目的,是提高灌溉水的有效利用率和水分生产率,实现农业节水、高产、优质、高效。

灌溉用水由水源到为作物利用,一般要经历三个过程,即从水源到田间的输水、储存在田间转化为土壤水、经作物根系吸收通过生理活动到形成产量。节水灌溉就是通过采取各种相关技术与方法,将水从水源到被作物吸收利用全过程的损失减少到最低限度。

灌溉措施,是人工补充农田作物生长所需水分的技术,一般要经过输配水、田间灌水和作物消耗水三个过程。

(1)输配水。主要是通过各级渠道来实现,对于土质渠道而言,经过输配水一般从水源到田间进水口,约有50%的水量会渗漏损失掉。

(2)田间灌水。这是指灌溉水进入田间以后,将分配到一定灌溉面积上,以满足作物生长需要。在此过程中,一部分水会形成深层渗漏损失,一部分水会通过土壤蒸发损失,还有一部分水量可能会从地表流失。如果田间灌水方法不当,用水管理粗放,田间水量损失可以占到进入田间水量的30%~40%。

(3)作物消耗水。这是指作物根系从土壤层中吸取水分供其生长并最后形成作物产量的过程。如果灌水过多,则株间蒸发量大;作物腾发量过多,也会造成水量损失。

上述前两个过程中的水量损失,将直接影响灌溉水的有效利用率。最后一个过程的水量损失较小,一般可通过覆盖保墒和其他农业措施予以减少。

通常所讲的节水灌溉,是指通过采用各种工程节水技术措施、农业节水技术措施和行政管理节水措施等,来节约或减少从地表水(河流、水库等)、地下水或其他水源中引取的灌溉水量。从广义的节水概念和水文循环观点出发,节水灌溉还有另外一个含义,即节约水资源量。主要表现在:①减少从某一流域或地区排向大海的地表水;②减少无效流失的地下水;③减少从地表失散的无效蒸发量;④减少过多的作物腾发量。上述4种情况虽都是无法回收的水量,但是通过各种措施可以得到控制,把它减少到最低程度。

二、节水灌溉的重要性

中国是世界上贫水的国家之一,年人均水资源占有量只有2 300 m^3,为世界人均水平的1/4,居世界第109位。近年来,随着人口增加、经济发展和城市化水平的提高,水资源供需矛盾日益突出。农业干旱缺水、水资源短缺和生态环境恶化,已成为中国经济和社会发展的重要制约因素。

现状用水量统计表明,全国中等干旱年缺水358亿 m^3,其中农业灌溉缺水300亿 m^3。20世纪90年代以来,中国农业年均受旱面积达2 000万 hm^2 以上,全国660多个城市中有一半以上出现了水危机,北方河流断流的问题日益突出,缺水已从北方蔓延到南方的许多地区。今后还会继续下降,农业干旱缺水的局面不可逆转。北方地区水资源开发利用程度已经很高,开源的潜力较小。

中国农业灌溉用水量大、灌溉效率低和用水浪费问题突出。目前全国灌溉水利用率约为43%,单方水粮食生产率只有1.0 kg左右,远低于发达国家灌溉水利用率70%~80%、单方水粮食生产率2.0 kg以上的水平。从长远看,随着工业、城市、生活、生态用水的不断增加，由于新增加水资源的开发潜力越来越小，开发代价越来越大，因此可将一部分灌溉用水转为其他行业用水。目前，农业用水占全国总用水量的70%左右，由于受工程配套状况和管理水平所限，灌溉用水效率低下，农业干旱缺水的局面将长期存在。因此，通过节水灌溉技术改造传统灌溉农业，实现适时适量的"精细灌溉"，对促进农业结构调整、农民增收，提升中国农业竞争力以及改善生态环境，具有极为重要的意义。

三、现代节水灌溉技术

推行、应用现代节水灌溉技术，其目的是减少输配水过程中的跑、漏损失和田间灌水过程中的深层渗漏损失，提高灌溉效率。

(1)渠道防渗技术。用于防渗的技术措施，主要有采用混凝土护面、浆砌石衬砌、塑料薄膜覆盖等。渠道防渗可以减少渗漏损失60%~90%，并可加快输水速度。采用管道输水技术，用塑料或混凝土等管道输水，可大大减少输水中的渗漏和蒸发，输配水利用率可达95%。另外，还能提高输水速度，减少渠道占地。

(2)喷灌技术。喷灌是利用专门的机械进行的高效节水灌溉技术，具有节水、省劳、节地、增产、适应性强等特点，被世界各国广泛采用。喷灌几乎适用于除水稻外的所有大田作物，以及蔬菜、果树等，对地形、土壤等条件适应性强。与地面灌溉相比，大田作物喷灌可节水30%~50%，但耗能多、投资大，在风多条件下不宜使用。

(3)微灌技术。微灌包括微喷和滴灌，是一种精细高效的现代化节水灌溉技术，具有省水、节能、适应性强等特点，灌水时可兼施肥，灌溉效率可达90%以上。目前，微灌由果树、蔬菜等少数经济作物向行播大田作物发展，如新疆发展棉花滴灌，取得了良好的节水增产效果。微灌的主要缺点是输水管易于堵塞、投资较高。

(4)改进地面灌溉技术。地面灌溉，是中国主要的灌溉方式。但是，地面灌溉并非"大水漫灌"，只要在土地平整的基础上，采用合理的灌溉技术，其田间水利用率也可达到70%以上。多年来，中国普遍推广的沟、畦灌水技术，在土地平整的基础上，大畦改小畦，长沟改短沟，使沟畦合理化，可减少灌水定额1/5~1/4。

(5)农艺及生物节水技术。这一技术包括耕作保墒、覆盖保墒、优选品种、使用土壤保水剂及作物蒸腾调控技术等。目前，农艺节水技术已基本普及，而生物节水技术有待进一步研究。如喷施黄腐酸(抗旱剂1号)，可以抑制作物叶片气孔的开张度，使作物蒸腾减弱；采用保水剂拌种包衣，能使土壤在降水或灌溉后吸收比自重多数百倍至上千倍的水分，在水分缺乏时将土壤所含的水分慢慢释放，供作物吸收，遇降水或灌水时土壤还可再吸水膨胀，如此重复发挥作用。

(6)节水灌溉管理技术。这一技术包括灌溉用水管理自动信息系统、输配水自动量测及监控技术、土壤墒情自动监测技术、节水灌溉制度等。其中，输配水自动量测及监控技术采用高标准的量测设备，能及时准确地掌握灌区水情，如水库、河流、渠道的水位、流量以及抽水水泵运行情况等技术参数，通过数据采集、传输和计算机处理，实现科学配水，减少弃水。土壤墒情自动监测技术采用张力计、中子仪、TDR等先进的土壤墒情监测仪器监测土壤墒情，以科学制订灌溉计划、实施适时适量的精细灌溉。

四、中国现行的节水灌溉模式

节水灌溉在中国经过多年实践,已形成多种适宜不同类型地区的节水灌溉工程技术模式,取得了显著的节水增产增效的效果。由于不同地区自然、经济、社会条件千差万别,灌溉对象也多种多样,不可能采用一种固定的模式而应根据不同地区、不同作物的要求,遵循因地制宜的原则,建立不同的节水工程技术模式。中国早在20世纪70年代就开始发展节水灌溉,特别是通过300个节水增产重点县建设,形成了适合不同类型区发展节水灌溉的工程技术模式。

(1)新建井灌区节水增效灌溉工程技术。按照“以水定井,统一规划,合理开采,严格管理”的原则,在新建的井灌区发展节水增效灌溉。以开采浅层地下水为主,将井灌与节水灌溉相结合,建设成节水型井灌区,以达到既促进农业的发展,又防止地下水超采、环境恶化的目的。这种模式的特点是合理布井,提高机井质量,配套小型移动式喷灌机等设施。这种模式已在吉林、黑龙江、河南等省的新建井灌区,进行了大面积的推广应用。

吉林省洮南市按照这种模式建成中心灌区1 014.6亩,辐射区4 050亩,灌水定额明显下降,年节水30.67万m^3,实现全生育期灌溉后,地下水超采得到有效控制,灌溉期间地下水位基本保持不变,而非项目区同期地下水位普遍下降2 m,有效地提高了农业抗灾能力。由于项目区取消了田间输水土渠,节省渠道占用耕地149亩。项目区的玉米、绿豆、小麦单产分别比建成前提高41%、38%和36%。

(2)井灌区节水改造。中国井灌区主要分布在华北地区,总面积约2亿亩,占全国灌溉面积的1/4左右。这些缺水地区,由于灌水技术落后,地下水超采严重,生态环境日益恶化,灌溉保证率下降,已危及当地的农业持续发展。因此,对已建成井灌区进行节水改造,采用低压管道输水、田间平地,划小畦块实行小畦灌溉,并与非充分灌溉及覆盖保墒等农艺节水措施相结合,在维持地下水采补平衡的基础上,实行以水定面积发展灌溉。中国河北、山东、河南、山西、北京、天津等省(市)的井灌区大面积推广应用了这种模式。

山东省桓台县通过充分利用降水、开发利用土壤水、合理调控地下水为主的节水改造,采用低压管道输水,田间实行小畦灌溉,并与节水高效的农业增产措施密切结合的工程技术模式,取得了节水29.8%,节能28.8%,省工33.2%,省肥34.6%,增产46.7%,纯收益增加247.3元/亩的效果。年减少地下水开采量30亿m^3,从而有效控制了地下水位的下降,大大缓解了水资源供需矛盾,促进了高产、优质、高效农业的发展。

(3)渠灌区田间工程节水改造。中国北方渠灌区输水渠道防渗衬砌率低,田间工程不配套,灌水方法落后,是发展节水灌溉的重点区域,特别是田间工程部分为节水灌溉较薄弱环节。这类灌区在干、支渠等输水工程进行防渗的同时,要对田间工程进行节水改造,即:对斗、农渠进行防渗衬砌,完善土地平整,重新确定沟渠规格,采用先进的灌水技术,如小畦灌、沟灌、长畦短灌和波涌灌等,并通过推行非充分灌溉、水稻控制灌溉、降低土壤计划湿润层深度和覆盖保墒等综合节水技术,实现渠灌区全方位节水。

甘肃省武威市在节水建设中,新建衬砌斗、农渠道4 859.4 km,配套田间节水灌溉面积64.85万亩,基本实现了耕地面积无土渠;完成土地平整38.64万亩,基本实现了条田化,极大地改善了农业生产条件,使农业生产效益得到了显著提高。根据测定,山水灌区渠系水利用率达59.2%，田间水利用率90%，灌溉水利用率53.3%；井泉灌区渠系水利用率82%，田间水利用率95.1%，灌溉水利用率78%。作物的灌溉净定额由400 m^3/亩降到365 m^3/亩，每亩节水35 m^3。

(4)井渠结合灌区节水灌溉工程技术。中国这类灌区约有2亿亩，其特点是开展地面水与地下水在时空上的联合调度。渠灌部分的渠道通过防渗措施输水，井灌部分采用管道输水，田间采取长畦改短畦，实施小畦灌溉及覆盖、化学节水、节水灌溉制度等措施，实现水资源的优化调度和农业高效用水。该模式在山东、河北、河南、山西等省的井渠结合灌区进行了推广。

河南省清丰县在节水建设中，采取河水引黄河水与地下水联合运用、咸水与淡水联合运用，建成地表水、地下水联合运用的节水工程与节水高效模式化栽培技术相结合的节水灌溉模式，使节水率达30.4%，水分生产率提高63.3%，地下水位有所回升。从而改变了大量开采地下水，干旱缺水制约农业发展的局面。

(5)水利富民集雨节灌。中国适宜这类模式的地区，包括西南、西北、华北的14个省(区)，涉及耕地面积4.1亿亩，人口2.86亿人。这些地区的相当一部分，农业生产主要"靠天吃饭"，生产条件落后，农民收入低，是中国主要的扶贫地区。因此，实行节灌工程与农业节水措施相结合，即建雨水集流工程[包括集流面、水窖(旱井)、输水管]，实行等高耕种、挖鱼鳞坑蓄水、深耕蓄水保墒、覆盖保墒、适水种植、坡地粮草轮作等农业集雨措施，田间采用小畦灌、点灌或滴灌。

甘肃实施了每户建100 m^2 的集流场，打2眼水窖，发展1亩庭院经济的雨水集流节灌工程模式。内蒙古实施了1户建1眼旱井或水窖，采用坐水种和滴灌技术，发展2亩抗旱保收田的集雨节灌模式。陕西的"甘露工程"及山西、河南、河北等省雨水集蓄利用工程，都对解决农民温饱、增收、脱贫致富起到了巨大作用。

(6)小型机电提水灌区节水改造。中国南方小型机电提水灌区，普遍存在泵站布局不合理、泵站老化失修、机泵装置效率低、能耗高、输水损失大、田间工程标准低、灌水方法落后等问题。节水改造中对泵站进行合理布局，实行节能更新改造；将输水土渠改为低压管道或衬砌渠道；田间水稻灌区实现格田化，采用水稻节水灌溉制度，蔬菜灌区采用喷灌或滴灌。这种模式在湖南、湖北、广东、广西、福建等省(区)得到大面积推广和应用。

上海市嘉定区对185座提水泵站重新布局后，又对301台套的水泵机组进行节能改造，使机泵的平均装置效率由38.45%提高到60.8%。铺设混凝土瓦筒管396 km，使渠道水利用率由65%提高到95%，节约渠道占地4 731亩。对水稻实施节水灌溉，每亩年节水300 m^3。

(7)城郊农业节水灌溉工程技术。城郊农业的特点主要是产值高，生产效率高，为城市生活服务。因此，必须发展高效农业，即资源利用率高、生产效率高、经济效益高的农业。这类地区的节水灌溉模式为：大田建设喷灌、管灌工程以发展喷灌、小畦灌，蔬菜、果园及经济作物发展微灌和喷灌，灌溉用水管理实现自动化控制。这种模式推广应用的对象，主要在中国大中型城市郊区。

北京市大兴县庞各庄，建设了6 885亩城郊农业节水灌溉示范区，其中：粮田管灌、喷灌面积5 200亩，中心示范区微灌325亩，节水示范试验基地滴灌110亩，果树滴灌300

亩,菜田保护地滴灌节水950亩。在整个示范区开展大规模整修道路、疏挖排水渠、配套建桥、植树绿化、打井配电等农田水利基本建设的同时,采取喷灌、滴灌、微灌等多种先进节水灌溉技术,取得了年节水150万 m^3、节电17.4万kW、节省投工1.6万个的效果。

山东省威海市环翠区建成的自动化控制喷灌和自动化控制滴灌工程,取得了较好的节水、省工、增产效益。

(8)节水抗旱灌溉工程技术。中国的北方和南方普遍存在季节性缺水地区,主要表现为农作物播种季节或某个生育阶段经常发生干旱,其他生长季节或阶段降雨可满足需水要求,故采取抗旱灌溉极为重要。这类节水灌溉工程技术模式为:选用适宜当地的各种节水灌溉技术,如坐水种、软管灌溉、轻小型移动式喷灌机组等和平整土地、修建梯田、植树种草培肥土壤、覆盖保墒、合理耕作、采取节水灌溉制度相结合。

东北松辽平原和松嫩平原普遍采用坐水种节水抗旱灌溉模式,利用行走式注水点播机,将开沟、注水、点种、施肥、覆土一次作业完成,主要用于玉米、大豆、甜菜的种植。目前,黑龙江西部、吉林西部、辽宁北部和西部、内蒙古东部地区,已把坐水种作为农业生产中最重要的环节。

软管抗旱灌溉和轻小型移动式喷灌机组抗旱喷灌,在豫南、苏北、皖北和南方丘陵地区得到了广泛应用。在山丘区,也可利用水源的自然落差接软管进行浇灌或喷灌、微灌。

以上节水灌溉技术的应用,极大地推动了中国经济和社会的发展。但是,与现代化的发展要求相比,节水灌溉的发展速度、规模和技术水平还处于低水平发展阶段,主要表现在:①采用喷灌、微灌和管道输水等先进节水灌溉技术的比例还很低,其中喷、微灌面积不足全国有效灌溉面积的5%;②节水灌溉设备质量差、配套水平低,技术创新与推广体系不健全;③占全国有效灌溉面积95%以上的地面灌溉,普遍存在着土地平整精度差、田间工程不配套、管理粗放等问题;④灌溉用水管理技术落后,信息技术、计算机、自动控制技术等高新技术,在灌溉用水管理方面的应用还很少。

五、节水灌溉发展的趋势和方向

(一)因地制宜,继续普及与推广先进的喷、微灌技术

我国节水灌溉工程中,喷、微灌技术所占的比重还比较低。国内外喷、微灌技术正朝着低压、节能、多目标利用、产品标准化和系列化及运行管理自动化方向发展。我国农业结构和水土资源分布具有很强的区域性,各地区发展不平衡,应当根据不同地区的自然经济状况、气候条件、农业生产经营方式、作物种类、经济发展水平等,科学确定不同地区、不同阶段的节水灌溉发展模式。

(二)实现灌溉渠系管道化

我国已基本普及了井灌区低压管道输水技术,今后的发展方向是大型渠灌区渠系管道化,并加快相应大口径塑料管材的开发生产。

(三)发展现代精细地面灌溉技术

土地平整是改进地面灌溉的基础和关键,由于我国地面灌溉量大、面广,急需推广应用激光控制平地技术、水平畦田灌溉技术、田间闸管灌溉系统以及土壤墒情自动监测技术等一切改进地面灌溉的措施,逐步实现田间灌溉水的有效控制和适时适量的精细灌溉。

(四)研究和推广非充分灌溉技术

非充分灌溉理论源于传统的充分灌溉理论,但不是简单的延伸,它将生物技术、信息技术等高新节水技术和理论相结合,创建新的灌溉理论及技术体系,将对现有灌溉工程的规划设计及灌溉管理模式等产生巨大的冲击和影响。我国北方一些地区已经实行了减少灌溉次数等非充分灌溉方式,一些科研单位和灌溉试验站也开始了一些非充分灌溉的实验研究。

(五)"3S"技术在农业节水灌溉中的应用

进入21世纪,空间遥感得到了大力发展,更多的卫星被送上太空,从而使"3S"技术在农业节水领域中应用成为可能。如应用"3S"技术建立土壤墒情监测网系统,对全国农田墒情进行监测,为农业灌溉用水和抗旱减灾服务。在监测土壤墒情的同时,与当时当地的作物需水量相结合,可科学确定灌溉用水计划。目前,发达国家的一些先进灌区以土壤墒情监测作为灌溉用水管理的主要依据,根据气象观测资料、土壤墒情资料、作物长势资料等确定作物的灌溉水量及灌溉时间,及时提供用水信息,从而使农业灌溉管理更加科学、精确。

第四节 水土保持

中国是世界上人均水土资源紧缺的国家之一,又是水土流失较严重的国家之一。水土流失已成为中国农业和国民经济发展的主要障碍之一,并危及到农业发展、社会稳定、国家安全和子孙后代的长远利益。

水土保持,就是指采用植物措施、工程措施和保土耕作措施治理水土流失,以保持水土,营造良好的生态环境。水土保持包括预防保护、综合治理、自然修复和监测预报四方面的内容。在尚未造成水土流失的地区或水土流失轻微地区,通过合理利用水土、植物资源以及加强水土保持法制和管理等措施预防水土流失的发生;在水土流失地区,科学地采用植物措施、工程措施和保土耕作措施以及应用新技术等手段来治理水土流失;对已经治理的地区要做好治理成果的管护和巩固。加强水土保持工作,对保障农业和国民经济的持续、稳定、协调发展,对保护人类生存的环境条件,都具有极其深远的历史意义和现实意义。

一、水土流失概况及成因分析

水土流失可以分为水力侵蚀、风力侵蚀、重力侵蚀、融冻侵蚀和泥石流5种类型,其中:水力侵蚀主要发生在山区、丘陵区;风力侵蚀主要发生在长城以北,其次在黄泛平原沙土区与滨海地带;融冻侵蚀主要发生在高寒山区;重力侵蚀主要发生于广大山丘区;泥石流多发生于山区,中国西南地区是泥石流的多发区。

从地类分布来看,产生水土流失的土地主要有三种:一是坡耕地。山区、丘陵区的耕地50%~90%分布在山坡上。二是荒山荒坡。山丘区的荒山荒坡一般坡度较陡,大部分用作放牧,如果滥垦和过度放牧,水土流失将更加严重。三是沟壑。黄河流域黄土高原地区有沟壑14.4万条,这些沟壑都是水力侵蚀和重力侵蚀最严重的地带。

水土流失从成因上分析,主要是自然因素和人为因素两个方面的作用。自然因素主要包括地形、气候、土壤和植被,这些因素经过复杂组合,同时处于不利状态,如陡坡、暴雨、土松、无植被覆盖等,就会产生严重的水土流失。人为因素主要是人类社会不合理的生产活动,破坏了地面植被和地貌所造成的水土流失。如:陡坡开荒、超载放牧、乱砍滥伐,破坏森林和植被;开矿、修路、采石等生产建设,破坏地表后不加以保护,又随意乱倒废土、弃石、废渣等,都会造成水土流失。自然因素所造成的水土流失是一种自然的客观因素,虽然人类目前还难以控制自然,但可以探寻它的规律,通过各种措施来减缓自然的侵蚀作用,最大限度地减小其危害。人类不合理的社会经济活动加剧水土流失本来是可以防治的,但是由于没有认真贯彻执行水土保持法,人为造成的水土流失依然十分严重,目前已经成为防治水土流失的重点。

二、水土流失的危害

(一)破坏土地资源,蚕食农田,威胁人类生存

土壤是人类赖以生存的物质基础,是环境的基本要素,是农业生产的最基本资源。年复一年的水土流失,使有限的土地资源遭受严重的破坏,地形破碎,土层变薄,地表物质"沙化""石化",特别是土石山区,土层流失殆尽、基岩裸露。

(二)削减地力,加剧干旱发展

由于水土流失,使坡耕地成为跑水、跑土、跑肥的"三跑田",致使土地日益瘠薄,土壤理化性状恶化,土壤透水性、持水力下降,加剧了干旱的发展,使农业生产低而不稳。据观测,黄土高原年平均流失的 16 亿 t 泥沙中含氮、磷、钾总量约 4 000 万 t,东北地区因水土流失损失的氮、磷、钾总量约 317 万 t。资料表明:中国多年平均受旱面积约 2 000 万 hm^2,成灾面积约 700 万 hm^2,成灾率达 35%,而且大部分在水土流失严重区,这更加剧了粮食和能源等基本生活资料的紧缺。

(三)泥沙淤积河床,加剧洪涝灾害

水土流失使大量泥沙下泄,淤积下游河道,降低行洪能力,一旦上游来洪量增大,常引起洪涝灾害。随着水土流失的日益加剧,各地大中小河流的河床淤高和洪涝灾害也日益严重。水土流失造成的洪涝灾害,全国各地几乎每年都不同程度地发生。

(四)泥沙淤积水库、湖泊,降低其综合利用功能

水土流失不仅使洪涝灾害频繁,而且产生的泥沙与流失的氮、磷及化学农药等有机污染物,引起水库、湖泊等水体的富营养化,严重威胁到水利设施及其效益的发挥。据初步估计,全国各地由于水土流失而损失的水库、山塘库容累计达 200 亿 m^3 以上,相当于淤废库容为 1 亿 m^3 的大型水库 200 多座,按建设费用每立方米库容 0.5 元计,直接经济损失约 100 亿元,由于水量减少造成的灌溉面积、发电量的损失以及库周生态环境的恶化,损失难以估计。

(五)影响航运,破坏交通安全

由于水土流失造成河道、港口的淤积,致使航运里程和泊船吨位急剧降低,而且每年汛期由于水土流失形成的山体塌方、泥石流等造成的交通中断,在全国各地时有发生。

(六)水土流失与贫困恶性循环,同步发展

中国大部分地区的水土流失是由陡坡开荒、破坏植被造成的,且逐渐形成了"越垦越穷,越穷越垦"的恶性循环,这种情况是历史遗留下来的。1949年以后,人口增加更快,水土流失与贫困同步发展。如不及时扭转,水土流失面积日益扩大、自然资源日益枯竭、人口日益增多、群众贫困将日益加深。

三、水土保持在国民经济建设中的重要地位

搞好水土保持,保护和合理利用水土资源,是改变山区、丘陵区、风沙区面貌,治理江河,减少水旱、风沙灾害,建立良好的生态环境,发展农林牧业生产的一项根本措施,是国土整治的一项重要内容。因此,水土保持在社会主义现代化建设中具有十分重要的地位,它不仅是当前国民经济建设之所需,而且是关系国家民族命运、造福子孙后代的一项基本国策。

(一)水土保持对发展山丘区和风沙区生产具有重要意义

全国有70%以上的土地分布在山区、丘陵区和风沙区,这些地区居住着全国1/4的人口、50多个民族,这里的耕地面积占全国总耕地面积的1/2以上,是主要土、杂、药、果、林、牧产品的集中产区。

山区水力资源和矿产资源丰富,为发展工业和电力等建设事业开辟了广阔的前景。但是,水土流失严重地影响山区生产的发展,风力侵蚀使得发展风沙区的生产更为困难。水土流失的后果,使山区、丘陵区和风沙区的农、林、牧业生产很难按照扩大再生产规律发展下去。因此,水土保持的确是山区发展生产的生命线。

(二)保护国土资源

自然资源和生态环境是人类赖以生存的基础,随着社会的发展,人们索取自然资源的数量与日俱增,许多国家都十分重视对自然资源的保护。中国一些自然资源按人口平均的占有量明显地低于世界平均水平,耕地为世界人均数的1/3,草原为1/2,水资源为1/4,森林资源仅为1/8。中国人口众多,耕地尤为宝贵,特别是土地后备资源少,因此保护土地免受侵蚀,就是保护人类赖以生存的条件,就是保护人类自己。

(三)水土保持是治理江河的一项根本措施

凡是水土流失严重的地区,大量泥沙随水带入河道、水库和湖泊,使河床抬高,过洪量减少,水库、湖泊的调蓄能力降低,影响防洪。如黄河,由于中上游地区每年有大量泥沙倾泻而下,使下游河床每年淤高10 cm,给防洪带来极为复杂的问题。但是经过多年的治理,黄河下游河床淤积速度明显减缓,充分说明水土保持是治理江河之本。只要真正搞好水土保持,就可以减轻水土流失和入河泥沙。同时,由于节节拦蓄,延长了暴雨径流的汇集时间,有利于削洪缓洪,从而减轻了洪涝灾害。

(四)搞好水土保持可保护下游安全

水土保持不仅对山区有利,而且对下游平原地区也是十分有利的。山区不发生水土流失或者减少水土流失到最低限度,下游平原地区的农田、村镇和交通、工矿就不易遭到水冲沙压,其危害就大为减少。可见,水土保持不仅是山丘区生产发展的生命线,而且是河流下游平原地区的安全线。

(五)水土保持是城市防洪安全的保障

城市大多濒临江河而建,我国有400多个城市存在着洪水威胁。城市周边地区的水土保持工作不搞好,极易发生洪水灾害。水土保持是城市防洪安全的保障,城市水土保持已成为整个水土保持工作的重要组成部分。

(六)搞好水土保持可减轻水质污染

随着化肥和农药的大量施用,土壤里残存的有毒化学元素也随之增多,水土流失带走了大量的可溶性的化学成分,使得水质遭到污染。这种污染是属于难以控制的非点源污染,水中有危害的化学元素难以查明来处,它不像一个化工厂那样的点源污染,人们对这种非点源的污染尚未引起应有的重视。搞好水土保持,可减少污染源,有利于保护水质。

四、中国水土保持成就

中国是一个农业历史悠久的国家,由于历史上长期的封建统治,掠夺式的经营土地,造成严重的水土流失,而且水土流失分布很广。据中华人民共和国成立初期统计,中国有水土流失面积153万 km^2。但是,中国的劳动人民很早就同水土流失作斗争,积累了许多宝贵的经验。远在西周初期就有"平治水土"之说,以后随着人类活动的发展,保持水土的方法和内容也逐渐丰富与提高,特别是梯田的进化和发展,是中国山丘区耕地能保持长期耕种且有稳定生产力的宝贵经验。

中华人民共和国成立以来,在各级政府的领导下,中国的水土保持工作,经过试点示范,逐步推广,在全国范围内由点到面地开展起来。特别是改革开放以来,中国水保工作得到突飞猛进的发展。1991年6月29日,第七届全国人大常委会第二十次会议,通过了《中华人民共和国水土保持法》,中国水土保持工作进入法治化的轨道。

从1983年开始,国务院先后批准将水土流失严重,对国民经济有很大影响的黄河中游、长江上游、永定河等区域中的部分地区,列为国家水土保持重点防治区。此外,中国还先后治理了以分水岭为界、面积在100 km^2 以下的相对集水区的小流域上万条。从1993年开始,每年治理面积达2.7万 km^2 以上。1999年《全国生态环境建设规划》颁布后,每年治理面积达5.0万 km^2。

中华人民共和国成立以来,党和政府领导人民群众开展了大规模的水土流失综合防治,取得了举世瞩目的成就。

(一)水土流失面积减少,土壤侵蚀强度降低

通过多年长期不懈的努力,我国水土保持步入国家重点治理与全社会广泛参与相结合的规模治理轨道,水土流失防治取得了显著成效。截至2013年,累计综合治理小流域7万多条,实施封育80多万 km^2。全国水土流失面积由2000年的356万 km^2 下降到2011年的294.91万 km^2,减少了17%;中度及以上水土流失面积由194万 km^2 下降到157万 km^2,降低了19%。

(二)治理区生产生活条件改善,农民收入大幅增长

通过综合治理,大量坡耕地改造为梯田,并配套农田道路和水利设施,有效提高了土地生产力;荒山荒坡变为林地草地,农村生产生活基本条件得以改善;同时水土保持与特色产业发展紧密结合,促进了农村产业结构调整,农业综合生产能力明显提高,增加了农

民收入。截至2013年,全国共修筑梯田1 800余万 hm^2,累计增产粮食3000多亿kg;据测算,水土保持措施累计实现林产品及饲草等效益约5 600亿元。

(三)林草植被覆盖逐步增加,生态环境明显趋好

坚持山水田林路统一规划,多部门协调合作,通过大面积封育保护、造林种草、退耕还林还草、退化草场治理等植被建设与恢复措施,林草植被面积大幅增加,森林覆盖率达到21.63%,林草覆盖率达到45%,生态环境明显趋好。

(四)蓄水保土能力不断提高,减沙拦沙效果日趋明显

通过合理配置水土保持措施,蓄水保土能力不断提高,土壤流失量明显减少,有效拦截了进入江河湖库的泥沙,延长了水库等水利基础设施的使用寿命。据统计与测算,全国现有水土保持措施每年可减少土壤流失量15亿t。黄河上中游地区采取淤地坝、坡改梯等综合治理措施,年均减少入黄泥沙约4亿t;长江中上游地区水土保持重点防治工程已治理水土流失面积约8万 km^2,土壤蓄水能力增加20多亿 m^3。丹江口库区及上游地区水土保持一期工程累计治理水土流失面积1.45万 km^2,项目区年均保土能力达到近5 000万t,蓄水能力达到4.3亿 m^3,年均减少进入丹江口水库泥沙达2 000万t以上。

(五)水源涵养能力日益增强,水源地保护初显成效

近年来,通过在江河源头区采取预防保护、草场建设与管理措施,在水源涵养功能区实施天然林保护、退耕还林还草、营造水源涵养林,同时在重要水源地开展清洁小流域建设,水源地保护初显成效,水源涵养与水质维护能力日益增强。据测算,全国梯田、坝滩地、乔木林、灌木林、经济林、人工种草等水土保持措施累计保水量6 604亿 m^3,年均120亿 m^3。截至2013年,全国累计建成清洁小流域1 000多条,有效维护了水源地水质。丹江口库区及上游地区水土保持一期工程完成后,水源涵养能力进一步增强,进入水库的面源污染物明显减少,据陕西省水文局7个水质监测断面分析,汉、丹江年度水质基本稳定在Ⅱ类或优于Ⅱ类。

水土保持工作实行小流域的综合治理、综合开发,将宏观的生态效益与微观的经济活动相结合,治理水土流失与治穷致富相结合,并初步建立了水保监督执法体系,使长期以来水土流失面积一直呈扩大趋势的局面得到一定程度的遏制,人为造成新的水土流失状况得到基本控制。随着《中华人民共和国水土保持法》的进一步深入人心,全国人民的水保意识在不断增强,中国水土保持工作正以日新月异的面貌呈现于全世界。

五、当前我国水土保持存在的问题

随着我国水土保持工作的不断深入,水土流失综合防治逐步纳入法治化轨道,重点地区水土流失治理成效显著,植被保护和修复初见成效,退耕还林还草面积不断扩大和巩固,水土流失面积和强度逐年下降。但一些地区水土流失依然严重,江河源头区、重要水源地水土流失防治要求不断提高,城镇化建设、生产建设项目产生的水土流失问题日益凸显。

(1)水土流失综合防治任务依然艰巨。全国水土流失依然严重,东北黑土区、西南石漠化地区土地资源保护抢救的任务十分迫切。

(2)人为水土流失问题仍较突出。人为水土流失虽然得到了初步遏制,但重建设、轻生态、轻保护问题依然存在,仍需进一步加强人为水土流失防治和监督管理。

(3)水土保持综合监管有待加强。水土保持政府目标责任制等尚未有效建立,水土保持工程建设管理等制度有待完善,科技支撑体系尚不健全,信息化水平急需提高,监管能力亟待增强。

(4)社会公众水土保持意识尚需提高。水土保持宣教和科普工作虽然取得了很大成绩,但生产、建设过程中急功近利、破坏生态的情况仍有发生,社会公众水土保持意识尚需提高。

(5)水土流失防治投入尚不能满足生态建设需要。近年来国家水土保持投入明显增长,但水土流失防治任务仍然十分艰巨,且治理难度逐步增大,水土流失防治投入仍不能满足生态建设需要。

纵观经济社会与生态保护建设的发展历程,今后一段时期既是我国经济社会发展的重要战略机遇期,也是资源环境约束加剧的矛盾凸显期。因此,必须紧紧抓住历史机遇,深化改革,依法防治,大力推进水土保持工作,促进经济社会的可持续发展。

六、水土保持的措施

水土保持措施是在水土流失区,为防治水土流失,保护、改良和合理利用水土资源而采用的农业技术措施、林草措施、工程措施的总称。其作用主要有:①蓄水保土,保护水资源和土地资源不受破坏。②对已遭到破坏的土地进行整治和改良,提高其利用率和生产率。③使水土资源得到充分、合理的开发和利用,为发展农村生产、提高群众生活水平服务。

水土保持措施主要分为以下三类:

(1)农业技术措施。主要用于尚未修成水平梯田的坡耕地上,一般结合每年的农业耕作进行。有的可改变坡面的小地形,如沟垄种植、区田、圳田等;有的可增加地面植被或改良土壤,如草田轮作、间作、套种等。这些耕作措施都有一定的蓄水保土、提高农业产量的作用。

(2)林草措施。在荒山、荒坡、荒沟、沙荒地、荒滩和退耕的陡坡农地上,采取造林、种草或封山育林、育草的办法,增加地面植被,保护土壤不受暴雨冲刷。在水土流失严重地区,"三料"(燃料、饲料、肥料)俱缺,人民生活十分贫困。林草措施又是解决"三料",促进林牧副业与商品经济发展的重要物质基础。

(3)工程措施。在坡地上主要有水平梯田、山坡截留沟、蓄水池;在沟中有沟头防护工程、谷坊、淤地坝、拦沙坝、小水库和治沟骨干工程;在村旁、路旁有水窖、涝池;在沟岸与河岸有岸坡防护和各类引洪漫地。其主要作用是改变小地形,蓄水保土,建设旱涝保收、稳产高产的基本农田,或起滞洪拦沙作用,保护其下游的农田和水库等。

20世纪80年代以来,各地在防治水土流失方面积累了丰富的经验,走出了一条具有中国特色的以小流域综合治理为主的路子,取得了显著的成效。今后的发展趋势体现在以下几个方面:

(1)由分散零星治理转入以小流域为单元综合治理。1980年水利部颁布了《水土保持小流域治理办法(草案)》,从此以小流域为单元进行综合治理的工作在全国开展起来。

从连续治理的老典型和近几年开展综合治理的新典型来看,凡是以小流域为单元进行连续、综合治理的,三五年初见成效,六七年有改观,十多年大改观;在气候条件好的地方,若措施得当,则四五年成效明显。

(2)由集体统一治理和经营管理转向以户、联户或联合体、专业队、开发商等各种形式承包治理和经营管理。1984年中共中央1号文件肯定了户包治理的经验,使水土保持工作多年没有解决的责权利分离、治管用脱节的问题得到了解决,从而大大地调动了广大群众承包治理的积极性,加快了治理速度。

(3)由单纯防护性治理转向开发性治理。过去只强调防护性治理,没有正确处理好当前利益与长远利益的关系,群众内在的积极性不高,主要靠行政手段,由集体统一治理与管理,与群众切身利益未密切结合,因而治理质量较差,群众感到水土保持是远水不解近渴。推行户包治理以来,群众重视经济效益,即在治理的同时,考虑开发利用。如植物措施方面,草、灌、乔结合,树木方面又有水土保持林和经济林之别,经济林中还有"桃三杏四梨五年,枣子当年就卖钱"的长短之别,在树木行间种矮生的农作物当年得利等。这样就把生态效益和经济效益紧密结合起来,把治理水土流失与发展生产、治穷致富结合起来了。

(4)由陡坡开荒转向退耕陡坡地造林栽果种草。为进一步搞好农村经济,引导群众进行产业结构调整,有计划、有步骤地退耕还林、还果、还草,减少人为因素对自然生态系统的干扰,已在禁垦坡度上顺坡种植农作物的,强制进行退耕造林种草或种植经济林木。推行以电代柴、以煤代柴,发展沼气,逐步改变燃料结构,发挥林草植被的生态功能。

(5)在资金使用管理上进行改革,引入竞争机制,提高经济效益。近年来,各地在水土保持资金的使用管理上引入竞争机制、激励机制,实行以物代补、以奖代补、以息代补的原则,不搞平均分配。尤其是改无偿扶持为部分有偿扶持,建立水土保持基金,滚动使用,激发了地方和群众进行水土治理的积极性。

第七章　水利法治

第一节　水利工程治理概述

一、现代水利治理

兴水利、除水害历来是治国安邦的大事。中华民族有着善治水的优良传统,在几千年的治水实践中积累沉淀了丰富的经验和智慧,对当代治国理政和治水兴水有重要借鉴意义。所谓治水,就是对水的管理、开发和利用,就是用人为的措施对自然界的水(河流、湖泊、海洋及地下水等)进行控制、调节、治理、开发利用和保护,以减轻和免除水旱灾害,并供给各类物质生产和人类生活必需的水。治水的主要内容包括防洪、排水、灌溉、供水、水力发电、航运、水土保持、水产、旅游、水源保护等。

中华人民共和国成立以来,水利事业取得了伟大的成绩,对促进工农业生产和改善人民生活发挥了巨大作用。但由于水利事业是一个庞大而复杂的事业,它的纵向是从水文资料的记录整理、勘测、规划、设计、施工到工程管理许多部门协作进行,它的横向联系则是包括工业、农业、航运、渔业、地质等许多部门,要把这些纵横交错的关系网络恰当处理,没有系统、完整的法律制度是很难办到的。健全法律制度,可以用法律协调各部门之间的关系,进一步发挥水利事业在国民经济中的作用,充分发挥其社会效益。健全法律制度,可以保障水利工程建设安全、长期运行,防止和杜绝对水利工程的破坏现象,教育人民爱护水利工程,运用水利工程发挥最大的经济效益。健全法律制度,根据客观规律制定法律,使水利事业走向现代化、科学化,用尽可能少的投入,发挥尽可能大的效益。没有规矩,不能成方圆;没有法律制度,就没有准绳。有了法律,不管什么人都要依法办事,大大减少了人为因素而产生的种种矛盾,避免工作上的随意性、多变性,堵塞官僚主义及主观主义者轻率决定问题的弊端。

为实现对水的综合治理,我国共颁布了《中华人民共和国防洪法》、《中华人民共和国水法》(简称《水法》)、《中华人民共和国河道管理条例》(简称《河道管理条例》)、《中华人民共和国防汛条例》(简称《防汛条例》)、《防洪标准》、《混凝土坝安全监测技术规范》、《土石坝安全监测技术规范》、《水库大坝安全鉴定办法》、《水闸安全鉴定规定》、《水库大坝注册登记办法》及《水利建设项目经济评价规范》等法律法规和技术标准,依法治水的法律体系初步完善。这些法律法规和技术标准的相继出台,也对现代水利工程治理技术提出了更高的要求。

(一)以现代化理念为引领

加快水利管理现代化步伐是适应由传统型水利向现代化水利及可持续发展水利转变的重要环节。在现代化理念的引领下,水利工程管理技术不断创新发展。工程管理技术的应用将会加强水利工程管理信息化建设工作,工程的监测手段会更加完善和先进,工程管理技术将基本实现自动化、信息化、高效化,水利工程管理将逐步走上规范化、科学化及现代化的轨道。

(二)以现代知识为支撑

现代水利工程管理的技术手段必须以现代知识为支撑。随着科学技术的发展,现代水利工程管理的技术手段得到长足发展。其主要表现在工程安全监测、评估与维护技术手段得到加强和完善;建立、开发相应的工程安全监测、评估软件系统,并对各监测资料建立统计模型和灰色系统预测模型,对工程安全状态进行实时的监测和预警;实现工程维修养护的智能化处理,为工程维护决策提供信息支持,提高工程维护决策水平,实现资源的最优化配置。水利工程维修养护实用技术被进一步广泛应用,如工程隐患探测技术、维修养护机械设备的引进开发和除险加固新材料与新技术的运用,将使工程管理的科技含量逐步增加。

(三)以经验提升为依托

我国有着几千年的水利工程管理历史,我们应该充分借鉴古人的智慧和经验,对传统水利工程管理技术进行继承和发扬。中华人民共和国成立后,在相当长的一段时间内,我国的水利工程管理主要通过人工观测和操作进行调度运用。近年来,随着科技的飞跃式发展,水利工程管理逐步实现现代化。为符合水利工程管理现代化的需求,我们要对传统工程管理工作中所积累的经验进行提炼,并结合现代先进科学技术,形成一个技术先进和性能稳定、实用的现代化管理平台,这将成为现代水利工程管理的基本发展方向。水利工程的养护与修理出现问题,往往会造成水利工程不能发挥出功效,无法保障人民群众安居乐业,更会威胁下游地区的安全。水利工程主体单位应制订科学有效的工作计划,积极应对水利工程使用中的养护与修理问题,将工作真正落到实处,从根本上保障水利工程的安全运行。

二、水资源管理的目标与原则

基于水资源的特点和可持续发展的需要,对水资源进行管理应确定以下目标。

(一)确保水资源的可持续利用

水资源管理的首要目标是保证水资源的可持续利用,即在满足当前需求的同时,不损害未来世代的用水需求。通过合理的规划和管理,确保水资源的供应稳定、用水效率的提高,减少水资源的浪费和污染,进而实现水资源的可持续利用。

(二)保障水安全和人民福祉

水资源管理的目标之一是保障水安全,确保人民饮用水的安全、农业灌溉水的质量和工业用水的可靠供应。与此同时,水资源管理还应追求人民福祉的最大化,满足人民的基本生活需求,通过改善水质、水环境来提高人们的生活质量,进而促进经济的繁荣和社会的可持续发展。

(三)维护生态平衡和可持续性

水资源管理要注重生态保护,维护生态平衡和水生态系统的健康。通过保护湿地、河流及其他水生态系统,减少水体污染和生态破坏,维持生物多样性并提供生态服务,实现人与自然的和谐共生,保护生态环境的可持续性。

不仅如此,在确定水资源的管理目标后,制定的法律法规及采取的管理措施应遵循以下原则:

(1)综合管理原则。水资源管理应采取综合管理的原则,即将水资源管理纳入整体规划和协调,统筹考虑不同领域、不同利益主体之间的关系。综合管理要跨部门、跨行业进行,促进合作和协调,解决水资源管理中的矛盾和冲突,实现全面、协调和可持续的水资源管理。

(2)水循环原则。水资源管理要基于水循环的原则,即充分利用水的循环过程,最大限度地回收和再利用水资源。水循环原则强调水资源的有效利用,包括雨水的收集、污水的处理和再利用,以减少对自然水资源的依赖和消耗。

(3)公平公正原则。水资源管理应遵循公平公正的原则,确保水资源的合理分配和利用。公平公正原则要求平衡不同领域、不同地区、不同利益主体之间的利益,解决水资源利用中的公平性和公正性问题,确保每个人都能享有平等的用水权利。

(4)可持续发展原则。水资源管理要以可持续发展的原则为指导,即在满足当前需求的基础上,不损害未来世代的用水需求和生态环境。可持续发展原则强调平衡经济、社会和环境的发展,追求长期利益最大化,推动水资源的可持续利用和保护。

(5)参与与透明原则。水资源管理要注重社会参与和信息透明,促进公众、利益相关方和民间组织的参与和监督。参与与透明原则可以增强水资源管理的合法性和可信度,促进决策的科学性和公众的接受度,实现水资源管理的公众参与和民主决策。

“三分建,七分管”。随着工业化、现代化进程的不断推进,水资源管理的重要性体现在保障人类生存和发展、维护生态平衡、解决水资源矛盾、预防水旱灾害及应对气候变化等方面。通过科学合理的水资源管理、建立健全的水资源管理体系,加强水资源的法治化建设,是保障水资源可持续利用和推动社会发展的重要举措。

第二节　中国水利法治的发展历程

人类的发展史是一部利用水、管理水、改造水环境的历史,人类社会的发展变革、生活方式的变迁、技术的进步、众多历史事件的发生都与水有关联。在漫长的历史中,塑造人类行为最为基本和强大的推动力是人们对食物和水的需求。随着社会生产力的不断发展,人们治理水、管理水的经验也越来越丰富,水也能更好地为人所用。与此同时,人们也逐渐学会了规范和约束自身行为,依法治水的萌芽也逐步形成,并伴随着人类的发展不断成长完善,直至上升到制度和法规的层面。

一、古代水利法治的辉煌成果

我国是人类水利事业最早的发祥地之一,早在春秋时代管子已经提出,善为国者必先除水旱之害。尽管我国在古代拥有过辉煌的水利发展史,但是当西方工业革命兴起以来,特别是19世纪西方列强相继进入大规模发展近代水利的时期,我国水利却随着当时我国经济的衰落而逐渐落伍。直到1930年前后,我国才建成第一批近代水利工程。但在国民党统治期间,我国取得的水利发展成就极为有限。直到1949年以后,伴随着中国工业化和现代化进程的全面启动,中国水利才进入真正的大发展时期。

纵观我国几千年的水利发展史不难发现,水利的盛衰往往同社会制度、生产关系的变革有着直接的联系。一方面水利作为社会生产力的一部分直接作用于社会,引起社会的变革;另一方面社会的变革又反过来影响水利事业的发展。我国的水利发展战略随着国情和水情条件的变化不断调整,以适应经济飞速发展和社会快速变革的需求。伴随着水利事业的不断发展,水利法治的发展也可分为早期阶段、形成阶段以及发展阶段。

(一)水利法治的早期阶段(先秦时期)

先秦时期,出现了我国历史上最早的治水组织,人们在治水方面已经积累了不少经验,形成了很多相对原始却行之有效的治水制度。

1.治水组织的设立

历史上最早的治水组织是从设立水官开始的,相传在尧舜禹时代,舜即位后,命大禹为司空负责治水,一般认为这是我国水官设立之始。同时,我国历史上最早的治水组织也由此开始。

到了夏商及春秋时期,开始有了专门职责的官吏,分为冬官和水官,冬官负责管水,水官负责治水。春秋战国时,各诸侯政务由司空、司徒和司马担任,其中水利工程兴建及管理属司空的职权。司空之下具体的水官有川师、川衡、水虞、泽虞等,都是掌管水资源和水产的官吏。

2.治水重点

先秦时期的治水重点主要是防洪。由于生产力水平低下,利用自然的能力不足,对于水资源利用的认识还处于萌芽阶段,对水的敬畏主要还是害怕洪水泛滥殃及生命。水患治理能力与部落首领之间往往具有密切联系。为了防止水患的水利施工是大规模的群众性共同劳动,只有具有带领部落大众治理水患能力的人,才有可能成为部落首领的候选人。

3.治水管理

先秦时期,防洪管理和农田水利管理开始萌芽。

1)防洪管理

先秦时期,人们抵御洪水的方法是原始的,往往依据习惯办事,一般是把高处的泥土、石块搬下来,在离河有一定距离的低处,修一些简单的土石堤来抵挡洪水的侵犯。据史料记载,西周时,黄河堤防工程已经达到一定规模。《国语·周语》上中"防民之口,甚于防川,川壅而溃,伤人必多"的记载从一个侧面反映了当时修堤防洪的事实。

春秋时期,堤防工程大量增加,各诸侯国经常私设关卡,堵塞河流,尤其在黄河流域及淮河流域,水患的频繁发生导致水利纠纷的矛盾逐渐加剧,严重阻碍了当时社会生产力的发展。为了遏制这种现象,各诸侯国之间开始制定盟约。其中,齐桓公称霸时期,就假借周天子的名义,提出"四禁""五禁""七禁"等多项禁令。禁令之中的水利盟约为其重要内容。例如,公元前656年的"召陵之盟",管仲就向楚国提出"毋曲堤",要求楚国拆除淹没宋国的阻水堤坝。公元前651年,齐桓公在葵丘之会上订立盟约,盟约中有"毋曲防"(又称毋壅泉)等五项禁令,要求禁止修建危害他国的水利工程。这些盟约被认为是我国防洪法的雏形,是解决水利纠纷的历史性尝试。

反映秦汉以来社会礼仪制度的典籍《礼记 · 月令第六》中也有提及相似内容。其中,"修利堤防,道达沟渎,开通道路,毋有障塞"的记载,说明春秋末期在国家大法中已有约束水利活动的条款。

战国时期防洪工程已相当普遍,已经有了较为细致的管水制度,对于修堤时机、施工队伍的组成、施工物料准备、水利工作的奖惩制度和水利工程的维护都有较为详尽的记载。《管子 · 度地》中记载:要委派学习过水利技术的人主持施工;水官冬天巡视各处工程,发现需要修理和新建的,要向上级书面报告,待批准后实施;水利施工规定在春天进行。

2)农田水利管理

有明确记载的农田水利的律文开始于秦国。云梦秦简中有《秦律十八种》(见图 7-1),其中的《田律》就是关于农田水利的条文,主要内容包括:在春季二月,不准进山砍伐木材,不准壅堤堵水。在播种后,下来及时雨应及时报告雨量和受益农田数量。发生旱灾、暴风雨、涝灾、蝗灾等灾害,也要及时报告受灾情况。这些规定是我国农田水利法规的雏形,也是我国涉水法规条文最早的记载。

图 7-1　湖北云梦秦简《秦律十八种》

(二)水利法治的形成阶段(秦汉至明代时期)

秦汉至明代,是我国水利法治形成的重要阶段。在这一时期,水利法治的组织形式不断健全,历朝历代在官职设置、机构设置、职能分工等方面与过去相比日益丰富和细化;管理制度日益完善,防洪管理及农田水利管理方面法律性规定日益增多。同时在此阶段,惩罚责任更加明确,对不按照制度履行治水职责的人,根据行为的差异,规定了具体的惩罚措施,有力保证了治水制度的贯彻落实。

1. 治水组织的形式不断健全

1)秦汉至魏晋时期

秦设都水长、丞,掌管国家水政。汉承秦制,中央治水官员仍设都水长、丞,并在太长、少府、司农、水衡都尉等官职部门下设都水官。地方郡县长官同时具有治水和兴修水利工程的职责。魏晋以后,治河机构仍承汉制,除设都水使者、河堤使者、河堤谒者、水衡都尉外,水部下又设有都水郎、都水从事等。重要水利灌溉工程设专门机构管理,如都江堰在东汉时设有都水掾、都水长。

2)隋唐五代时期

隋代结束了我国长期分裂的局面,重新建立了统一的中央政权,整个中央吏治也进入了一个新阶段。隋初建有水部,属工部,下设都水台,后改台为监,又改监为令,统管舟楫、河渠两署令。唐代比较重视治河和水利工程,除在工部之下设水部郎中、员外郎外,另设都水监,同时地方官员皆兼领河事。至此,中央水官(隶属工部)和地方水官(隶属地方政府)条块清晰的水利管理体系形成。此外,通过御史台的外派,形成了跨行政区划的专业系统及水利的稽查系统。五代时期,黄河决堤频繁,治河机构略有加强。后唐时,除河堤使者外,又设水部、河堤牙官、堤长、主簿等。后周显德时期,又设水部员外郎等官。

3)宋、金、元时期

宋代水患加剧,治河机构更加完善,水部下设6分案4司,有官员30多人。水部下设都水监,职能是防洪、防汛管理,以及对重要水利工程的督导等。宋代水部及下属都水监的权限较历代为重。金代水官仿宋制,工部下设都水监,并在工部设侍郎1员、郎中1员。元代工部设侍郎、员外郎,都水监掌管治理河渠和堤防、水利、桥梁、闸堰等事务。

宋代在著名水利工程郑白渠设有专门管理机构,这一机构一直延续到金代和元代。元代在宁夏设立专门灌溉机构——宁夏河渠提举,此机构设置一直延续至清初。

宋代开始出现漕运专业管理机构,北宋在开封设排岸司和纲运司,将漕运分为两个系统:排岸司负责运河工程管理及漕粮验收、入仓;纲运司负责随船押运。

4)明代

明代工部仍下设水部,由郎中员外主管河渠水利,并逐渐形成了派朝官担任治河专任官吏的做法。1471年,明代在黄河设立总理河道这一官职,标志着隋唐以来的重要事务部门都水监逐渐被总督领导下的分司和道所取代。明代地方官员一般都具有治河防汛的职责,还在镇守宁夏总兵署下设屯田司,负责浚渠、均徭等屯田事务,具有水利管理职能。

明代对运河的管理体系化特征更为明显,按职能将运河管理分为河道管理和漕粮运输管理两大体系。在河道管理方面,中央派出机构:总河(或总漕)-都水司-分司;地方管理机构:省-州-县,或卫-所-千户,两套管理系统并存。漕运管理中地方、河道、漕司构成漕运中征收、运输互相制约而又相互独立的三个管理体系。

2. 管理制度日益完善

1)防洪管理制度

秦统一六国后,制定过一系列律法,在《秦律·田律》中有明确的记载,如"决通川防,夷去险阻",就是规定要拆除春秋战国以来阻碍泄洪的工事和关卡,使河流防洪工作能够顺利开展。西汉对防洪特别是黄河防洪非常重视,在河官设置、河堤巡防队伍组织及经费保障方面都有很多详细规定。三国时期,诸葛亮曾颁布护堤令:按九里堤捍护都城,用防水患,今修筑竣,告尔居民,勿许侵占损坏,有犯,治以严法,令即遵行。这是目前所能见到的最早的防洪令原件。从秦汉开始,对防洪工程、灌溉工程逐渐形成了每年进行维修养护的制度,施工组织的法规也开始日益完善起来。

隋唐是我国封建社会的鼎盛时期,与此同时,黄河水患也越发频繁。因此,这一时期,对黄河治理的律法比以往有了明显细化。例如，在《营善令》中规定，在工程兴建时，对于需要修筑的堤防及需要的人工，应列出计划报上级部门，待批准后才能动工；对水利工程进行维护时，每年秋天之前，各地方官员要统计需要除险加固的工程量，雨季到来前需要修缮完毕，对于在河道内修建建筑的，一律拆除，同时还要求在堤坝上种植护堤树木。

北宋明确规定了治河防洪的责任制度，除在《宋刑统》中保留唐代有关护堤条例外，还编制过系统的河防法规《宣和编类河防书》，并在其中增加了一些新的规定。对黄河堤防的岁修也做出了具体规定，把当年春季作为集中修堤的时间。对堤上种植植被的种类及责任有了更明确的规定，黄河两岸除了孤寡体弱者，每人都有种植指标，且不准随便砍伐。

金代为加强黄河流域和海河流域的防洪工作，专门制定颁发了《河防令》，这是我国目前所知最早的防洪法令，在中国水利史上占据着相当重要的地位。法令的原文共11条，主要内容有：每年要选派一名政府官员沿河视察，督促地方政府和主管水利机关落实防洪措施；水利部门可以使用最快的交通工具传递汛情；州县主管防洪的官员每年六月初到八月底上堤防汛，平时，分管官员要轮流上堤检查；沿河州县官吏防汛的功过都要上报；河防军夫有规定的假期，医疗也有保障，遇有河防急务时则停止给假；堤防险工情况要每月向中央政府上报，河防汛情紧急时可随时征调夫役及物资上堤等。

明代制定了“四防二守”的防洪制度。“四防”，即昼防、夜防、风防、雨防；“二守”，即官守和民守。另外，为了保证河工质量，在堤防位置选择、修堤取土地点、工料准备和人力征调方面也做了详尽的规定。明代在城市防洪方面还制定了《水规》，对城市的供水及防洪一并考虑，设有专门机构、专门人员，责任明确，制度规范，是古代重视水利、重视管理的典范。

2）农田水利管理制度

西汉出现了我国历史上最早的有记载的专门性灌溉法规，即倪宽的“定水令，以广溉田”，后人称为《水令》，内容是在郑国渠旁边开凿新的水渠，用来灌溉郑国渠旁边地势较高的农田。由于有了合理的用水制度，西汉时期的灌溉面积增加了很多。同时，为了减少水事纠纷，合理分配用水，西汉很多地方还将用水制度刻在石碑上，以示大众。西汉末年，九江人召信臣任南阳太守，组织当地百姓大兴水利，建成了六门堰、钳卢陂、召渠等著名引水蓄水灌溉工程。这些工程建成后，召信臣又“为民作均水约束，刻石立于田畔，以防纷争”。“均水约束”就是按需要均匀分配用水的规章制度，对什么时候用哪条渠道的水、用多少水量以及工程设施的维修都做了严格规定，对违反者按规定处罚。另据史料记载，在汉代已有了堤防岁修制度。

现存最早的、专门的、具体的灌溉管理制度见于唐代甘肃敦煌的甘泉水灌区，制定有《沙州敦煌县用水细则》，内容包括渠道之间的轮灌顺序、轮灌次数和各次灌水的时间等。唐代的农田灌溉法规集中体现在综合性水利大法《水部式》中。《水部式》是现存最早的全国性综合性水利法规，共29条2 600余字，其内容主要包括农田水利管理、水碾的设置及其用水管理、航运船闸和桥梁的管理维修、渔业及城市水道管理等，是一部系统而完整的国家层面上的水利法规，其中的一些条款已经反映了现代水法有关水权和用水优先次序的概念。

宋代对农田水利建设和管理也很重视。宋仁宗曾颁布过《疏决利害八事》,对水利工程的修缮做出了详细的规定。王安石在变法前期,曾颁行《农田水利约束》,该法令是关于全国性的农田水利政策的法令,全文共8条1 200余字,是我国第一部比较完整的农田水利法。该法令的主要内容包括农田水利的情况普查、治理规划的编修、经费的筹集及奖励惩罚等方面的规定。这部法规的颁布实施,在当时形成了一次全国范围的水利建设高潮。

另外,宋代地方性灌溉工程的管理规则也得到了发展,很多地方都制定了灌区管理规范,例如孟州、怀州的《千仓渠水利奏立科条碑记》等。

元世祖忽必烈对农田水利建设采取了积极的措施,使黄河流域大型灌溉工程的建设有所发展。元代《通制条格·田令》,对农田水利做了细致的规定。此外,元代在著名的灌渠——丰利渠建成后,制定了《洪堰制度》和《用水则例》,成为了后世工程维修和灌溉用水的典范。

明代地方性灌溉工程日益增多,水事纠纷不断,出现了《广济渠申详条款》等一批地方性法规。这些地方性法规,对于促进当时农业的生产、平息纠纷起到了重要作用。

3. 惩罚责任更加明确

汉代以前,在防洪法规中,都对官员责任做了明确规定。例如,地方官员每年都需要拨款修堤,谁要违反或者虚报,都要受到严厉的惩罚。

《唐律疏议》中,对违反防洪法行为的处罚做出了明确的规定。例如,诸不修堤防及修而失时者,主司仗七十;毁害人家漂失财物者坐赃沦,减五等处罚。唐律的以上规定对后世有重要影响,《宋刑统》和《明会典》中有关不修堤防和盗决堤防的量刑都和唐律基本相同。

宋代对不修堤防和盗决堤防的量刑虽然沿袭唐律,但规定更为具体。规定盗决堤防,致使漂溺杀人,害及十家以上,首犯处死刑,从犯减罪一等;害及百家以上,主谋及同案犯皆处死刑。

明代在破坏河防工程犯罪方面,把唐代规定的“盗决、故决堤防”罪,改为“盗决、故决河防”罪,保留了“失时不修堤防”罪;在水事犯罪方面,明代规定有“盗决圩岸陂塘”罪、“不修圩岸及修而失时”罪等条文。

(三)水利法治的发展阶段(清代)

清代是我国水利法治进程中的重要时期,水利法治更加成熟和完善。本小节从水利官职的设置、责任追究制度、河道堤防依法管理、防洪依法管理和农田水利依法管理五个方面进行阐述。

1. 清代水利官职的设置

清承明制,设工部,掌管天下百工政令,水利管理的职能也属于工部。但河道总督直接受命于朝廷,和工部几乎分庭抗礼,官品可达一品,曾由大学士充任。另外,单独设立漕运总督管理漕运,下游若干巡漕御史,行使督察及催运漕船的职能。河道总督和漕运总督的责任严格分开,漕运总督只管漕粮运输,河道总督管河道和运河工程。另外,清代在流域各省份设有水利佥事、水利道或水利副使等官职;各府、州分别设有水利通判、同知、州同、县丞、主簿等职;江防、海塘还设有守备、千总、把总、外委等武职。

2. 责任追究制度

清代对防洪工程的修筑质量和防守责任要求更为严格,形成了制度化的修防责任追究制。尽管在执行过程中存在免予追究的特殊情况,但这种责任追究制基本上得到了认真执行,而且形成了相关的实施细则,在我国水利法制史上具有重要的地位。清代防洪工程的修防责任追究制主要集中在《大清会典》、顺治初年工部制定的《河工考成保固条例》《钦定工部则例》,以及后世以上谕、朱批奏折等形式出现的针对具体案例而做出的司法解释之中。清代治水体系如图7-2所示。

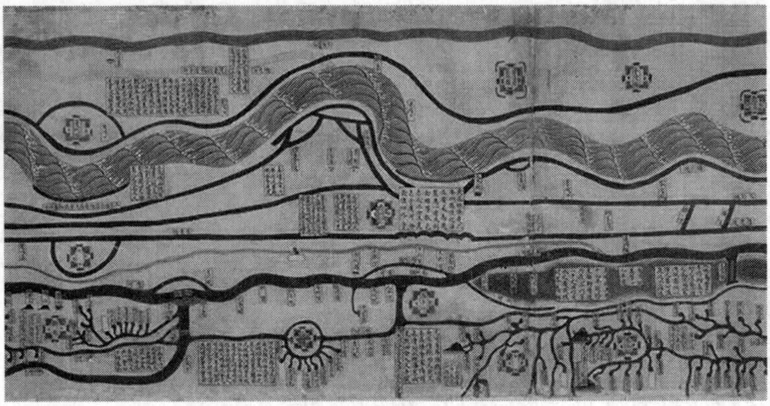

图7-2　清代治水体系

清代在防洪法方面的经济追赔制度,在防洪法治史上是第一次,该制度具有极其重要的历史地位。例如,在康熙时期曾发布议准:"知府有地方之责,嗣后如遇冲决等事,照道员处分。承修两河堤岸一应工程均限半年完工,半年不完,承修官罚俸一年,督修道府罚俸半年,再展三月完工,如仍不完,承修官降一级调用,督修道府罚俸一年。"

清代在河工质量事故责任追究方面也很有特色。清代防洪工程质量责任追究是终身的,不因官员的调离而免于追究。一旦出现了河堤冲毁、漫滩等事故,负责防守的官员必须立即组织抢修。如果该官员应该承担赔偿责任,即便日后调离本岗位,也必须完成赔偿任务。如果该官员在未出事故之前调离本岗位,事故发生以后照样要按照规定追究他的相关责任。即使事故发生时该官员已经致仕在家休养,或者已经死亡,责任也不能免除。如果负有赔偿责任的官员在未交清赔款之前死亡,其赔偿责任由其子女或近亲承担。

3. 河道堤防依法管理

清代在兵夫日常养护责任、栽树种草、防汛抢险、河堤禁止建房、河滩淤地管理等方面,形成了一系列管理制度。例如,清代规定,河堤日常养护,有兵有夫。河兵以抢险为主,兼作养护,堡夫以养护为主,兼作抢险。清代还规定,兵夫与官员必须在河堤上栽树,达不到规定数量要受处罚,超过一定数量可以获得俸禄嘉奖或者官职晋升。另外,清代还专设"盗决河防"罪,对偷挖防洪工程的行为进行严厉惩罚。在《大清律例》中规定,凡盗决河堤防者,杖一百,盗决(民间之)圩岸陂塘者,杖八十。

4. 防洪依法管理

清代防洪法治和水政管理进入了一个新阶段,具有鲜明的特点。

1) 立法内容丰富,规定详细

清代虽然没有形成一部成文的综合性的防洪法规,但有关内容在《大清会典事例》《工部则例》《户部则例》等文献中有较为集中的反映,此外加上大量的圣谕等法令和各种地方性法规,内容相当丰富,规定也很详细,涉及防洪工作的方方面面,如河堤日常养护制度、河堤冲毁后的修复制度、防洪物料保障制度、施工组织制度、工程经费制度、责任方追究制度等多项制度。涉及面之广、规定之具体、要求之严格超过了历史上任何朝代。

2) 重赏重罚,执法较严

清代前期和中期,大力兴修水利,重视法治建设,奖惩分明。如果治河有功,两年安澜,各级官员都会得到提升,甚至破格提升;但如果出现了质量事故或防守事故,不论工程承修官员,还是防守官员,他们的责任都是终身的。

3) 互相监督,责任连带

清代规定,直接负责修筑防洪工程的承修官及防守官如经管河道同知、通判为直接责任人,河道总督、分司道员及地方督抚等承修官和防守官的上级为主管责任人或间接责任人。对于直接责任人和主管责任人,他们承担的责任既有联系又有区别。从联系来看,双方都有责任,出了责任事故,都有受行政处罚或连带赔付的责任;从区别来看,他们承担责任的大小及方式是有区别的。

5. 农田水利依法管理

清代农田水利管理,主要体现为地方性法规得到了充分发展,以灌区的乡规民约和具体渠册、渠例、碑刻为表现形式的水行政管理制度,作为地方性规章或乡里制度的主要内容日益细致化和理性化,并由原来的民间性转而逐渐官方化和制度化,成为农田水利法的主体。

二、我国水利法治的蓬勃发展

(一) 中华民国水利法

民国时期,珠江、长江、黄河均发生过大水灾,唤起了人民对水利法治的重视,同时西方先进国家纷纷制定了国家水利法规以及与之配套的水利管理各项专业规章制度,在这种背景下,《中华民国水利法》应运而生。

1942 年公布的《中华民国水利法》是我国历史上第一部以近代法学及水利科学理念为基础制定的水利综合性法律,具有重要的历史意义,开启了我国水利法治现代化的进程,在客观上也起到了保护水资源、促进水利建设、减缓社会各方面用水矛盾的作用。然而由于历史的局限性,这部法律在备受争议中并未真正实施。

(二) 中华人民共和国水利法治的发展

中华人民共和国成立以来,特别是改革开放以来,在建设中国特色社会主义伟大实践中,我国的法治建设取得了巨大成就,书写了人类法治史的辉煌篇章。作为国家法治建设的重要组成部分,水利法治建设历经不懈探索和努力,凝聚了几代人的心血和奉献,水利实现了从无法可依到依法治水的历史性飞跃,为依法治国基本方略的实施做出了应有贡献,为水利健康、持续、快速发展提供了坚强有力的法治保障。

中华人民共和国成立后的前 30 年间,水利法治建设在社会主义法律思想和原则指导下顺利起步,为建立中华人民共和国的法律体系、促进水利事业的发展做出了重要贡献。这一时期水利法治建设与中华人民共和国法治事业一样,艰辛探索,曲折发展。1954 年,我国第一部社会主义宪法正式颁布,开创了中国法治建设的新纪元。此后,国家陆续制定颁布了近千件法律、法令和法规。伴随着中国特色社会主义法律体系框架的基本建立,以及党和政府对水利建设的高度重视,水利法治建设也取得了开创性的成就,一批水法规颁布实施,丰富了中国特色社会主义法律体系,顺应了中华人民共和国消除水旱灾害、加快水利建设、强化水利管理的要求。1955 年,第一届全国人民代表大会第二次会议通过了《关于根治黄河水害和开发黄河水利的综合规划的决议》;水利部在水文测站管理、灌区管理、江河堤坝分工负责等方面发布了规章制度;省级及省级以下地方人民政府也在水利组织建设、水利工程管理等方面发布了规范性文件。

1. 1978~1987 年,水利法治建设重新起步

为尽快奠定依法治水、依法管水的制度基础,按照党中央确定的"有法可依,有法必依,执法必严,违法必究"的社会主义法治建设十六字方针,水利部门高度重视水利立法工作。1978 年 4 月,水利部开始组织起草水法,并启动了水土保持、水源保护等方面的立法工作,到 20 世纪 80 年代中期,取得了一批重要成果。1984 年,全国人民代表大会通过了《中华人民共和国水污染防治法》(简称《水污染防治法》);1982 年、1985 年国务院分别发布了《水土保持工作条例》和《水利工程水费核订、计收和管理办法》;水利部出台了《河道堤防工程管理通则》《水闸工程管理通则》《水库工程管理通则》《灌区管理暂行办法》《水利水电工程管理条例》等一批规章和规范性文件;地方立法也取得重要成果,出台的地方性水法规、政府规章近 50 件,内容涉及水资源管理和保护、水利工程管理和保护、河道管理、水费计收管理、农田水利基本建设、小水电发展、农村饮水、水利工程建设征地和移民安置补偿等方面,水管理的部分领域初步实现了有法可依。这一时期,水利立法主要在一些单行立法上,尚无总体规划,水行政执法也尚未纳入议事日程。

2. 1988~2001 年,水利法治建设快速发展

1988 年 1 月 28 日,中华人民共和国第一部规范水事活动的基本法——《中华人民共和国水法》颁布施行,标志着水利工作步入了依法治水的新时期。各级水行政主管部门坚持以水法宣传教育为先导,以建立水法规、水管理和水行政执法三大体系为中心,大力加强水利法治建设。水利法治建设从此进入了全面、快速发展的新阶段。

1)成立水政工作机构

水利部将水政机构建设作为转变职能、推动水利法治建设的重要举措。1988 年 5 月,国务院批准的水利部"三定"方案,首次明确水利部为国务院水行政主管部门,并赋予了相应职责。同时,水利部设立水政司,承担水利法治工作的具体职责。在水利部的推动下,地方各级水利部门也相继明确为同级政府的水行政主管部门,并于 1991 年基本完成了水政机构建设。该举措结束了水利管理工作中没有法治工作机构的历史,为贯彻实施《水法》、推进水利法治建设提供了组织保障。

2)加快水法规体系建设

1988 年 6 月,《河道管理条例》颁布施行。1989 年,水利部制定了第一部《水法规体系总体规划》,并采取多项措施加以落实,立法进程大大加快。1991 年 6 月,《中华人民共

和国水土保持法》(简称《水土保持法》)颁布施行,1997年8月,《中华人民共和国防洪法》颁布。与此同时,《取水许可制度实施办法》《河道管理范围内建设项目管理的有关规定》等一批行政法规与规章也颁布和施行。1997年2月,国务院印发了《水利建设基金筹集和使用管理暂行办法》。同年10月,国务院印发了《水利产业政策》,这是我国在基础设施领域颁布的第一项产业政策。地方水法规建设也取得全面进展,颁布的地方性水法规、政府规章和省级规范性文件达700件,水法规趋于完备。这些水法规和法规性文件的颁布施行,对水利事业的发展产生了重大而深远的影响。

3)建立水利执法体系

为改变有法不依、执法不严、违法不究的状况,《水法》颁布后,水利部对水利执法体系建设进行了部署。1989年6月,水利部下发了《关于建立水利执法体系的通知》,决定从执法队伍建设入手,开展水行政执法工作。通过试点、扩大试点、全面铺开三个阶段分步推进水利执法体系建设。到1992年,全国水利执法体系基本建成,形成了省、地、县、乡四级执法网络。1995年,为加强队伍建设,强化执法,水利部组织开展了水政监察规范化建设,提出了执法队伍专职化、执法管理细化等"八化"建设目标。2000年又组织开展了以加大执法力度为中心、以加强执法能力建设和执法保障为重点的水行政执法能力建设。各级水行政主管部门和流域管理机构执法能力和水平全面提高,大量水事违法案件得到查处。

4)依法调处水事纠纷

我国水旱灾害频繁,水资源问题十分复杂,因开发利用水资源和防治水害引发的地区间、群体间矛盾和纠纷时有发生,严重影响社会稳定。针对这一情况,各级水行政主管部门和流域管理机构坚持把依法妥善处理水事纠纷、维护水事秩序和社会稳定作为一项严肃的政治任务。认真落实法定职责,建立健全工作机制,加大协调力度,年均调处水事纠纷近万起。到1998年,持续半个世纪的冀豫漳河上游水事纠纷得到妥善解决。水事纠纷的妥善处理有力地维护了社会的稳定。

5)开展水法治宣传教育

1988年《水法》颁布后,水利部随即开展了大规模的学习宣传活动,并将每年的7月1~7日设定为全国水法宣传周(1994年起,结合"世界水日"与"中国水周")。各地在水法治宣传中,探索出了许多好的形式和方法。从"二五"普法开始,国家将水法规列入了法治宣传教育内容。水法治宣传工作的深入开展,增强了全社会的水法治观念和水忧患意识,为依法治水营造了良好的社会氛围。

3. 2002~2012年,水利法治建设逐步完善

2002年颁布实施的新《水法》,将新时期党和国家治水方针政策法律化、制度化,坚持可持续发展的治水思想,确定了人与自然和谐相处的治水理念,强化了水资源统一管理,突出了水资源的配置、节约、管理和保护。新《水法》的颁布施行,是我国水利法治建设史上又一个里程碑,标志着水利法治建设进入到一个全新的发展阶段,为各级水行政主管部门依法履行职责,推进可持续发展水利的各项工作奠定了基础。

1)持续完善水法规体系

2002年8月29日,新《水法》经第九届全国人大常委会第二十九次会议修订通过,自

2002年10月1日起施行。为落实新《水法》,水利部确定了新《水法》配套法规建设重点,修订了《水法规体系总体规划》,突出了水资源配置、节约、管理和保护的制度建设。不仅如此,国家先后颁布了《防汛条例》(修订)、《取水许可和水资源费征收管理条例》、《大中型水利水电工程建设征地补偿和移民安置条例》(修订)、《黄河水量调度条例》、《水文条例》、《抗旱条例》等行政法规,水利部出台规章20余部,各地也制定或修订了一批特色鲜明的地方性法规和政府规章,水法规体系趋于完善。

2)推进国家水权制度建设

全面开启了水权制度建设,完善水资源管理制度。水利部制定了《水权制度建设框架》,出台了规范水权转让的政策,开展了初始水权分配的法律制度建设。2006年国务院颁布了《取水许可和水资源费征收管理条例》,2007年水利部制定了《水量分配暂行办法》,标志着我国初始水权分配制度基本建立。

3)加强和改善水行政执法

适应依法行政的要求,水行政执法理念实现了从主要用法去管理相对人到依法管理与依法规范、约束自身执法行为并重的重大转变。水利部组织开展了水利综合执法工作,执法体制机制进一步完善,执法责任制等执法制度逐步落实,执法队伍呈现出新的面貌,执法效能显著提高,年均查处水事违法案件近5万起,有效促进了法律制度的实施。

4. 2013~2022年,水利法治建设取得新成效

1)节水制度政策不断健全

党的十八大以来,水利部门坚持和落实节水优先方针,强化水资源刚性约束,推动用水方式由粗放低效向集约节约转变。精打细算用好水资源,全面深入实施国家节水行动,推进用水总量和强度双控,打好黄河流域深度节水控水攻坚战,深入推进县域节水型社会达标建设,大力推进农业节水增效、工业节水减排、城镇节水降损,我国用水效率和效益显著提高,全社会节水意识明显增强。从严从细管好水资源,全方位贯彻“以水定城、以水定地、以水定人、以水定产”原则,全面实行最严格水资源管理制度,健全初始水权分配制度,推进跨省江河水量分配,加快地下水管控指标确定,严格水资源论证和取水许可管理,开展取用水管理专项整治行动,促进经济社会发展和水资源承载力相适应。通过采取综合措施,全国用水总量控制在6 100亿m^3以内,2021年我国万元GDP用水量、万元工业增加值用水量较2012年分别下降45%和55%,农田灌溉水有效利用系数从2012年的0.516提高到2022年的0.572。近十年我国用水总量基本保持稳定,以占全球6%的淡水资源养育了世界近20%的人口,创造了世界18%以上的经济总量。

2)河湖治理管理不断加强

2012以来,水利部门坚持“绿水青山就是金山银山”理念,以更大力度、更快速度推进江河湖泊生态保护治理(见图7-3)。加强河湖治理保护,全面建立河长制湖长制体系,省市县乡村五级120万名河湖长上岗履职,重拳治理河湖乱象,依法管控河湖空间,严格保护水资源,加快修复水生态,大力治理水污染,解决了一大批长期积累的河湖突出问题。改善河湖生态环境,基本建立全国重点河湖生态流量管理工作体系,黄河实现连续23年不断流,黑河东居延海连续18年不干涸。强化地下水超采治理,采取“节、控、换、补、管”等措施抓好华北地区地下水超采综合治理,华北地区地下水位总体回升,2021年治理区

浅层地下水、深层承压水较2018年平均回升1.89 m、4.65 m。推进水土流失综合防治，坚持预防保护控“增量”、综合治理减“存量”，十年来共治理水土流失面积58万km^2，全国水土流失面积和强度“双下降”。

图7-3 内蒙古阿拉善左旗沙漠锁边治理

3）体制机制法治不断强化

水利部门强化体制机制法治管理，加快推进水治理体系和治理能力现代化。农业水价、用水权分配及交易、水资源税等重点领域改革深入推进。夯实体制机制法治基础，《中华人民共和国长江保护法》（简称《长江保护法》）、《中华人民共和国黄河保护法》（简称《黄河保护法》）、《地下水管理条例》、《农田水利条例》、《南水北调工程供用水管理条例》等颁布实施，《节约用水条例》等立法加快推进，水行政执法与刑事司法衔接、水行政执法与检察公益诉讼协作等机制不断健全。坚持系统观念，强化流域统一规划、统一治理、统一调度、统一管理，更好地发挥流域管理机构在流域治理管理中的主力军作用。

第三节 水利法治体系与水利法规

一、水利法治体系

以《中华人民共和国水法》的颁布实施为标志，我国进入了依法治水的新阶段，先后出台了《中华人民共和国防洪法》《中华人民共和国水污染防治法》《中华人民共和国水土保持法》等一批水法规，建立了各级水政水资源机构，组建了水利执法队伍，开展了取水许可管理，并查处水事违法案件，调处水事纠纷，使水事秩序明显好转。同时，为进一步加强水资源的统一管理，实现传统水利向资源水利的转变，实现水的可持续利用，更多地运用法律手段来管理水事活动和规范水利经济活动，以期引导和推进水利改革与发展。因此，完善水利法治体系的任务愈加重要和迫切。

(一)水法规体系

法规体系在法理学上也称为立法体系,是指国家制定并以国家强制力保障实施的规范性文件系统,是法的外在表现形式所构成的整体。所谓水法规体系(也称水立法体系),就是由调整水事活动中社会经济关系的各项法律、法规和规章构成的有机整体。它既是水利法治体系建设的主要内容之一,也是国家整个法律体系的一个重要组成部分。

我国水法规体系可分为全国人大或全国人大常委会制定的水法律、国务院制定的水行政法规、水利部制定的规章及省(区、市)制定的地方性水法规和规章四个等级。

(二)水行政执法

水行政执法是指各级水行政机关按照国家的法律、法规及规章的规定,在水事管理领域里,依法对水行政管理的相对人采取的直接影响其权利义务,或者对相对人的权利义务的行使和履行情况直接进行监督检查的具体行政行为。

水行政执法是水利法治建设的主要内容之一,其目的是贯彻执行国家法律和有关水法规,调整在开发利用、保护管理水资源和防治水害过程中所发生的各种社会经济关系,维护正常的水事秩序,保护水、水域和水工程,更好地为水的可持续利用和社会可持续发展服务。

水行政执法的特征是:

(1)水行政执法的主体是县级以上地方人民政府水行政机关。

(2)水行政执法是围绕调整社会水事关系而实施的水行政管理方面的行政执法。

(3)水行政执法是贯彻执行国家法律和有关水法规、水政策的具体行政行为,是水行政机关依法在其职权范围内,针对特定的人或事采取的某种行政措施。

(4)水行政执法只是在水行政管理范围内,在水事关系调整方面对相对人的权利义务发生影响。

水行政执法的依据主要是国家的法律和有关的水法规、水政策等。水行政执法的实施形式包括水行政检查、监督,水行政许可与水行政审批,水行政处罚和水行政强制执行。

(三)水行政司法

水行政司法是指水行政主管部门依照规定的程序,进行水行政调解、水行政裁决和水行政复议,以解决水事纠纷和水行政争议的活动。其中,水行政调解是指由水行政机关依照有关水法规、水政策,通过说服教育的方法,促使双方当事人友好协商、互让互谅解决水事纠纷的活动;水行政裁决是指水行政机关依照有关水法规规定,对水事纠纷中的民事纠纷进行裁决处理的活动;水行政复议是指在相对人不服水行政机关所做出的具体行政行为时,依法向该机关的上一级水行政机关申请复查并做出新的行政决定的制度。

水行政司法的作用主要有:

(1)保护国家和社会组织、个人的合法权益不受非法侵犯。

(2)促进水管理相对人和水行政机关依法办事。

(3)减轻人民法院负担。

(4)减轻当事人负担。

(5)强化水行政主管部门的执法地位,维护正常水利秩序,适时解决错综复杂的水事矛盾。

(四)水行政保障

水行政保障,就是为了确保水行政行为,特别是保证水行政执法行为的合法性、合理性、有效性而采取的措施或创造的条件。这些措施和条件既包括物质、思想方面,也包括制度和组织方面,由此构成有机的水行政保障体系。

水行政保障的主要形式有以下三种:

(1)水行政法治监督。

(2)水行政法律意识培养。

(3)水行政法治监督的特殊形式:水行政诉讼。

水行政法治监督,是以国家机关、社会组织和公民为主体,对水行政机关及其工作人员是否依法行政的监督。水行政法治监督的种类主要有党的监督、国家权力机关的监督、司法监督、人民群众及社会组织的监督、舆论工具的监督、上级水行政机关对下级水行政机关的监督、有关机构的专门监督等。

法律意识是人们对法和法律现象的思想认识观点和心理的通称,也就是人们对法律的态度和看法,以及知法、守法、执法的自觉程度。具体包括三个方面:法律知识、法治观念和法律观点。水的法律意识培养,主要包括向全社会宣传普及水法规、加强对水行政机关工作人员及各级水行政执法人员的教育和训练、开展水行政法制方面的理论研究等。

水行政诉讼,是指当事人对行政机关做出的具体行政行为不服起诉到人民法院,在人民法院主持下进行的诉讼活动。水行政诉讼是司法机关依法行政的有效监督形式。水行政诉讼的作用主要表现在:保护公民、法人和其他组织的合法权益,保障水行政机关依法行使职权,监督水行政机关正确行使职权。水行政机关在水行政诉讼中处于被告地位,但既有法律规定的诉讼权利,又有相应的诉讼义务。水行政机关在水行政诉讼中的主要工作是应诉和答辩、出庭、上诉、执行。

二、《水法》概述

《水法》是我国第一部关于水的根本大法。该法是 1988 年 1 月 21 日经第六届全国人大常委会第 24 次会议通过,并于同年 7 月 1 日起施行的。这部法律的制定实施,对规范水资源的开发利用、保护水资源、防治水害、促进水利事业的发展,发挥了重要作用。

随着社会经济的发展,以及在水事活动中一些新情况和新问题的出现,无论从哪个方面本身看,我国水资源管理工作都面临着深刻变化,1988 年制定的《水法》中的一些规定已不能适应实际需要。因此,国家在 2002 年对原《水法》进行了修订,在 2009 年、2016 年进行了修改。

修改后的《水法》包括总则,水资源规划,水资源开发利用,水资源、水域和水工程的保护,水资源配置和节约使用,水事纠纷处理与执法监督检查,法律责任,附则等共 8 章 82 条。

(一)《水法》的基本特点

1. 立法宗旨

《水法》的立法宗旨是:合理开发、利用、节约和保护水资源,防治水害,实现水资源的可持续利用,适应国民经济和社会发展的需要。

中国水资源贫乏、时空分布不平衡,所处的独特的地理位置和气候条件,使我国面临水资源短缺、洪涝灾害频繁、水环境恶化(通俗说是“水少”“水多”“水脏”)三大水问题,对国民经济和社会发展具有全局性影响。

2. 明确了水权

《水法》规定:水资源属于国家所有。水资源的所有权由国务院代表国家行使。农村集体经济组织的水塘和由农村集体经济组织修建管理的水库中的水,归该农村集体经济组织使用。

3. 明确了开发、利用、节约、保护水资源和防治水害的基本原则

(1)水是人类赖以生存与经济社会发展不可替代的基础性资源,也是生态环境的基本要素。

(2)水资源的供求关系与国家的政治、经济、社会发展密切相关,对开发、利用、节约、保护水资源和防治水害的认识是随着经济社会的发展而不断深化的。

(3)水资源的流动性、可再生性、可重复利用性、多功能性、不可替代性,决定了开发、利用、节约、保护水资源和防治水害是相互联系的整体。

4. 明确了水资源的管理体制

按照《水法》的有关规定,从总体上说,流域管理机构在依法管理水资源的工作中,应当突出宏观综合性和民主协调性,着重于一些地方行政区域的水行政主管部门难以单独处理的问题,而一个行政区域内的经常性的水资源监督管理工作主要应由有关地方人民政府的水行政主管部门具体负责实施。地方在维护全国水资源统一管理、水法基本制度统一的前提下,也可以结合本地实际制定地方性水法规和有关政府规章,制定有利于本地水资源可持续利用的政策和有关规划、计划,依法加强对本行政区域内水资源的统一管理。

(二)《水法》基本内容

1. 有关水资源规划的内容

《水法》中专门设立了“水资源规划”一章,明确要求开发、利用、节约、保护水资源和防治水害要按照流域、区域统一制定规划,国家制定全国水资源战略规划,并就规划的种类、制定权限与程序、规划的效力与实施等问题及水文、水资源信息系统建设,水资源调查评价等水资源管理的基础性工作做了具体规定。

1)对水资源规划体系进行了明确规定

(1)我国新时期水利改革与发展的战略目标是以水资源的可持续利用支持经济社会的可持续发展,为全面建成小康社会提供有力支撑和保障。

通过规划的制定和执行,为经济社会发展提供五个方面的基本保障:一是饮水保障,要满足城乡居民生活用水的要求,为城乡居民提供安全清洁的饮用水,改善公共设施和生态环境,逐步提高生活质量;二是经济社会对防洪保安的要求,保障人民生命财产的防洪安全;三是水对粮食安全的保障,基本满足粮食生产对水的需求,改善农业生产条件,为我国粮食安全提供水利保障;四是基本满足国民经济建设的用水需求,保障经济持续、快速、健康发展;五是努力满足改善生态环境用水需求,逐步增加生态环境用水,不断改善自然生态和美化生活环境,努力实现人与自然的和谐与协调。

(2)国家制定全国水资源战略规划。

全国的水资源战略规划是宏观规划,主要是在查清我国水资源及其开发利用现状、分析评价水资源承载能力的基础上,根据水资源的分布和经济社会发展整体布局,计划水资源的配置和综合治理问题。2010年,由国家发展和改革委员会与水利部牵头,有关部委和各省参加,批复的全国水资源综合规划实质上就是全国水资源战略规划。许多水利工程的建设,如南水北调工程,均是在该规划的基础上进行的。

(3)对流域规划和区域规划的法律地位和作用进行了规定。

开发、利用、节约、保护管理水资源和防治水害应当按流域、区域统一制定规划,从事上述水事活动必须服从流域、区域规划。流域、区域规划均包括综合规划和专业规划两大类。

2)规定了综合规划与专业规划的内涵

综合规划是指根据经济社会发展需要和水资源开发利用现状编制的兴水利、除水害的总体部署;专业规划包括防洪、治涝、灌溉、航运、供水、水力发电、竹木流放、渔业、水资源保护、水土保持、防沙治沙、节约用水等规划,是上述水事活动的具体依据。

3)阐述了水资源规划之间、水资源规划与有关规划之间的关系

《水法》第十五条规定:流域范围内的区域规划应当服从流域规划,专业规划应当服从综合规划。流域综合规划和区域综合规划以及与土地利用关系密切的专业规划,应当与国民经济和社会发展规划以及土地利用总体规划、城市总体规划和环境保护规划相协调,兼顾各地区、各行业的需要。水资源规划之间和水资源规划与有关规划之间的关系遵循以下原则:

(1)统筹兼顾、相互协调的原则。

水资源具有流域性、多功能性和不可替代性,这就使得开发、利用、节约、保护管理水资源和防治水害的各项活动相互联系、形成整体。因此,在上下游、左右岸、各行各业之间存在着局部与整体趋利避害、协调平衡的问题。为了保证国家整体利益并统筹兼顾各方利益,《水法》第十五条规定了流域规划与区域规划、专业规划与综合规划之间的关系,并规定了流域规划、区域规划与其他相关的总体规划相协调的关系。有关的水资源规划应当与国民经济和社会发展规划及土地利用总体规划、城市总体规划和环境保护规划相互协调。

(2)局部服从整体、专项服从综合的原则。

《水法》按照局部必须服从整体、专项必须服从综合的原则和对水资源加强统一管理的要求,规定了流域范围内的区域规划应当服从流域规划,专业规划应当服从综合规划。流域和区域的综合规划要充分考虑人口、资源环境等要素,适应生产力发展布局的要求,处理好防洪抗旱、开源节流保护、兴利除害、排水与蓄水、供水与用水及上游与下游、城市与农村、流域与区域等方面的需要,统筹兼顾各地区、各行业的需要。

2. 关于水资源开发利用的内容

《水法》明确提出了用水顺序的规定,跨流域调水的规定,实行水资源论证制度的规定,开发利用雨水等非传统水资源的规定,加强对灌溉、排涝、水土保持工作的领导和农村集体经济组织及其成员兴建水工程设施的规定,水能资源开发、利用的规定,利用水运资

源和修建拦河闸坝妥善安排水生生物保护、航运、竹木流放的规定,引水、截(蓄)水、排水产生的相邻关系的规定,水工程建设移民安置方针、原则、规划和经费的规定等。

《水法》中规定水资源开发利用的基本原则为:

(1)全面规划、统筹兼顾。

水资源的开发利用必须坚持兴利与除害相结合,兼顾上下游、左右岸和有关地区之间的利益,充分发挥水资源的综合效益。

(2)以水资源合理配置为基础。

遵循全面规划、合理开发、高效利用、优化配置、有效保护、科学管理的原则,以提高水资源利用效率和效益为核心,不断提高水资源的承载能力,促进水资源的可持续利用,统筹协调生活、生产和生态环境用水。

(3)以水资源供水安全体系建设为目标。

通过建设调蓄工程增强水资源调蓄能力,对天然来水过程进行有效调控,提高供水能力,适应用水部门的需求过程,提高供水保证率。

(4)经济社会的发展要考虑水资源的条件,进行科学论证,在水资源不足的地区,要对城市规模和建设耗水量大的工业、农业、服务业项目加以限制。

(5)水资源开发利用要全面规划、统筹兼顾,发挥水资源的多种功能,大力发展水电、水运等各项事业。

3. 关于水资源、水域和水工程保护的内容

《水法》关于水资源、水域和水工程保护的规定,主要内容包括:保护水量及生态用水的规定;因违反规划和疏干排水行为造成水资源和生态环境破坏时应当承担的治理责任和赔偿责任的规定;水功能区划、排污总量控制制度和水质监测的规定;饮用水水源保护区制度的规定;入河排污口设置审批制度的规定;对农业灌溉水源、供水水源和灌排工程设施保护的规定;地下水超采区管理及在沿海地区开采地下水的规定;对妨碍河道行洪活动的禁止性规定;对河道管理范围内建设活动管理的规定;对河道采砂管理的规定;对围垦河道、湖泊的限制性规定;对单位和个人保护水工程设施的规定;对地方人民政府和水行政主管部门保障水工程安全的责任的规定,以及对划定水工程管理和保护范围的规定等。

4. 水资源配置和节约使用

《水法》对水资源配置和节约使用的规定主要包括:制定中长期供求规划、水量分配与统一调度、总量控制和定额管理相结合的制度等;取水许可制度和有偿使用制度;计量使用、计量收费和超定额累进加价制度等取用水资源和用水管理制度;工业、农业、居民生活的有关节约用水措施和制度;制定供水价格的原则和权限等。

解决我国的水问题,核心是提高用水效率,建设节水型社会。因此,《水法》以建立节水型社会、实现水资源的可持续利用、支持经济社会可持续发展为目标,把水资源的节约保护、合理配置放在突出位置,促进资源与经济社会、生态环境协调发展。

5. 水事纠纷处理与执法监督检查

《水法》关于水事纠纷处理与执法监督检查的规定主要有:不同行政区域间水事纠纷的处理程序,单位之间、个人之间、单位与个人之间水事纠纷的处理程序,有关部门的临时

处置措施,水行政主管部门和流域管理机构的监督检查权及水政监督检查人员的任职要求、有权采取的措施,依法履行监督检查职责,被检查单位和个人应当给予配合,以及人民政府和水行政主管部门内部层级监督的规定。

6. 法律责任

法律责任,是指违反法律的规定而必须承担的法律后果。法律责任由法律作出规定,由法律规定的机关依法追究。法律责任按违法行为的性质不同可分为刑事责任、行政责任和民事责任三大类。具体采取哪一种法律责任形式,应当根据调整违法行为人所侵害的社会关系的性质、特点及侵害的程度等多种因素来确定。

《水法》就水资源的管理体制,水资源的权属,水资源的规划,水资源、水域和水工程的保护,水资源的配置和节约使用,水事纠纷处理与执法监督检查等作了规定,设立了一系列的法律制度。目的就是能够合理开发、利用、节约和保护水资源,防治水害,实现水资源的可持续利用,适应国民经济和社会发展的需要。

7. 附则

《水法》中"附则"一章共5条,主要内容包括:《水法》与国际条约关系的规定,对水工程定义的规定,关于海水的开发、利用、保护和管理适用有关法律的规定,关于从事防洪和水污染防治适用有关法律的规定,以及对《水法》生效日期的规定等。

《水法》颁布多年来,对合理开发、利用、节约和保护水资源,防治水害,实现水资源的可持续利用,支持国民经济和社会的可持续发展,产生了积极的推动作用,其强大的生命力在今后的发展中将展现得更为突出。

三、《中华人民共和国水污染防治法》概述

《中华人民共和国水污染防治法》共经过三次修改,1984年制定了《水污染防治法》,1996年做了第一次修正,2008年进行了全面修订,2017年再次进行了修正。

2017年6月27日,中华人民共和国第十二届全国人民代表大会常务委员会第二十八次会议审核通过了《中华人民共和国水污染防治法》修正案,这一次对《水污染防治法》的修订根据水资源匮乏的实际情况进行,自2018年1月1日起施行。这一次《水污染防治法》的修订更有利于保护水资源,修正案针对水资源现状做了相应的调整,对水资源加大了保障力度,也补充了原先法律保障的不足之处,使得《水污染防治法》的实施更加全面。

(一)《水污染防治法》的主要内容

第一章　总则:介绍了本法的立法目的、适用范围、基本原则和政府职责等。

第二章　水污染防治的标准和规划:规定了水环境质量标准、水污染物排放标准、水污染防治规划的制定和修订等内容。

第三章　水污染防治的监督管理:规定了各级政府及其有关部门在水污染防治中的职责、监测和信息公开、排污许可、重点水污染物排放总量控制、限期达标规划等内容。

第四章　水污染防治措施:规定了水污染防治措施的种类、适用范围、实施要求等内容。

第五章　饮用水水源和其他特殊水体保护:规定了饮用水水源保护区的划定、保护和

管理,以及特殊水体的保护和管理等内容。

第六章　水污染事故处置:规定了水污染事故的预防、报告、处置和责任追究等内容。

第七章　法律责任:规定了违反本法的法律责任和处罚措施。

第八章　附则:规定了本法的施行时间、解释权和本法中出现的一些名词解释等内容。

(二)新修订的《水污染防治法》的亮点

新修订的《水污染防治法》主要具有以下三个亮点。

1. 建立河长制

河长制是河湖管理工作的一项制度创新,即由各级党政主要负责人担任"河长",负责组织领导相应河湖的管理和保护工作。施行河长制并考核问责,强化了党政领导对水污染防治和水环境治理的责任,构建了责任明确、保护有力的河湖管理保护机制,在各地施行成效显著。

相关条款:

第五条:省、市、县、乡建立河长制,分级分段组织领导本行政区域内江河、湖泊的水资源保护、水域岸线管理、水污染防治、水环境治理等工作。

2. 实施总量控制制度和排污许可制度

新修订的《水污染防治法》完善了总量控制制度和排污许可制度的相关规定,进一步约束了企业排污行为,要求在排污许可证上明确水污染物种类、浓度、总量等内容。

相关条款:

第二十条第一款:国家对重点水污染物排放实施总量控制制度。

第二十一条:直接或者间接向水体排放工业废水和医疗污水以及其他按照规定应当取得排污许可证方可排放的废水、污水的企业事业单位和其他生产经营者,应当取得排污许可证;城镇污水集中处理设施的运营单位,也应当取得排污许可证。排污许可证应当明确排放水污染物的种类、浓度、总量和排放去向等要求。排污许可的具体办法由国务院规定。

3. 加大处罚力度

守法成本高、违法成本低一直是水污染治理的瓶颈。修订后的《水污染防治法》加大了水污染违法的成本,增强了对违法行为的震慑力。尤其加大了对超标超总量、伪造监测数据、私设暗管等逃避监管行为的处罚力度。

相关条款:

第八十三条:违反本法规定,有下列行为之一的,由县级以上人民政府环境保护主管部门责令改正或者责令限制生产、停产整治,并处十万元以上一百万元以下的罚款;情节严重的,报经有批准权的人民政府批准,责令停业、关闭:

(一)未依法取得排污许可证排放水污染物的;

(二)超过水污染物排放标准或者超过重点水污染物排放总量控制指标排放水污染物的;

(三)利用渗井、渗坑、裂隙、溶洞,私设暗管,篡改、伪造监测数据,或者不正常运行水污染防治设施等逃避监管的方式排放水污染物的;

(四)未按照规定进行预处理,向污水集中处理设施排放不符合处理工艺要求的工业废水的。

四、河湖长制与节水制度

(一)河湖长制

河湖长制即河长制、湖长制的统称,是由各级党政负责同志担任河湖长,负责组织领导相应河湖治理和保护的一项生态文明建设制度创新。通过构建责任明确、协调有序、监管严格、保护有力的河湖管理保护机制,为维护河湖健康生命、实现河湖功能永续利用提供制度保障。

1. 河湖长制的主要任务

(1)加强水资源保护,全面落实最严格水资源管理制度,严守"三条红线"。

(2)加强河湖水域岸线管理保护,严格水域、岸线等水生态空间管控,严禁侵占河道、围垦湖泊。

(3)加强水污染防治,统筹水上、岸上污染治理,排查入河湖污染源,优化入河排污口布局。

(4)加强水环境治理,保障饮用水水源安全,加大黑臭水体治理力度,实现河湖环境整洁优美、水清岸绿。

(5)加强水生态修复,依法划定河湖管理范围,强化山水林田湖系统治理。

(6)加强执法监管,严厉打击涉河湖违法行为。

河湖长制的主要工作任务如图 7-4 所示。

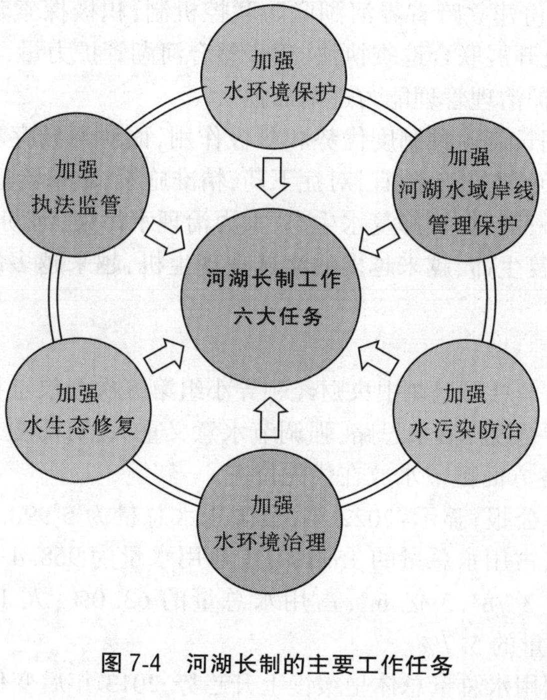

图 7-4 河湖长制的主要工作任务

2. 不同等级河湖长的职责

总河湖长职责:负责领导本行政区域内河湖长制工作,分别承担总督导、总调度职责。

市、区级河湖长职责:负责牵头协调推进河(湖)突出问题整治、水污染综合防治、河(湖)巡查保洁、河(湖)生态修复和河(湖)保护管理,协调解决实际问题,检查督导下级河长、湖长和相关部门履行职责。

街乡级河湖长职责:负责本辖区内河(湖)管理工作,制订落实河(湖)管理方案,组织开展河(湖)整治工作,按照属地管理原则配合执法部门打击涉水违法行为。

村级河湖长职责:负责本村范围内河(湖)整治工作,落实专管员职责,确保河(湖)监管到位、保洁到位、整治到位。

3. 河湖长制的意义、作用、成效

河湖长制是落实发展绿色理念、推进生态文明建设的必然要求,是解决中国复杂水问题、维护河湖健康生命的有效举措,是完善水治理体系、保障国家水安全的制度创新。

河湖长制能有效调动地方政府履行河湖管理、保护主体责任,促进河湖管理有人、管得住、管得好,河湖功能逐步恢复,有力推进水资源保护、水域岸线管理、水污染防治和水环境治理。

河湖长制于2018年全面建立。31个省(自治区、直辖市)党委和政府主要领导担任省级总河湖长,省、市、县、乡四级河湖长共30万名,村级河湖长(含巡河员、护河员)超90万名,实现了河湖管护责任全覆盖。2018年以来,全国省、市、县、乡河湖长年均巡河湖700万人次。现在可以说,我们每一条河流、每一个湖泊都有人管、有人护。

长江、黄河、淮河、海河、珠江等七大流域建立"流域管理机构+省级河长制办公室"联席会议制度,20多个省份建立跨省界河湖联防联控机制,积极探索建立横向生态补偿机制,设立联合河长湖长,开展联合巡查执法,逐步整合河湖管护力量,水治理管理体系不断完善,辖区内的河湖保护治理管理能力逐渐加强。

各地充分发挥河湖长制这种制度优势和积极作用,面对河湖存在的水灾害、水资源、水生态、水环境等突出问题,因地制宜,对症下药,精准施策,重拳治理河湖乱象,依法管控河湖空间,严格保护水资源,加快修复水生态,大力治理水污染,河湖面貌发生了历史性改变,越来越多的河流恢复生命,越来越多的流域重现生机,越来越多的河湖成为造福人民的幸福河湖。

(二)节水制度

2014年3月,习近平总书记在中央财经领导小组第五次会议上提出了"节水优先、空间均衡、系统治理、两手发力"治水思路,强调节水意义重大,对历史、对民族功德无量,要从观念、意识、措施等各方面把节水放在优先位置。

《2022中国水资源公报》显示:2022年,全国用水总量为5 998.2亿m^3。其中,生活用水量为905.7亿m^3,占用水总量的15.1%;工业用水量为968.4亿m^3,占用水总量的16.2%;农业用水量为3 781.3亿m^3,占用水总量的63.0%;人工生态环境补水量为342.8亿m^3,占用水总量的5.7%。

1997年以来,全国用水总量总体呈缓慢上升趋势,2013年后变化相对平稳。其中,生活用水量呈持续增加态势;工业用水量从总体增加转为逐渐趋稳,近年来有所下降;农业用水量受当年降水和实际灌溉面积的影响上下波动。生活用水量占用水总量的比例逐渐增加,农业用水量和工业用水量占用水总量的比例有所减少,如图 7-5 所示。正因如此,城市节水需引起足够的重视。

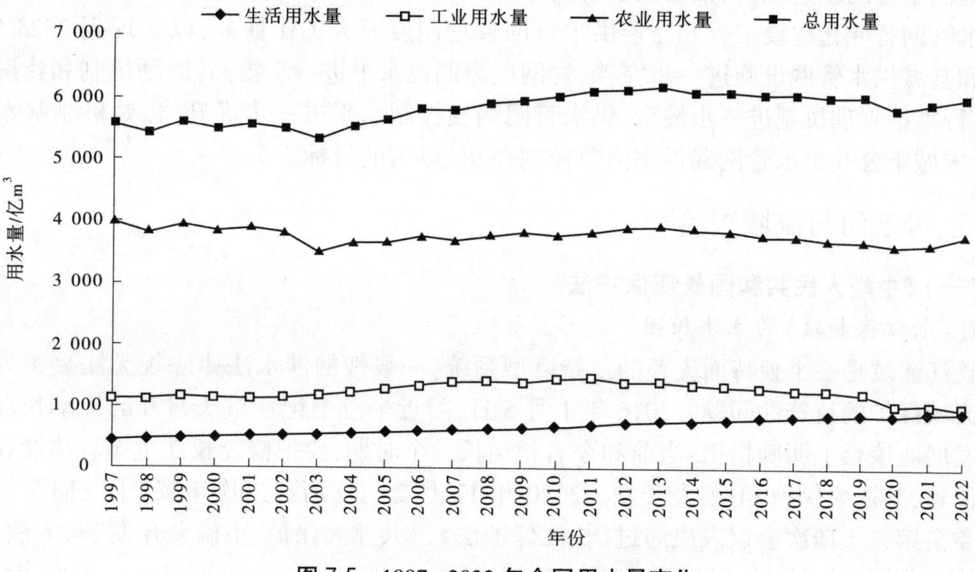

图 7-5 1997~2022 年全国用水量变化

近几年,为深入贯彻习近平生态文明思想,突出新发展理念对城市节水的引领作用,提高城市节水系统性,深入推进城市节水工作,住建部等相关部门联合出台了一系列城市节水政策。

(1)《住房和城乡建设部办公厅 国家发展改革委办公厅 水利部办公厅 工业和信息化部办公厅关于加强城市节水工作的指导意见》(建办城〔2021〕51 号)(简称《指导意见》)。

《指导意见》明确:到 2025 年,全国城市用水效率进一步提升,海绵城市建设理念深入人心,城市节水制度进一步健全,全国城市公共供水管网漏损率力争控制在 9%以内,全国地级及以上缺水城市再生水利用率达到 25%以上,京津冀地区达到 35%以上,黄河流域中下游力争达到 30%。到 2035 年,城市发展基本适配水资源承载能力的总体目标。《指导意见》提出遵循"节水优先、系统谋划,因地制宜、分类施策,政府主导、社会参与和试点示范、标杆引领"四条基本原则,通过推进海绵城市建设、推动再生水利用、加强用水定额管理、加大节水宣传教育等措施,进一步完善城市节水机制,加强节水型城市建设,着力提高城市用水效率,构建城市健康水循环体系。

(2)《住房和城乡建设部 国家发展改革委关于印发国家节水型城市申报与评选管理办法的通知》(建城〔2022〕15 号)(简称《办法》)。

《办法》适用于国家节水型城市的申报、评选、动态管理及复查等工作,评选每 2 年开展一次,符合申报条件、初审总分 90 分(含)以上的城市,于奇数年申报。国家节水型城市命名有效期为 5 年。其中,《国家节水型城市评选标准》中围绕生态宜居、安全韧性等三方面提出"城市可渗透地面面积比例"等二十项指标及其要求和评分标准。

(3)《住房和城乡建设部办公厅 国家发展改革委办公厅关于加强公共供水管网漏损控制的通知》(建办城〔2022〕2号)(简称《通知》)。

为进一步加强公共供水管网漏损控制,提高水资源利用效率,《通知》提出各地要通过实施供水管网改造工程、推动供水管网分区计量工程、推进供水管网压力调控工程、开展供水管网智能化建设工程和完善供水管网管理制度五大工作任务,以实现到2025年,城市和县城供水管网设施进一步完善,管网压力调控水平进一步提高,激励机制和建设改造、运行维护管理机制进一步健全,供水管网漏损控制水平进一步提升,长效机制基本形成,全国城市公共供水管网漏损率力争控制在9%以内的目标。

五、母亲河与流域法治

(一)《中华人民共和国长江保护法》

1.《长江保护法》的立法原因

长江流域是一个独特而完整的复杂巨型系统,一般性的涉水法律法规无法妥善处理长江流域保护的特殊性问题。2016年1月5日,习近平总书记在重庆召开的推动长江经济带发展座谈会上明确指出:当前和今后相当长一个时期,要把修复长江生态环境摆在压倒性位置,共抓大保护,不搞大开发。2020年12月26日,历经三次审议,十三届全国人大常委会第二十四次会议表决通过《长江保护法》,"共抓大保护、不搞大开发"写入法律。我国第一部流域法律,自2021年3月1日起施行。

此前适用于长江流域保护的法律法规有多部,比如,在法律层面有《水法》《水污染防治法》《防洪法》和《水土保持法》等"涉水四法",在行政法规层面有《长江河道采砂管理条例》《太湖流域管理条例》等,在部门规章层面有《长江流域大型开发建设项目水土保持监督检查办法》《长江流域省际水事纠纷预防和处理实施办法》等,初步建立了水资源开发利用与保护的法律制度。但这些立法的体系性、整体性、协同性不强,在实施中,既有"法律打架"的现象,也有"依法打架"的现象。制定《长江保护法》,就是为了解决上述问题。

2.《长江保护法》的特点及意义

作为我国第一部流域立法,《长江保护法》开辟了一条崭新的流域立法之路。《长江保护法》有以下特点:

(1)明确了长江流域的法律属性。《长江保护法》以长江流域的自然性为基础,融合其政治性、经济性、社会性和文化性,界定了长江流域的法律属性,为构建长江流域大保护的多元共治体系和长江经济带绿色发展空间格局奠定了基石。

(2)确立了长江流域发展的根本原则。《长江保护法》着眼于长江流域生态系统破坏的突出问题,立足中华民族可持续发展的千年大局,明确了"生态优先、绿色发展"的根本原则,明确长江流域生态管控标准,坚持在发展中保护、在保护中发展。

(3)创新了长江流域管理体制机制。《长江保护法》规定,国家建立长江流域协调机制,将"九龙治水"变为"一龙管江";明确了中央各部门及地方各级人民政府的具体职责,这将有力促进长江流域的协调发展、融合发展。

(4)为长江流域立法立下了整套"规矩"。《长江保护法》是一个"点、线、面"相结合的制度体系,很好地体现了流域治理、空间管控、整体保护的特征。

《长江保护法》从规划与管控、资源保护、水污染防治、生态环境修复、绿色发展、保障与监督、法律责任等方面做出了全面系统的规定,不仅为长江流域保护提供了更加充分的法治基础,也为我国其他地区流域治理提供了重要经验。

(二)《中华人民共和国黄河保护法》

黄河是中华民族的发源地和摇篮。保护黄河是事关中华民族伟大复兴的千秋大计。中华人民共和国成立后,党和国家开展了大规模的黄河治理保护工作,取得了举世瞩目的成就。但是,当前黄河流域仍存在一些突出困难和问题,既有先天不足的客观制约,也有后天失养的人为因素。从制度层面看,主要存在黄河流域管理体制有待完善、规划协调衔接不够、管控措施需要强化及生态保护与修复、水资源刚性约束、水沙调控与防洪安全、污染防治制度有待健全等问题,亟须通过制定《黄河保护法》予以解决。党的十八大以来,以习近平同志为核心的党中央把黄河流域生态保护和高质量发展上升为重大国家战略,对推动黄河流域生态保护和高质量发展做出全面部署。2020 年 10 月,中共中央、国务院印发《黄河流域生态保护和高质量发展规划纲要》(简称《规划纲要》),要求深入开展黄河立法工作。

制定《黄河保护法》,是以法律形式全面贯彻落实习近平总书记关于黄河流域生态保护和高质量发展的重要讲话、重要指示批示精神和党中央决策部署的重要举措,是强化黄河流域生态保护和高质量发展重大国家战略法治保障的迫切需要,是解决黄河流域特殊问题的现实需求,是健全满足黄河流域人民日益增长的美好生活需要必备法律制度的具体实践,是完善中国特色社会主义生态环境保护法律体系的客观要求。

2022 年 10 月 30 日,中华人民共和国第十三届全国人民代表大会常务委员会第三十七次会议通过《中华人民共和国黄河保护法》,自 2023 年 4 月 1 日起施行。

《黄河保护法》的出台,为统筹推进黄河流域生态保护和高质量发展提供了法治保障。《黄河保护法》的制定,顺应了黄河流域生态文明建设的时代需要。自党的十八大以来,党中央、国务院着眼于生态文明建设全局,把大江大河的大保护上升为国家战略。在长江的保护法治建设取得阶段性成果的基础上,中央围绕解决黄河流域的突出矛盾和问题做出了系列行动部署,构建了生态保护和高质量发展的政策框架体系,《黄河保护法》则是其中最重要的组成部分。

1.《黄河保护法》的创新

《黄河保护法》至少有以下三个方面的创新:

(1)《黄河保护法》把坚持中国共产党的领导写入第三条,具有创新性。第三条规定,坚持中国共产党领导,发挥党总揽全局、协调各方的领导核心作用,有利于党中央对黄河流域水安全做出正确决策,以及贯彻落实部署。这是在相关资源环境立法中首次写入中国共产党的领导。

(2)《黄河保护法》专设第八章以法律制度的方式规定了保护、传承、弘扬黄河文化的具体举措,这在涉及资源环境的相关法律中也是首次创新。把文化作为独立的一章与资源、环境及经济社会发展统筹起来考虑,有助于增强文化自信,同时推动黄河流域的生态保护、经济发展和社会长治久安。将文化纳入流域的内涵,体现了流域的自然属性、经济社会属性和文化属性。坚持“八个统筹”,即统筹治黄文化与多元文化、统筹物质文化遗产与非物质文化遗产、统筹软硬载体建设、统筹文化建设与旅游产业、统筹对内挖掘与对外宣传、统筹技艺传承与文艺创新、统筹传统方式与信息化手段、统筹群众性与专业性。

(3)《黄河保护法》对新污染物的管控和治理,也是首次创新提出。2021年11月,中共中央、国务院《关于深入打好污染防治攻坚战的意见》首次以文件的形式提出,加强新污染物治理,制订实施新污染物治理行动方案。《黄河保护法》第八十条明确了对持久性有机污染物等新污染物的管控和治理的行政职责规定,使其不再是监管空白地带,从而使得对新污染物的管控和治理有了法律依据。同时,第七十四条对没有国家水污染物排放标准的特色产业、特有污染物,黄河流域省级人民政府应当补充制定地方水污染物排放标准进行了规定。因此,黄河流域石油化工行业加快有毒有害物质绿色替代、降低新污染物排放是实现企业可持续发展的必然要求。

2.《黄河保护法》的10项制度

《黄河保护法》共有10款条文涉及制度的具体内容。具体制度包括:

(1)第六条中规定,黄河流域建立省际河湖长联席会议制度。

(2)第八条中规定,国家在黄河流域实行水资源刚性约束制度。

(3)第三十四条中规定,国务院水行政主管部门应当会同国务院有关部门健全淤地坝建设、管理、安全运行制度。

(4)第四十二条中规定,国家实行黄河流域重点水域禁渔期制度。

(5)第五十二条中规定,国家在黄河流域实行强制性用水定额管理制度。

(6)第五十四条中规定,国家在黄河流域实行高耗水产业准入负面清单和淘汰类高耗水产业目录制度。

(7)第六十二条中规定,国家实行黄河流域水沙统一调度制度。

(8)第六十九条中规定,国家实行黄河流域河道采砂规划和许可制度。

(9)第一百零二条中规定,国家建立健全黄河流域生态保护补偿制度。

(10)第一百零三条中规定,国家实行黄河流域生态保护和高质量发展责任制和考核评价制度。

3.《黄河保护法》涉及明令禁止的行为

《黄河保护法》涉及禁止的条款分布在共计4章的13条之中,共计17处,分别是:

(1)禁止违反国家有关规定、未经国务院批准,占用永久基本农田(第二十五条第三款)。

(2)禁止擅自占用耕地进行非农业建设,严格控制耕地转为林地、草地、园地等其他农用地(第二十五条第三款)。

(3)禁止在黄河干支流岸线管控范围内新建、扩建化工园区和化工项目(第二十六条第二款)。

(4)禁止在黄河干流岸线和重要支流岸线的管控范围内新建、改建、扩建尾矿库,但是以提升安全水平、生态环境保护水平为目的的改建除外(第二十六条第二款)。

(5)禁止在黄河上游约古宗列曲、扎陵湖、鄂陵湖、玛多河湖群等河道、湖泊管理范围内从事采矿、采砂、渔猎等活动,维持河道、湖泊天然状态(第三十条第二款)。

(6)禁止在25°以上陡坡地开垦种植农作物。黄河流域省级人民政府根据本行政区域的实际情况,可以规定小于25°的禁止开垦坡度。禁止开垦的陡坡地范围由所在地县级人民政府划定并公布(第三十二条第二款)。

(7)禁止损坏、擅自占用淤地坝(第三十四条第三款)。

(8)禁止在黄河流域水土流失严重、生态脆弱区域开展可能造成水土流失的生产建设活动。确因国家发展战略和国计民生需要建设的,应当进行科学论证,并依法办理审批手续(第三十五条第一款)。

(9)禁止侵占刁口河等黄河备用入海流路(第三十六条第三款)。

(10)禁止在黄河流域开放水域养殖、投放外来物种和其他非本地物种种质资源(第四十一条第二款)。

(11)国家实行黄河流域重点水域禁渔期制度,禁渔期内禁止在黄河流域重点水域从事天然渔业资源生产性捕捞,具体办法由国务院农业农村主管部门制定。黄河流域县级以上地方人民政府应当按照国家有关规定做好禁渔期渔民的生活保障工作(第四十二条第二款)。

(12)禁止电鱼、毒鱼、炸鱼等破坏渔业资源和水域生态的捕捞行为(第四十二条第三款)。

(13)禁止取用深层地下水用于农业灌溉(第五十五条第一款)。

(14)禁止在河道、湖泊管理范围内建设妨碍行洪的建筑物、构筑物以及从事影响河势稳定、危害河岸堤防安全和其他妨碍河道行洪的活动(第六十七条第一款)。

(15)禁止违法利用、占用河道、湖泊水域和岸线(第六十七条第一款)。

(16)禁止在黄河流域禁采区和禁采期从事河道采砂活动(第六十九条第二款)。

(17)在三门峡、小浪底、故县、陆浑、河口村水库库区养殖,应当满足水沙调控和防洪要求,禁止采用网箱、围网和拦河拉网方式养殖(第七十条第二款)。

4.《黄河保护法》的亮点和特色

《黄河保护法》是在吸取和借鉴《长江保护法》立法,总结黄河保护治理经验的基础上制定的,是一部流域法、专门法、特别法,其亮点和特色表现在针对黄河流域水安全的保障理念、保障路径和保障举措等多个层面,具体体现在以下六个方面:

(1)统筹水生态、水资源、水灾害、水污染和水文化,分别独立设置章节。坚持"四水四定"(以水定城、以水定地、以水定人、以水定产),建立水资源刚性约束制度体系;坚持生态优先,健全生态环境保护与修复体系;坚持守护安澜,筑牢水沙调控与防洪安全体系;坚持"三个治理"(综合治理、系统治理、源头治理),推进河湖环境综合整治;统筹协调,推动文化体系建设。

(2)既有"禁止性"规定,又避免"一刀切"。规定了一系列禁止的行为和活动20多处,便于实践操作。同时,还有例外条款、原则性规定,为地方立法留有空间,方便地方根据实际情况,制定严于国家标准的规定,避免出现"一刀切"现象。如规定,禁止在黄河干支流岸线管控范围内新建、扩建化工园区和化工项目,其岸线管控范围没有"一刀切"地规定"1 km"还是"3 km",而是授权水利部、自然资源部等部委会同省级人民政府确定,更为科学。

(3)流域协同治理体制更加完善。对流域统筹协调机制做出详细规定,前后共用多个条文分别对协调机制的央地职能、体制保障、职责分工、监测网络、信息共享、专家咨询委员会等方面做了系统规定。把实践证明行之有效的“河湖长制”建立的黄河流域省际河湖长联席会议制度纳入形成了“重大事项国家统筹+重点事项流域机构统管+相关事项省际协调合作”的流域治理管理新机制,进一步提升了流域治理管理的系统性、整体性,促进黄河流域实现“龙头龙身龙尾”统筹协调发展。

(4)专门、系统与综合。围绕黄河流域“水土沙”特殊性和存在问题,针对保水节水、固土治沙来完善全流域举措和制度,注重整个流域的规划与管控和生态保护与修复;把原本散见于不同法律法规的黄河保护、发展相关制度举措纳入统一框架,进行统筹安排,形成制度合力;融生态保护与修复、水资源节约集约利用、水沙调控与防洪安全、污染防治、促进高质量发展、黄河文化保护传承弘扬等不同领域法律规则于一炉,真正实现综合治理,统筹兼顾,协调发展,生产发达、生活美好、生态平衡的“三生共赢”。

(5)以法律形式界定各方权责边界,强化政府监管责任,建立多部门协调治理机制。共有84条规定了政府相关责任及其对政府的监督,占全部122条的68.85%,规定了县级以上地方人民政府职责82处,厘清了政府履行职责的边界。

(6)实行最严格的法律责任。第十章详尽列举了违反该法的法律责任,覆盖民事、行政和刑事领域,并强化了侵权方承担侵权责任、环境修复责任等在内的民事损害赔偿责任。第一百零九条更是规定了罚款上限500万元和双罚制等行政责任。水土保持、取用水中违法行为比《水法》《水土保持法》的处罚额度大,处罚力度更严。根据刑法修正案(十一),新增4项与黄河流域重点保护区、饮用水水源保护区、野生动物保护、自然保护地保护有关的刑事责任。

(三)流域法治管理

流域性是江河湖泊最根本、最鲜明的特性。这种特性决定了治水管水的思维和行为必须以流域为基础单元,坚持流域系统观念,坚持全流域“一盘棋”。强化流域治理管理是对标对表国家重大战略任务的政治要求,是遵循自然规律的客观要求,是坚持系统观念的必然要求,是涉水法律法规的法定要求,是总结历史经验教训的迫切要求。

党和国家历来高度重视大江大河大湖流域治理管理,在七大流域相继设立黄河水利委员会、长江水利委员会、淮河水利委员会、海河水利委员会、珠江水利委员会、松辽水利委员会、太湖流域管理局,实施了一系列流域综合治理重大举措。一些地方积极探索实践,相继形成了一批行之有效的流域治理管理模式,有力推动了我国江河湖泊保护治理。

第四节　水资源管理的未来挑战与发展趋势

一、水资源管理的未来挑战

水资源管理未来面临着许多挑战与压力,这些挑战涉及日益增长的人口、气候变化、城市化、水污染与生态破坏、跨界水资源管理、资金和技术限制等多个方面。

(1)人口增长。人口的持续增长将对水资源管理构成巨大挑战。据联合国预测,到

2050年,全球人口将达到90亿。这将导致对农业、工业和居民用水的需求急剧增加。因此,如何满足人口不断增长的用水需求,保障每个人的基本用水权,是水资源管理面临的首要挑战。

(2)气候变化。对水资源管理产生了严重影响。预计未来几十年,气候变暖将导致降雨模式的改变,造成干旱和洪涝等极端天气事件的增加。这将使得水资源的供给和分配变得更加困难。此外,冰川融化加剧了河流和湖泊的水位下降,使得水资源变得更加稀缺。因此,应对气候变化的影响,包括改善水资源管理系统的适应性和强化减缓气候变化的措施,是迫切需要解决的问题。

(3)城市化。全球范围内不断加速的城市化过程也给水资源管理带来了挑战。城市化导致城市人口快速增长,城市用水需求迅速增加。同时,城市化过程中的土地开发和城市污染,对水资源的质量和可持续性造成了严重威胁。因此,有效管理城市用水、提高水资源的可持续利用和保护,是水资源管理面临的重要任务。

(4)水污染与生态破坏。人类活动引起的水污染和生态破坏对水资源管理构成了严重压力。工业废水、农业污染、生活污水等大量排放到水体中,导致水质恶化,影响人类健康和生态系统的平衡。此外,过度抽取地下水和河流水源,也会导致水生态系统的崩溃,造成生物多样性的丧失。因此,加强水污染防治、推动生态保护和恢复,是保障水资源可持续利用的重要举措。

(5)跨界水资源管理。许多河流和湖泊横跨多个国家或地区,因此跨界水资源管理成为一个重要的挑战。不同国家或地区之间的利益分歧、水资源分配不均等问题,可能导致紧张的水资源争端和冲突。为了实现跨界水资源的合理利用和管理,国际合作与协调变得至关重要。

(6)资金和技术限制。水资源管理需要大量的资金和先进的技术支持,然而许多发展中国家面临资金和技术的限制。在这些国家,水资源管理的能力相对较弱,缺乏投资和技术创新。因此,解决资金和技术限制,促进发展中国家的水资源管理能力提升,是一个亟待解决的问题。

为了应对这些挑战和压力,可以采取以下措施:

(1)提高水资源利用效率。通过改善灌溉系统、推广节水设备、加强水资源的回收和再利用等措施,提高水资源的利用效率,降低浪费。

(2)促进水资源保护和生态恢复。加强水资源保护和生态恢复工作,减少水污染,改善水生态系统的健康状况。

(3)发展可再生能源。推动可再生能源的发展和利用,减少对水资源的依赖,同时降低碳排放,应对气候变化。

(4)建立跨界合作机制。加强国际合作与协调,建立跨界水资源管理的机制和框架,共同解决水资源争端和冲突。

(5)加大投资和技术支持。增加对水资源管理的资金投入,提供技术支持和培训,特别是帮助发展中国家提升水资源管理能力。

二、可持续水资源管理发展趋势

可持续水资源管理是解决当前和未来水资源挑战的关键,它强调水资源的合理利用、保护和可持续发展。在全球范围内,可持续水资源管理的发展趋势和前景充满希望。未来可从以下几个方面来入手加强水资源方面的管理,提升其可持续性:

(1)综合水资源管理。可持续水资源管理强调整体规划和综合管理,而不是局部和分散的管理方式。综合水资源管理的核心是通过统筹考虑各种需求,包括供水、农业、工业和环境需求,制定综合性政策和措施,实现水资源的合理分配和利用。综合水资源管理有助于避免水资源的浪费和冲突,提高整体效益和可持续性。

(2)水资源节约和效率提升。为了应对水资源的稀缺性,可持续水资源管理注重水资源的节约和效率提升。通过采用节水设备、改进灌溉系统、加强水资源的回收和再利用等技术手段,减少水的浪费,提高水资源的利用效率。此外,推广水资源管理的信息技术应用,如远程监测和智能水务系统,也有助于提高水资源管理的效率和精确度。

(3)生态保护与水文循环恢复。可持续水资源管理强调生态保护和水文循环的恢复。生态系统在水资源管理中起着重要的调节和保护作用,因此保护湿地、河流和湖泊等水生态系统,促进生态系统的恢复和健康发展,对于维护水资源的可持续性至关重要。同时,恢复水文循环过程,包括地下水补给和雨水收集等,有助于增加可用水资源量。

(4)水污染防治。可持续水资源管理强调水污染的防治和减少。通过采取严格的污水处理措施、加强工业和农业污染的监管,以及加强环境教育和宣传,可以减少水污染对水资源的威胁,保障人类健康和生态系统的完整性。

(5)水资源与能源的综合管理。水资源和能源之间存在着密切的关联,可持续水资源管理趋向于与能源管理相结合。例如,推广可再生能源的开发和利用,如水电、太阳能和风能等,可以减少对水资源的依赖,并减少对环境的不良影响。同时,水资源的利用也可以与能源生产相结合,如水力发电(见图7-6)和生物质能源的生产。

图7-6　金沙江白鹤滩水电站

(6)科技创新与数字化转型。可持续水资源管理离不开科技创新和数字化转型。利用先进的技术手段,如人工智能、大数据分析和物联网等,可以实现对水资源的精确监测和管理。同时,科技创新还可以推动水资源的利用和管理方式的改进,提高管理效率和准确性。

(7)国际合作与跨界管理。水资源是跨界性的,国际合作和跨界管理是可持续水资源管理的重要方向。各国之间需要加强合作与协调,分享经验和技术,共同解决跨界水资源管理的问题。国际组织和跨国企业在水资源管理中发挥着重要的作用,通过合作伙伴关系和共同项目,促进可持续水资源管理的实施。

可持续水资源管理的发展趋势和前景积极向好。通过综合管理、节约利用、生态保护、污染防治、能源综合管理、科技创新和国际合作,可以实现水资源的可持续利用和管理,促进人类社会和生态系统的可持续发展。然而,实现可持续水资源管理仍面临着挑战,需要政府、社会组织、企业和公众的共同努力,共同推动可持续水资源管理的实施。

第八章　水文化与水利科技

第一节　水文化概述

一、水文化提出的历史背景

水是文化之根,没有水就没有生命,就没有人类,也就没有文化。对水文化研究应从水与人类文明、社会发展的关系开始,水资源作为人类生命存在的基本物质基础,在原始社会形成之后,体现在灌溉社会。灌溉社会中,调整农业水利设施、实行水利控制的组织核心是水权,它是权力的核心。一个典型的例子是:公元前1757年,即汉谟拉比执政古巴比伦35年时,攻陷了马里,结束了分裂局面,完成了两河流域统一大业,制定了著名的《汉谟拉比法典》,这也是迄今为止世界上最早的一部完整保存下来的成文法典。汉谟拉比从影响两河流域统一的核心问题——水资源分配及水治理入手,通过法律规定将兴建和管理水利工程作为国家掌握和发展经济的重要手段,以及统辖各地区、维护国家统一安定的政治武器。

中国古代水文化体现在人水和谐关系的文化上,古代哲学思想中的“水”、语言文字中的“水”,以及古代宗教思想中的“水”等都流淌着认识和谐的声韵,从《管子·水地篇》《河图洛书》《周易》《论语·雍也》《说文解字》《道德经》《五灯会元》等古籍中都能找到中华文化与水文化之间密切相连的渊源。

老子说“上善若水”,认为水具有“居善地,心善渊,与善仁,言善信,正善治,事善能,动善时”等7种美德;孔子说“智者乐水”,认为水具有“德、仁、义、智、勇、察、贞、善、正、度、意”等11种美德,这些都是“水的哲学、水的精神”的生动体现。

近代中国水文化是从水利史研究开始的,1936年1月16日,国民政府全国经济委员会水利委员会在南京召开第三次会议,审议通过了组织设立水利文献委员会,1945年更名为整理水利文献室。

1989年,李宗新发表了一篇《应该开展对水文化的研究》的短文,是目前能查到的首次提到“水文化”一词的文章。由于“水文化”首先是在水利部门提出的,因而当今早期的水文化研究主要集中在水利行业。2006年开始,“水文化”这一概念为我国学术界的部分学者所接受。

2006年联合国把“世界水日”的主题确定为“水与文化”。同年,由世界水文化研究会和国家发改委公众营养与发展中心主办的“中国首届水文化高峰论坛”在人民大会堂举行。论坛指出:联合国把“世界水日”的主题确定为“水与文化”,就是希望能进一步提高人们对文化在解决水资源问题中重要性的认识,让文化为水资源的可持续利用注入新的活力。水文化的提出,进一步推动了人类对水资源的认知和保护。

2009年11月，时任水利部部长陈雷在首届中国水文化论坛上的讲话中，明确提出开展水文化研究工作，弘扬中国治水文化。2011年，水利部出台《水文化建设规划纲要(2011—2020年)》，由此推动了全国水文化研究工作的开展。2021年9月17日，水利部部长李国英主持召开水利部部务会议，会议强调：要深入贯彻习近平总书记关于治水的重要指示批示精神，将水文化与水安全、水资源、水生态、水环境统筹考虑，加快推进水文化建设，保护、传承、弘扬我国优秀水文化，为推动新阶段水利高质量发展提供有力支撑。

根据《水利部关于加快推进水文化建设的指导意见》《2021年浙江省水文化工作要点》有关要求，为保护、传承、弘扬浙江优秀水文化，浙江省决定开展全省重要水文化遗产调查工作，并发布《浙江省水利厅关于开展重要水文化遗产调查的通知》。

二、水文化的定义与内涵

(一)水文化的定义

广义上的水文化，是指人们在水事活动中创造物质财富和精神财富的能力与成果的总和。狭义上的水文化，是指观念形态水文化，是人们对水事活动的一种理性思考或者说在水事活动中形成的一种社会意识，主要包括与水密切关系的思想意识、价值观念、行业精神、行为准则、政策法规、规则制度、科学教育、文化艺术、新闻出版、媒体传播、体育卫生、组织机构等。

(二)水文化的内涵

水文化体现在水与社会，水与人们思想观念，水与社会组织机构、社会制度及法治建设等密切关系上。人类对水赋予想象与情感，水形柔实刚、貌弱实强，是中华民族的人格理想和处世之道；水的自然特征和人文内涵体现在永恒的愁思、坚韧的意志和研学者的智慧；水的社会内涵则体现在中国传统阴阳五行之说中，把水列为生命的最基本元素之一，水作为人民群众的象征，能载舟，也能覆舟，它告诫和提醒统治者，必须顺乎民心、尊重民意。水文化也是水利行业人员所秉持的思想方式、生活方式和行为方式，健康的水文化化人之精神、益人之心灵，它代表和引领着社会良知，其使命严肃，生命力厚重。

第二节 国内外治水文化

一、四大流域与文明

(一)两河流域与美索不达米亚文明

美索不达米亚，希腊语的意思是两河之间的土地。公元前4000年(6 000年前)，古希腊人向东穿越地中海，登陆亚洲大陆的西端，那里有两条大河并结伴而行，一路奔向东南方的波斯湾。希腊人发现，同埃及的尼罗河一样，这两条河也是时常泛滥，时涨时落，但是同其他地区的河水泛滥造成的灾害不一样，这里的河水泛滥带来的是更多肥沃的冲积土壤及其逐渐形成的冲积平原和三角洲。

由于两河不像尼罗河一样是定期泛滥的，所以确定时间就必须靠观测天象。住在下游的苏美人发明了太阴历，以月亮的阴晴圆缺作为计时标准，把一年划分为12个月，共

365 天,并发明闰月,放置与太阳历相差的 11 天。把一小时分成 60 分,以 7 天为一星期。

在这片肥沃的土地上,人们并不需要花多少劳力就可以获得丰厚的回报。从此,这两条河在希腊人心中,留下了深刻的印象。他们把这个"两河之间的地方"叫作"美索不达米亚",其范围东抵扎卡洛斯山,西到叙利亚沙漠,南迄波斯湾,北及托罗斯山,位于今天的伊拉克境内。而这两条河流便是幼发拉底河和底格里斯河,它们像两条生命之藤,伸展于荒凉干旱和沙漠地区,塑造了肥沃的冲积平原和灌溉网络,使流域农业发达、经济兴旺,孕育出人类历史上最古老的两河流域文明——美索不达米亚文明。两河流域的冲积平原从西北伸向东南,状似新月,故又称为"新月沃土"。

在犹太人和希腊人的笔下,美索不达米亚是一个人人向往的天堂。不过,在今天的两河流域,气候和自然条件显然已经与犹太人和希腊人的描述大相径庭。这里气候干燥,土壤裸露,沙丘遍野,而且像所有的荒漠地区一样,降水稀少且温差较大。比如伊拉克首都巴格达全年降水量为 156 mm,6~9 月降水量为 0;夏季气温高达 49 ℃,而冬季气温可下降到-9 ℃。我们似乎很难想象这种比较恶劣的自然条件,在几千年前会成为人类文明的摇篮。

古巴比伦是人们已知的历史最悠久的古代东方国家之一。巴比伦文明是幼发拉底河与底格里斯河(两河)流域文明的重要组成部分。人类最早的奴隶制国家约于公元前 3500 年产生于这里。这个文明中心为世界发明了第一种文字——楔形文字,建造了第一个城市,编制了第一部法律,发明了第一个制陶器的陶轮,制定了第一个 7 天的周期。至今为世界留下了大量的远古文字记载材料(泥版)。

(二)尼罗河与古埃及文明

古老的尼罗河,在大约 6 500 万年前就存在了,一直为世界第一长河,非洲主河流之父,位于非洲东北部,是一条国际性河流,其源头是布隆迪卡盖拉河。尼罗河贯穿非洲东北部,流经坦桑尼亚、卢旺达、布隆迪、乌干达、埃塞俄比亚、苏丹和埃及等国家,最后流入地中海。全长 6 671 km,是非洲第一大河,其流域面积 280 万 km^2,相当于非洲大陆面积的 1/10。它与巴西的亚马孙河、中国的长江、美国的密西西比河并称为世界四大长河。尼罗河流经埃及境内的一段河段只有 1 350 km,平均河宽 800~1 000 m,深 10~12 m。尼罗河最下游分成许多条汊河注入地中海,这些汊河都流在三角洲平原上。三角洲面积约 24 000 km^2,地势平坦,河渠交织,是古埃及文化的摇篮,也是现代埃及的政治、经济和文化中心。

几千年来,埃及人懂得如何掌握洪水的规律和利用两岸肥沃的土地。尼罗河有定期泛滥的特点,在苏丹北部通常 5 月即开始涨水,8 月达到最高水位,以后水位逐渐下降,1~5 月为低水位。8 月河水上涨最高时,淹没了河岸两旁的大片田野,之后人们纷纷迁往高处暂住。10 月以后,洪水消退,带来了尼罗河丰沛的土壤。每年尼罗河水的泛滥,给河谷披上一层厚厚的淤泥,使河谷区土地极其肥沃,在这些肥沃的土壤上,人们栽培了棉花、小麦、水稻、椰枣等农作物,在干旱的沙漠地区形成了一条"绿色走廊"。

埃及人之所以不耕翻土地就可以播种并获得收成,原因就在这里。中国人种地很辛苦,春耕、夏耘、秋收、冬藏,埃及人则不耕不耘,撒种之后就可坐等收获。据希腊史学家希罗多德记载:"那里的农夫只需等河水自行泛滥出来,流到田地上灌溉,灌溉后再退回河床,然后每个人把种子撒在自己的土地上,叫猪上去踏进这些种子,以后便只是等待收获了。”的确,尼罗河使得下游地区农业兴起,成为古代著名的粮仓。

(三)恒河与古印度文明

20世纪考古学家惊异地发现了公元前2500年的另一处伟大的古老文明——古印度文明,它的领域甚至超过古埃及与巴比伦、亚述两者之和,这就是神秘的古印度文明。古印度和古埃及、古巴比伦、中国并称为“四大文明古国”。但是,古印度和其他三者不同,它的文明是被“腰斩”的文化。早在4 000多年前,印度河流域就进入以农业为主、牧业与手工业为辅的高度发达的城市文明阶段。然而,如此发达的文明,仿佛一夜之间消失了。现在对它的了解主要来自位于印度河下游的摩亨佐·达罗遗址和上游的哈拉巴遗址等的考古发掘。关于这个源远流长的古老文明遗址,没有古文字的记载。

就地理范围而言,古印度不仅指今天的印度,还包括巴基斯坦、孟加拉国、不丹、尼泊尔等在内的整个南亚次大陆。中国在西汉时称其为“身毒”,东汉时改称“天竺”,到了唐代,高僧玄奘将其译为“印度”。印度的远古文明直到1922年才被发现。由于它的遗址首先在印度哈拉巴地区被发掘出来,所以通常称古印度文明为“哈拉巴文化”;又由于它主要集中在印度河流域,所以也称为“印度河文明”。

恒河(Ganges River)是印度北部的大河,从长度来看,恒河算不上世界名河,但她却是古今中外闻名的世界名川。她用丰沛的河水哺育着两岸的土地,给沿岸人民以舟楫之便和灌溉之利,用肥沃的泥土冲积成辽阔的恒河平原和三角洲,恒河流域人民世世代代在这里劳动生息,创造出世界古代史上著名的印度文明。

(四)黄河、长江与华夏文明

中华文明在史前时期的存在,表现为文明的多样性。中华文明的发祥地,不只是黄河流域,还包括长江流域。除了黄河流域和长江流域,还有许多上古的文化遗存散布在全国各地。中华文明的组成,既包括定居于黄河、长江流域的,较早以农耕为主要生活来源的华夏文明,也包括若干以游牧为主要生活来源的民族文明。中华文明的演进过程,是多种文明因素的整合。整合的模式以华夏文明为核心,核心向周围扩散,周围向核心趋同,核心与周围互相补充、互相吸收、互相融合。

黄河,中国的母亲河,全长5 464 km,流域面积约79.5万km^2,是中国第二长河,世界第六大长河。它发源于青藏高原的巴颜喀拉山脉,呈“几”字形。流经青海、四川、甘肃、宁夏、内蒙古、山西、陕西、河南及山东9省(自治区),最后流入渤海。由于河流中段流经中国黄土高原地区,因此挟带了大量的泥沙,所以它也是世界上含沙量最高的河流。

纵观中华上下5 000年的文明史,其中3 000多年以黄河流域作为文化中心,并在早期发展中产生了仰韶文化、马家窑文化、大汶口文化、龙山文化等璀璨夺目的中国远古文明。黄河地理环境状况复杂,作为中国的经济命脉、能源基地和生态屏障,黄河流域哺育了中华大地千万生灵。受黄河泥沙淤积与河道高悬等问题影响,“决口、改道”一直困扰着历代劳动人民,其治理也一直是历代王朝关注的重点。历代先民防灾减灾主要有三种方式:疏通河道、分减黄流、修筑堤坝。大禹治水为黄河大规模治理开启了先河。

二、中国水文化的历史演化

人类对水的记忆从治水开始,原始人类是"逐水而居"。大自然风云变幻,常常给人类带来巨大的灾难。中华古代水文化可以说是在洪水的洗礼中逐渐形成的。"女娲补天""精卫填海""后羿射日",中国古老的神话记录了远古先民对水患的刻骨铭心。尧舜时期,华夏大地洪水滔天,"汤汤洪水方割,荡荡怀山襄陵",大禹受命治水,十三年"三过家门而不入",成功治理了水患并且建立了第一个封建国家——夏朝。

(一)良渚古城遗址

2019年7月6日,位于浙江杭州的良渚古城遗址在阿塞拜疆巴库举行的世界遗产大会上获准列入《世界遗产名录》。至此,中国世界遗产总数达到55处,位居世界第一。提到良渚,不能不提它的水利系统,良渚古城外围水利工程的发现,是良渚文明的重要标志,为中华文明的进程研究提供了新资料,把中国的文明源头提升到5 300年前,让中华民族"五千年历史"有了铁证,堪称扬名世界的"硬核"水利。

良渚古城外围水利系统工程是中国迄今发现的最早的大型水利工程遗址,也是世界上迄今发现最早的堤坝系统之一。它见证了良渚时期较为科学的水利工程技术和强有力的社会组织能力,也改写了中国与世界水利史。这一水利系统在坝址选择、地基处理、坝料选材、填筑工艺、结构设计等规划和工程技术方面,体现了中国早期城市与水利工程的整体规划能力及其科学性。

良渚文化遗址被列入《世界遗产名录》,成为世界公认的文化遗产,也从一个重要侧面代表着国际上认可良渚文化的现有历史遗迹,承认良渚文化在时间上的代表性,良渚文化遗址的主要时间跨度为4 200~5 300年,作为中华古文明的重要代表者之一,良渚文化将可以把我国的文明源头提升到5 300年前。

(二)中国古代治水组织、制度与法令

水管理在社会组织方面,浏览历史中的记载,中国几乎每朝每代都设有专司管水治水的部门和官吏,掌管"修堤梁,通沟浍,行水潦,安水臧"的职务。《荀子·王制》记载"修堤梁,通沟浍,行水潦,安水臧,以时决塞;岁虽凶败水旱,使民有所耘艾,司空(官名)之事也。"司空是中国古代中央政权中主管水利土木工程和官府手工业的最高行政长官。《荀子·王制》记司空的职责完全是水利工作。上句话翻译为:整修堤坝、疏通河渠水道,建造水库并根据时令蓄水或放水,使百姓可以耕种收获,这是司空的本职工作。

《荀子·王制》中的这段文字是对官员职守的论述。官员们要分工明确各尽其责。国家一旦出现问题,根据情况,就可以知道是谁的责任。

在制度、法令方面:《水令》记载了最早的灌溉管理法规,具体内容不详。据《汉书·兒宽传》记载,元鼎六年(公元前111年)左内史兒宽建议开凿六辅渠,灌溉郑国渠旁地势较高的农田,并且"定水令以广溉田"。北宋,王安石制定《农田利害条约》,即农田水利法,面向全国鼓励并规范了农田建设。

(三)中国古代水利工程

中国历代水利成果丰硕,战国时期有秦国的都江堰、郑国渠,秦代开通了秦渠、灵渠和江南运河,东西两汉的农田水利地区特色明显。黄河流域以营建灌溉渠系为主,著名工程

有六辅渠、白渠、龙首芍陂渠等。江淮、江汉之间以修治天然陂池为主，著名工程有六门陂。东南区域以排水筑堤、变湿淤之地为良田为主，著名工程有鉴湖等。西北部主要利用雪水或地下水，修筑特殊的水利工程——坎儿井。三国两晋南北朝时期，曹魏兴复了芍陂、茹陂等许多渠堰堤塘。北魏孝文帝下令有水田之处，都要通鉴湖渠灌溉。隋唐时期开通大运河有利于农田灌溉。唐代设专官管理水利事业，各地修建了不少水利工程，仅江南兴建和修复的水利工程，就大大超过了六朝的总和。五代十国兴修水利工程如安丰塘（南唐）、捍海塘（吴越）。元代开凿会通河（山东东平到临清）、通惠河（通州到大都）等。这里主要介绍黄河大堤。

黄河大堤是中国历史上最早的堤防工程。亿万年来，黄河挟带着大量源于黄土高原的泥沙东流入海。中华先民在此生息繁衍，并逐渐由渔猎生活进入农耕文明。黄河流域由此成为中华文明的发源地，黄河也是中国最早系统修筑堤防的江河。黄河大堤由传说中的共工氏修筑。共工氏居住在黄河中游，汛期洪水时，为保护村落，搬来泥土石块，在离河一定距离的低处筑起一些简单的堤防。由于善治水，共工氏在部落中名声卓著，故中国早期称水利官员为“共工”。尧舜时期，发生世纪大洪水，尧命部落首领鲧治水。传说他从天庭偷来一种可无限滋生的土壤“息壤”，来筑堤阻水，历时 9 年无果，为此被处死。由其儿子禹主持治水工作，禹改变其父治水“堵”的方法，采用“疏”的方法，历时 13 年治理，洪水归槽、水患平息。为颂念禹的治水功绩，后人称之为“大禹治水”。禹传位于他的儿子启，建立了夏朝。王位世袭制的封建专制由此开始。

黄河大堤的创建：西周时期，黄河流域已经出现堤防，主要在现今的陕西西安。战国时期，黄河下游平原逐渐形成人口密集的政治、经济、文化中心。黄河干流大堤出现在齐赵、魏等三国，诸侯割据、各自为政，至秦始皇统一中国后，堤防工程才趋于统一。东汉王景治黄稳定 800 年到唐代；元至明前期黄河基本处于不治状态；从明嘉靖四十四年（公元 1565 年）开始，到万历二十年（公元 1592 年）止，潘季驯先后 4 次出任总理河道都御史，主持治理黄河和运河，前后持续 27 年，他治黄稳定了 700 年。

汉代至隋唐时期，黄河安流 800 余年，至宋代黄河决口频繁，故堵口不断。至正四年（公元 1344 年），黄河在现今山东曹县白茅决口，后又北决金堤，泛滥 7 年之久，百姓深受其害。京杭大运河会通河段面临严重的威胁，朝廷命令工部尚书贾鲁主持白茅堵口，7 个月后堵口成功。这是中国水利史上规模最大、风险最高的一次堵口工程，共动用军队和民工 17 万余人。工程中创造了 27 只沉船堵口技术。

第三节 新时代水利精神

一、水利精神的含义及内容

精神往往是在一定民族文化传统的基础上，在人们长期的社会实践中逐步形成的一种稳定、持久的心理素质，是人们的价值观念、利益原则、行为规范的集中反映，通常表现为观念定式、思维定式和人际关系准则。

水利精神在不同的时代体现不同的特点，但其精华的内涵本质核心都是一脉相承的，而且都是在与违背水利精神的长期斗争中逐渐形成的。历史经验表明,违背规律的治水,有悖国家利益、百姓安危的治水,为一己私利、为眼前之利益的治水,是注定要失败的,因其治水精神的失落和扭曲,必然反映水文化品位的低下。这类失落和扭曲的文化层面,很值得在倡导水利精神之时去深思、反思、忧思,更值得人们用人文理念去注意、警醒和警觉。

在中华大地源远流长的治水实践中,逐渐形成了以水为魂的水利精神,这种精神力量的传承、发扬、光大,不断演绎着水文化的人文之魂。

水利精神是在我国几千年的治水实践中,无数治水精英和广大劳动人民发扬中华民族的优秀精神传统,致力于兴水利、除水害的艰苦斗争中,逐步积淀的指导水利行业成员生活方式的共同价值观念和行为规范体系。

水利精神具有浓厚的民族传统特征和时代特征,具有明显的水利属性,对广大水利职工具有凝聚力、感召力和约束力,能够增强水利职工对水利事业的荣誉感、自豪感和责任感。

水利精神的内容包括:献身水利、促进水利事业发展的理想;强烈的社会群体意识;吃苦耐劳、努力诚实的劳动态度;强烈的社会责任感;正确的价值观念和行为准则。

二、新时代水利精神的概括

中华民族的治水精神,并非无源之水、无本之木,它是有着丰富的历史内涵和深远的人文传承的,且这种内涵和传承是植根于“以水为魂”的水文化理念之中。水利精神可以上溯至大禹治水时期。公元前2200年前后,黄河流域发生了一场空前的大洪水,于是就有了大禹治水的生动传说,就有了传承至今的“大禹精神”,从实践层面留下了丰富的治水文化。在中国原始社会晚期治理洪水的斗争中,大禹以身作则,身体力行,初步确立了中国传统水事道德观的基本内容。

大禹精神概括为三个方面:吃苦耐劳、坚忍不拔、埋头苦干的献身精神;脚踏实地、负责求实精神;发挥集体力量、同心协力的团结治水精神。历史发展到今天,“大禹精神”已不仅仅是停留在治水精神的层面,而是整个中华民族人文精神的重要内容,成为中华历代治水人优秀文化传统的基本价值观。

人类总是在一定的文化环境中开辟未来,治水大计,文化先行。一定的文化是人们认识世界、改造世界的前行基础和精神力量,是一个国家和民族不断进步的凝聚力和创造力的源泉。通过对文化的积淀、塑造和对文化的认同,可使人的行为具有文化自觉性。

1999年全国水利厅局长会议上,时任国务院副总理温家宝对广大水利工作者提出“献身、负责、求实”的要求,为此,时任水利部部长汪恕诚提出将这六个字定为水利行业精神。不难发现,纵览历史治水杰出人物的事迹,他们身上体现的正是这种精神。我们应该向先辈们学习,继承和弘扬各种优良的传统。

2018年9月6日,水利部、三峡办、南水北调办三家组建新的水利部,在机构改革后的第一次大会上,时任水利部部长鄂竟平要求,将三家各自的家风合为一体,提出符合新时代要求的水利精神。新时代水利精神的提出是时代的呼唤、历史的必然和现实的要求。

2019年2月13日,《水利部关于印发新时代水利精神的通知》对新时代水利精神内涵进行了诠释。

三、新时代水利精神内涵诠释

在中华民族悠久治水史中,孕育了大禹精神、都江堰精神、红旗渠精神、九八抗洪精神等优秀治水传统和宝贵精神财富。党的十八大以来,在习近平总书记治水重要论述指引下的生动实践中,催生了具有新时代特征的水利精神品质。五千年精神传承、新时代实践创新,彰显了水利人"忠诚、干净、担当"的可贵品质,厚植了水利行业"科学、求实、创新"的价值取向。在治水矛盾发生深刻变化、治水思路需要相应调整转变的新形势下,迫切需要进一步传承和弘扬"忠诚、干净、担当,科学、求实、创新"的新时代水利精神,为不断把中国特色水利现代化事业推向前进提供精神支撑。

新时代水利精神在做人层面倡导"忠诚、干净、担当"。

忠诚——水利人的政治品格。水利关系国计民生。在新时代,倡导水利人忠于党、忠于祖国、忠于人民、忠于水利事业,胸怀天下、情系民生,致力于人民对优质水资源、健康水生态、宜居水环境的美好生活向往,承担起新时代水利事业的光荣使命。

干净——水利人的道德底线。上善若水。在新时代,倡导水利人追求至清的品质,从小事做起,从自身做起,自觉抵制各种不正之风,不逾越党纪国法底线,始终保持清白做人、干净做事的形象。

担当——水利人的职责所系。水利是艰苦行业,坚守与担当是水利人特有的品质。在新时代,倡导水利人积极投身水利改革发展主战场,立足本职岗位,履职尽责,攻坚克难,在平凡的岗位上创造不平凡的业绩。

新时代水利精神在做事层面倡导"科学、求实、创新"。

科学——水利事业发展的本质特征。水利是一门古老的科学,治水要有科学的态度。在新时代,倡导水利工作坚持一切从实际出发,尊重经济规律、自然规律、生态规律,坚持按规律办事,不断提高水利工作的科学化、现代化水平。

求实——水利事业发展的作风要求。水利事业不是空谈出来的,是实实在在干出来的。在新时代,倡导水利工作求水利实际之真、务破解难题之实,发扬脚踏实地、真抓实干的作风,察实情、办实事、求实效,以抓铁有痕、踏石留印的韧劲抓落实,一步一个脚印把水利事业推向前进。

创新——水利事业发展的动力源泉。水利实践无止境,水利创新无止境。在新时代,倡导水利工作解放思想、开拓进取,全面推进理念思路创新、体制机制创新、内容形式创新,统筹解决好水灾害频发、水资源短缺、水生态损害、水环境污染的问题,走出一条有中国特色的水利现代化道路。

第四节 水利科技

一、当代中国水利科技前沿

中国规模宏大的水利事业推动着水利科技的发展,并取得了巨大的成就。特别是长江三峡和黄河小浪底等大型水利工程的成功建设,标志着中国已经完全掌握了在各种复杂的环境下建设大型水利水电工程的先进技术。但是,在人口-资源-环境的可持续发展研究领域,特别是在水资源的可持续利用,水生态系统修复和水污染防治,洪涝灾害的预测、预报和预警,以及洪水管理等许多科学领域,与国际先进水平还存在着不同程度的差距,中国的水利科学研究还需要进一步加强。下面对部分水利学科简述其科技前沿。

(一)水文学及水资源

21世纪全球水资源面临的压力和挑战突出表现在:水资源需求量不断增加、可利用水源污染严重、水供给和处理成本越来越昂贵、生态环境的脆弱性等。为了缓解水资源面临的压力,适应现代水利发展的要求,传统水管理观念和方法必须转变和创新,以确保人类系统、社会经济系统和生态环境系统可持续发展。

当前水资源研究的前沿问题是以水资源的可持续利用支撑国民经济和社会的可持续发展为目标,研究水资源形成、可再生性维持机制及时空变化规律,探讨水资源可持续利用的方式和对策。人类活动是引起流域水资源变化最活跃的因素,跟踪历史变化的轨迹,揭示现实变化的情景和成因,预测未来变化的趋势,是对水资源系统实施适度调控的科学基础。为了实现水资源有效开发利用、经济高速增长与良好生态环境的协调发展,需要重点研究水与生态系统相互作用的模式、机制、过程与效应问题,在流域尺度上解决水资源—生态系统—社会经济复合大系统相互作用的定量描述和多维调控,为应用层面上合理确定生态需水量以及合理调控经济用水与生活、生态用水比例提供科技支撑。为了缓解水资源紧缺、洪水资源安全利用、污水资源化利用,以及海水淡化等新型水资源的开发利用,将导致水资源开源方面的转移式发展,从而从根本上开辟解决水资源问题的新途径。要重视水权、水价、水市场的理论研究,促进水资源的合理配置和高效利用。要建立水资源的实时监控系统,实现水资源的合理配置和综合管理。

(二)水生态与水环境

水及其相关生态系统科学的前沿研究可以划分为应用基础、应用技术与方法以及可持续发展相关理论3个方面。

1.应用基础方面

应用基础包括全球气候与生态系统变化、污染物在不同水环境中的迁移转化规律、水体富营养化、生物多样性与水利工程长期生态学效应、河道生态需水量及关键生物生态水力学、河流生态系统健康与水利电力规划的生态环境影响评价、高新技术应用及流域水环境模拟,等等。下面择其一二予以进一步说明。

(1)水利工程长期生态学效应。生态效应的逐渐显现使水利工程的长期生态环境影响受到广泛的高度重视。研究的前沿重点包括:①径流变化对水生态系统及生物多样性的影响;②大坝拦截与调蓄对下游洪泛区生态系统及渔业生态系统的影响;③拦河筑坝导致生态系统扩大的次生环境效应;④流域梯级开发的累积效应;⑤减免水利工程对生态系统影响的措施;⑥失衡生态系统的修复与重建、水利工程对局地生态系统及其功能的长期影响等。以上这些评价所涉及的难点是生态评估的基本方法。

(2)河流生态系统健康与水利电力规划的生态环境影响评价。河流作为一种重要的生态系统,其生态系统的健康越来越受到国际上的广泛重视。目前,研究前沿包括河道萎缩形成和演变机制、河流生态健康评价指标体系、河流生态健康评价的尺度效应等方面。

水利电力规划环境影响评价与河流生态系统健康评价密切相关。未来我国水电工程规划的生态环境影响评价迫切需要从末端单项评价转向源头评价、从微观发展为微观与宏观相结合、从局部发展到局部与整体相结合、从单个要素发展到系统的综合性评价。为此,河流生态系统健康理论、区域开发与规划的生态评价指标体系、区域生态补偿理论、生态服务功能评价方法、自然资源价值核算理论与方法、生态影响评价方法、累积生态影响评价方法以及水资源开发生态环境风险评价方法等成为水利电力规划环境影响评价理论中需重点研究的内容。

(3)高新技术应用及流域水环境模拟。GIS、RS、DEM 等高新技术的持续迅猛发展,使高新技术应用成为长盛不衰的前沿研究内容。目前,相关的热点研究包括信息管理与决策支持系统、数字仿真与可视化、遥感生态监测、虚拟数值模拟等方面。另外,从流域整体出发,动态仿真模拟流域生态系统内各种物理、生物、化学过程及其相互作用成为水环境数值模拟研究的趋势。高新技术的发展,为这种系统的、综合的仿真模拟研究奠定了基础。目前,面污染源过程,生命物质的生长死亡过程,水、沙、污染物及生物的相互作用,以及地表生态系统与地下生态系统的互动关系等的数学描述是开展流域水环境系统仿真模拟研究的技术关键。

2. 应用技术与方法方面

应用技术与方法包括水污染治理技术、失衡生态系统的修复技术以及生态水利工程学的探索等。

(1)水污染治理技术。前沿研究的内容包括低污染负荷废水脱氮除磷技术、藻毒素物质的分子调控降解技术、非点源污染控制技术、重点污染行业难降解有机工业废水污染防治高新技术、危险废物处理处置集成技术、特种废物以及污废水回收利用技术等方面。此外,受污染地下水的治理与恢复技术、受污染水域的自然和人工修复方法也一直是国际前沿的研究课题。

(2)失衡生态系统的修复技术。目前的研究前沿包括健康河流(水域)的指示指标体系、水土资源合理利用、特殊气候条件下的生态修复技术(如生物种类、耐寒性、工艺结构、去除效率等)、富营养化水体的生态修复技术、湿地生态修复技术、物种引入的生态效应、修复工程的维护管理等。

(3)生态水利工程学的探索。传统的水利工程学是以建设工程设施来改造河流和控制水流为手段,达到开发利用水资源的目的。学科的基础是水文学和工程力学等。传统的水利工程理论忽略了河流处于一个完整的生态系统之中的事实,孤立地处理水资源中的水量、水质、水能等水文系统中的问题,忽略了河流生态系统中的动物、植物、微生物与河流生态系统之间的关系。其结果是在给人类带来巨大经济社会利益的同时对于河流生态系统造成不同程度的胁迫。对此反思的结论应该是:水利工程不能仅满足于经济社会需求,还应该兼顾生态系统的健康和可持续需求。传统的水利工程学需要吸收生态学的原理和方法,改善水利工程的规划和设计方法。对于已建工程,研究和开发受损水域生态修复的方法和技术。对于新建工程,研究和开发对于因工程建设造成的河流生态系统胁迫所应采取的补偿工程措施、生物措施和管理措施。

3. 可持续发展相关理论方面

可持续发展相关理论包括流域尺度的可持续发展、水生态环境承载力、水生态环境价值与流域的可持续管理等。

人类社会可持续发展的前提,是经济的外在环境控制在最大发展负荷的承受极限之内,这一极限就是生态环境承载力。对流域水系统而言,水生态及环境承载力可以认为是人类经济活动作用于流域的一个界面,体现了经济活动与水生态系统的相互作用关系,如水资源开发利用活动、水污染排放等与自然水系统的相互影响,而生态环境的承载状况可以反映流域经济与环境协调发展的程度。

科学评价流域的水生态环境承载力,是合理制定水资源开发、利用、保护规划,实现资源环境安全利用的前提和基础。目前,水环境各单要素承载的研究已经取得了一定的进展,主要是从不同学科的角度认识问题的某些方面。

实际上,在水生态环境及经济两大系统中,水既作为资源,又作为环境污染受纳体,既提供生物栖息场所,又服务于社会文化及自然景观等,其功能多种多样,不同功能之间相互影响,难以分割。因此,承载力的研究逐渐走向对生态环境承载的整合研究,将水生态环境视为多要素的复合系统,在各单要素承载研究的基础上,逐渐从系统的层面整体研究水生态环境的复合承载力。

在方法研究方面,定量评价水生态及环境承载力是目前研究的一个重点。定量化研究的切入点基本上是通过建立表征水生态及环境承载状态的指标体系,发展定量评价水生态及环境系统承载状态的方法和模式,依据其承载力是否超过承受极限,判断流域环境与经济是否协调发展,指导控制和调控环境承载的行动方向。

模型方法上,水环境容量的计算模型相对成熟。在此基础上,将水资源量、质统一,并结合生态学,发展以水文物质循环为框架的水环境承载状态分析模型,将各分支学科的模型方法有效地集成,是生态环境承载力模型方法研究的最新趋势。

描述并分析水生态系统与经济系统的关系,使得生态及环境价值化研究成为当前水环境经济领域的前沿课题。现代水利建设及水生态与水环境保护需要从价值观的角度,计量水生态与水环境的功能价值及保护效益,进而实际指导保护和管理的决策。

在价值化定量研究方面,水环境污染的经济损失计量取得了一定进展。从研究成果来看,在目前所有的计量研究中,尚未考虑水污染对水生态及水文影响等的间接损失和长期影响,已计量的价值也受到资料等限制不能完全反映实际的情况。因此,水环境价值及污染损失的计量研究是今后值得深入系统研究的重要方向。

(三)农业节水与农田排水

1. 农业节水

随着全球性水资源供需矛盾的日益加剧,世界各国,特别是发达国家都把发展节水高效农业作为农业可持续发展的重要措施。

目前,国际上现代节水高效农业的应用基础研究、关键技术研究和产品研发领域的发展态势如下:

(1)农业节水研究开始由试验统计向具有较严谨理论体系和定量方法的科学转变，农田生态系统中水分迁移模拟与区域作物需水的定量计算模型得到较好的发展。

(2)水分胁迫对作物的有效性影响及其提高水分生产率的机制已成为当前研究的热点，作物高效用水生理调控与非充分灌溉理论研究不断深入，利用作物生理特性改进水分利用效率(WUE)的研究将会更加引人关注。

(3)作物 WUE 基因工程改良的研究正在世界范围内引起广泛重视，作物抗旱节水相关性状的基因定位、分子标记、基因克隆和转基因研究十分活跃，通过基因工程改良培育高 WUE 型和抗旱节水型作物新品种，将成为农业节水中的一个新的亮点。

(4)农业节水新技术与产品研发速度较快，一批低成本、高效率的新型农业节水设备与制剂正在走向市场并被大面积应用。

(5)灌区水转化与农业水资源持续高效利用研究得到了广泛重视，对农业水资源系统承载力模型、分布式灌区水转化模型、农业与生态用水的科学配置及节水高效和对环境友好的农业用水模式等的研究将会更加活跃。

(6)非常规水将是农业用水中“开源”的主要对象，非常规水资源化及其高效安全利用技术研究十分活跃。

(7)高新技术在农业节水现代化管理中的应用日益广泛，“3S”技术的应用将全面提升农业节水管理的现代化水平，数字渠道、数字灌区的发展将大大促进精准灌溉和农业水资源精准调度的实践。

2. 农田排水

农田排水是通过排除农业土地上的过量水分和盐分，调控地下水位，达到改善土壤水分条件，防止涝渍灾害和土壤盐碱化，提高农作物产量和改造中低产田的一种有效措施。农田排水技术领域中的前沿研究内容有以下几方面：

(1)合理协调防洪与排涝的关系。水库、堤防标准的提高可能导致被保护的两岸地区排水困难，大多数情况下无法自排，增加了除涝的困难。洪涝灾害大多数是同步发生的，机械排涝能力的提高，可能使河道的行洪负担加重，甚至酿成威胁全局的洪水灾害。因此，如何对流域的排涝系统进行统一的规划，合理协调防洪与排涝的关系，解决蓄洪与垦殖的矛盾，提高低洼涝渍地区的除涝排水能力，仍是当前的迫切要求和值得解决的问题。

(2)涝渍盐碱综合防御工程技术体系研究。加强涝渍盐碱综合防御组合排水工程技术模式、组合排水设计技术、动态排水控制指标、组合排水工程运行管理的研究和推广应用，提高对涝渍盐碱灾害的防御能力。

(3)工程措施与非工程措施相结合。为了维持农业的持续发展，一方面要提高农村防洪排涝标准，另一方面要改善传统的治理技术与管理模式，将工程措施与非工程措施、防灾减灾措施紧密结合起来。

(4)基于信息技术的决策支持系统的建立。建立基于 GIS 技术，满足涝渍防御管理需求的决策支持系统。

(5)盐碱地的排水标准与动态控制监测技术。

(6)农田排水水环境影响控制技术及示范管理。

(7)农田排水工程技术的规范化和定型化。

二、水利科技的发展趋势

纵观水利科技近几十年的研究历史与当前的热点动态,水利科技的发展趋势可概括为以下几个方面。

(一)理论上多学科交叉

科学技术的迅速发展,尤其是高新技术的发展与可持续发展理论的提出,大大加强了水利学科与其他学科在理论上的交叉、融合发展,产生了许多新的学科分支,如遥感水文学、同位素水文学、随机水文学、计算水力学、水信息学等。生态水文学、生态水力学、生态水工学等新理论也逐渐得到了完善,并开始在区域水环境规划及治理、河湖等水体修复、大型水利工程建设等实践中得到应用。

(二)方法上多对象、多要素系统分析

在水文循环方面,传统的水文学研究只考虑水量的自然变化,现代水文循环需要考虑地球生物圈、全球变化以及人类活动等方面的影响。由于水的流动与循环,水生态系统和水环境系统在不同时空尺度下进行能量、物质及生物体的循环交换并交互影响,现代水生态和水环境科学研究必须从系统的角度和时空的多尺度出发,从以单要素、小区域分析为主进入多种要素整合分析,全球、流域及区域的系统研究。在防洪减灾方面,从以往的以工程防洪为主,转向工程与非工程措施有机结合,并与经济因素、社会因素相结合进行洪水风险分析。

(三)层次上向宏观与微观两极发展

一方面,将水、土资源结合,从更宏观的角度研究人类所处的生态系统成为水生态与水环境学科未来的发展趋势;另一方面,水生态系统与水环境内在物理、化学、生物基本过程及其相互作用的微观机制研究也将得到加强。在农业节水方面,要用微观尺度的SPAC(土壤-植物-大气系统)水分传输原理解决流域尺度水转化过程的描述问题,有关农田表面的空间变异性、尺度转换等是进一步研究的重点。在大坝破坏分析方面,不仅要进行大坝-水体-地基(围岩)整个结构体系的分析,也要进行细观层次混凝土材料裂纹的产生、扩展机制的分析等。

(四)技术上多种技术有机集成与高新技术应用

水生态与水环境研究逐渐发展成将各专业技术有机集成,形成水生态与水环境综合分析技术系统,在技术应用中突出水生态、水环境与区域及流域经济活动的关系描述。在水力学与河流动力学的研究中,将数值模拟与物理模拟结合起来的“交合模型”,解决了不同尺度研究的衔接,提高了研究的精度。GIS、RS、DEM 等高新技术的发展,在水文、水环境、防洪减灾等领域中不断得到应用,极大地提高了信息丰富度和分析效率,提高了研究成果的决策支持能力。

(五)研究基础越来越依赖于长期连续观测资料的积累与分析

客观上,水文循环、生态系统的演变以及人类活动对它们的影响往是一个长期的渐变过程,揭示人类所面临的一系列水问题所产生的根源与发展规律,需要以长期连续的物

理、生物、化学及经济、社会等方面观测资料为基础。主观上,依照前面各点发展趋势开展研究的一个共同特点是:对各种第一性观测资料要求更加全面、更加综合、更长系列、更高精度,才可能使得科学研究顺利开展,并取得有价值的成果。总之,从实践-理论-实践如此不断地螺旋式上升的研究路线,不但不能被高新技术的发展所取代,反而应得到进一步的加强。

附录 水利工程常用基本概念

为了更好地学习本课程,下面介绍水利工程一些常用的基本概念。

一、水文方面

(一)水文现象

自然界各种水体的存在形态和运动过程称为水文现象。如蒸发、降水、水流的循环过程是水文现象;河流和湖泊中的水位涨落、流量的大小、河流含沙量的大小及输沙的多少、水温冰情变化等也是水文现象。

(二)水文学

研究地球上水的形成、循环、时空分布、化学和物理性质以及水与环境的相互关系,为人类防治水旱灾害,合理开发和有效利用水资源,不断改善人类生存和发展的环境条件,提供科学依据。

(三)水文要素

水文要素是构成某一地点或区域在某一时间的水文情势的主要因素,它描述水文情势的主要物理量,包括各种水文变量和水文现象。降水、蒸发和径流是水文循环的基本要素。同时,把水位、流量、流速、水温、含沙量、冰凌和水质等列为水文要素。流速是指单位时间内水体移动的距离,单位为 m/s;流量是指单位时间内通过某一过水断面的水量,单位为 m^3/s。

(四)降水量

降水量是一定时段内降落到某一点或某一面积上的总水量,用深度表示,单位为 mm。降水持续的时间称为降水历时,以 min、h 或 d 计。单位时间的降水量称为降水强度,以 mm/min 或 mm/h 计。

降雨按降雨强度可分为小雨的、中雨的、大雨和暴雨。中国气象部门规定,24 h 降雨量小于 10 mm 的降雨为小雨,10~24.9 mm 的为中雨,25~49.9 mm 的为大雨,大于或等于 50 mm 而小于 100 mm 的为暴雨,大于或等于 100 mm 而小于 200 mm 的称为大暴雨,大于 200 mm 的称为特大暴雨。

(五)水位

河流或者其他水体的自由水面离某一基面零点以上的高程称为水位。水位的单位是 m,一般要求记至小数点后 2 位,即 0.01 m。水文中常见的特征水位有:

(1)起涨水位。一次洪水过程中,涨水前最低的水位。

(2)洪峰水位。一次洪水过程中出现的最高水位值。

(3)警戒水位。当水位继续上涨达到某一水位,防洪堤可能出现险情,此时防汛护堤人员应加强巡视,严加防守,随时准备投入抢险,这一水位即定为警戒水位。

(4)保证水位。按照防洪堤防设计标准,应保证在此水位时堤防不溃决。有时也把历史最高水位定为保证水位。当水位达到或接近保证水位时,防汛进入紧急状态,防汛部门要按照紧急防汛期的权限,采取各种必要措施,确保堤防等工程的安全,对于可能出现超过保证水位的工程抢护和人员安全做好积极准备。

(六)径流量

径流是指在水文循环过程中,沿流域的不同路径向河流、湖泊、沼泽和海洋汇集的水流。在一定时间内通过河流某一过水断面的水量称为径流量。一个年度内在河槽里流动的水流叫作年径流。年径流可以用年径流总量 $W(m^3)$、年平均流量 $Q(m^3/s)$、年径流深 $R(mm)$等表示。

(七)洪水

洪水是暴雨或融雪等引起的,使水库、河流水量迅猛增加,水位急剧上升的自然现象。

洪峰:最大洪水叫洪峰,对应水位叫洪峰水位。

洪水总量:一次暴雨产生的径流量。

重现期:洪水变量大于或等于一定数值,在很长时间内平均多少年出现一次的概率,又称洪水频率。如 100 年一遇是在很长时间内平均每 100 年出现一次的洪水的可能性,但不能理解成恰好每隔 100 年一次。

(八)河流泥沙

河流泥沙是指河流中随水流输移或在河床上发生冲淤的岩土颗粒物质。根据其运动情况,可将泥沙分为推移质、跃移质和悬移质。由于跃移质是推移质和悬移质间的过渡情况,因此有时将其合并在推移质中而分为两种。悬移质泥沙是指受水流的紊动作用悬浮于水中并随水流移动的泥沙。推移质泥沙是指受水流拖曳力作用沿河床滚动、滑动、跳跃或层移的泥沙。

(九)河流、水系及流域

1. 水系

河流是指陆地表面宣泄水流的通道,是溪、川、江、河的总称。水系(河系):由河流的干流和各级支流,流域内的湖泊、沼泽或地下暗河形成彼此连接的一个系统。流域是地表水和地下水的分水线所包围的集水区域或汇水区,习惯上是指地表水的集水区域。

2. 河流分段

每条河流一般都可分为河源、上游、中游、下游、河口等五个分段。

(1)河源:河流开始的地方,可以是溪涧、泉水、冰川、沼泽或湖泊等。

(2)上游:直接连着河源,在河流的上段,它的特点是落差大、水流急、下切力强、河谷狭窄、流量小,河床中经常出现急滩和瀑布。

(3)中游:一般特点是河道比降变缓,河床比较稳定,下切力量减弱而旁蚀力量增强,因此河槽逐渐拓宽和曲折,两岸有滩地出现。

(4)下游:特点是河床宽,纵比降小,流速慢,河道中淤积作用较显著,浅滩到处可见,河曲发育。

(5)河口:河口是河流的终点,也是河流注入海洋、湖泊或其他河流的入口,泥沙淤积比较严重,从而形成三角形沙洲,称为三角洲。

3. 河流的几个规定

流域面积:流域分水线与河口断面之间所包围的平面面积。

左右岸:假设人站在河中,面向下游,左手边为左岸,右手边为右岸。

堤内与堤外:以河流的大堤为界,河水一侧为堤内,农田、村庄一侧为堤外。

(十)水环境

水环境是指自然界中水的形成、分布和转化所处空间的环境。是指围绕人群空间及可直接或间接影响人类生活和发展的水体,其正常功能的各种自然因素和有关的社会因素的总体。水环境主要由地表水环境和地下水环境两部分组成。

(十一)水生态

水生态是指环境水因子对生物(包括动物、植物、微生物等)的影响和生物对各种水分条件的适应。生命起源于水中,水又是一切生物的重要组分。生物体不断地与环境进行水分交换,环境中水的质(盐度)和量是决定生物分布、种的组成和数量,以及生活方式的重要因素。

(十二)水质

水质是水体质量的简称。它标志着水体的物理(如温度、色度、浊度、透明度、嗅味等)、化学(无机物和有机物的含量)、生物(细菌总数、大肠菌群、藻类等)和放射性指标(总 α 射线、总 β 射线、铀、镭、钍等)的特性及其组成的状况。为评价水体质量的状况,规定了一系列水质参数和水质标准。如《生活饮用水卫生标准》(GB 5749—2022)、《地表水环境质量标准》(GB 3838—2002)、《农田灌溉水质标准》(GB 5084—2021)等。

(十三)水污染

水污染指污染物进入水体,使水质恶化,降低水的功能及其使用价值的现象。水污染主要是由人类活动产生的污染物造成的,它包括工业污染源、农业污染源和生活污染源三大部分。

二、工程测量方面

(一)高程

地面点到高度起算面的垂直距离称为高程。黄海多年平均海平面,是我国的地面高度起算面,称为 1985 国家高程基准。

(二)比例尺

比例尺是表示图上一条线段的长度与地面相应线段的实际长度之比。公式为:比例尺=图上距离/实际距离。比例尺有三种表示方法:数值比例尺、图示比例尺和文字比例尺。数值比例尺是用数字的比例式或分数式表示比例尺的大小,如 1:500 或写成 1/500;图示比例尺是在图上画一条线段,并注明图上 1 cm 所代表的实际距离;文字比例尺是在图上用文字直接写出图上 1 cm 代表实地距离多少米,如:图上 1 cm 相当于地面距离 500 m,或五万分之一。

(三)地形

地形是地物和地貌的统称。地物是地面上各种人为的或天然的固定物体,如河渠、房屋、道路等。地貌是指地表面倾斜缓急、高低起伏的形状,如山头、洼地、山谷等。

(四)等高线

等高线指的是地形图上高程相等的相邻各点所连成的闭合曲线。

把地面上海拔相同的点连成的闭合曲线,并垂直投影到一个水平面上,并按比例缩绘在图纸上,就得到等高线,见附图1。等高线也可以看作是不同海拔的水平面与实际地面的交线,所以等高线是闭合曲线。

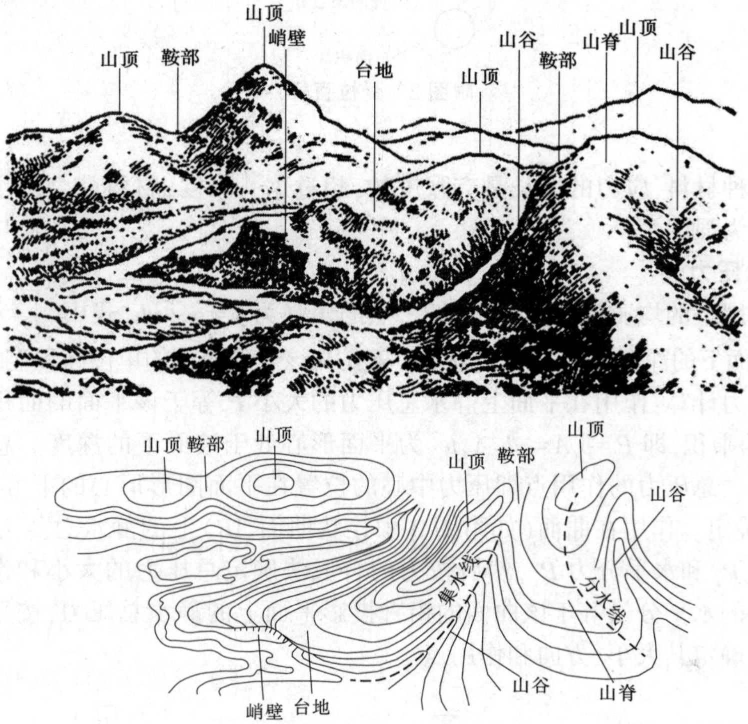

附图1 地形与等高线

三、力学与结构方面

(一)荷载

荷载是指使结构或构件产生内力和变形的外力及其他因素,习惯上指施加在工程结构上使工程结构或构件产生效应的各种直接作用,常见的有结构自重、静水压力、动水压力、泥沙压力、浪压力、冰压力、地震荷载、风荷载等。

(二)应力与应变

物体由于外因(受力、温度变化等)而变形时,在物体内各部分之间产生相互作用的内力,以抵抗这种外因的作用。在所考察的截面某一点单位面积上的内力称为应力。与截面垂直的称为正应力或法向应力,同截面相切的称为剪应力或切应力。应力大小与外力成正比。物体在外力的作用下产生变形时,物体内各点处变形程度一般并不相同,用以描述一点处变形的程度的力学量称为该点的应变。

例:如附图2所示,对于一根长度为L、横截面面积为A的直杆来说,在轴向拉力F作用下伸长了ΔL,则其轴向应力为:$\sigma = F/A$,轴向应变为$\varepsilon = \Delta L/L$。受拉杆在弹性变形阶段,应力 σ 和应变 ε 之间的关系为 $\sigma=E\varepsilon$,其中 E 为弹性模量,是弹性材料的一种最重要、最具特征的力学性质,是物体弹性变形难易程度的表征,用 E 表示。E 定义为理想材料有小形变时应力与相应的应变之比。

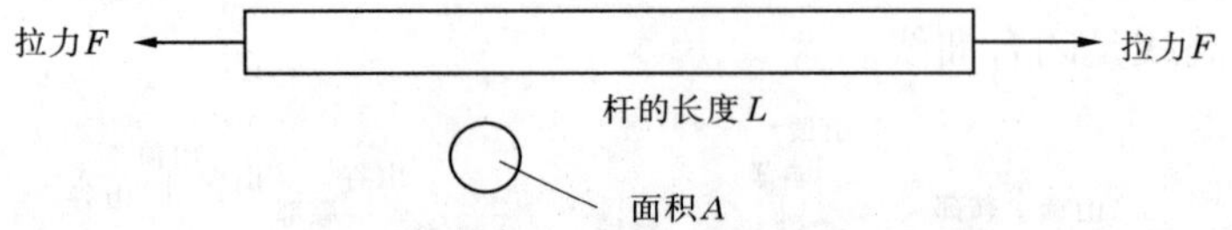

附图 2　受拉直杆

(三)强度

对于某一种材料,应力的增长是有限度的,超过这一限度,材料就会发生破坏。破坏时的应力值称为强度。

(四)静水压力

在重力作用下的均质静止液体中,任一点的压强为 $p=p_0+\gamma h$,式中,p_0 为液面压强,h 为该点处于液面下的深度,γ 为液体容重,γh 就是从该点到液面的单位面积上的液柱重量。

静水总压力计算:作用在平面上静水总压力的大小 P 等于该平面的面积 A 与其形心处的压强 p_c 的乘积,即 $P=p_cA=\gamma h_cA$,h_c 为平面形心处于液面下的深度。总压力的方向垂直于作用面。总压力的作用点即压力中心的位置在平面图形形心的下方,二者间的距离,可由计算确定。作用在曲面(如附图 3 中柱状曲面 AB)上的静水总压力 P 可分别计算其铅直分力 P_z 和水平分力 P_x,然后按力的合成法确定总压力的大小和作用点。曲面上静水总压力的水平分量等于该曲面的铅直投影平面上的静水总压力,按平面静水总压力的计算方法确定其大小、方向和作用点。

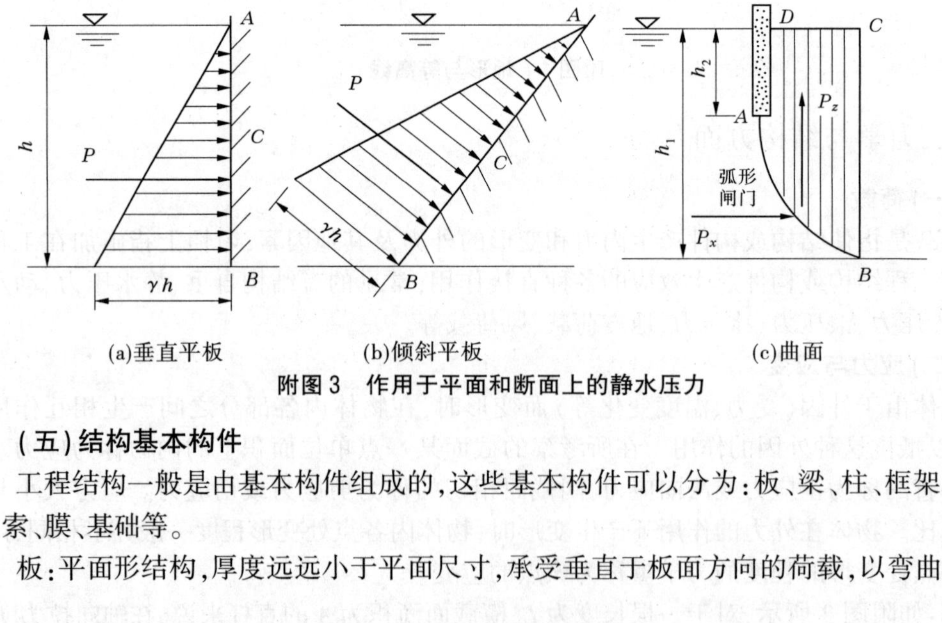

附图 3　作用于平面和断面上的静水压力

(五)结构基本构件

工程结构一般是由基本构件组成的,这些基本构件可以分为:板、梁、柱、框架、桁架、拱、索、膜、基础等。

板:平面形结构,厚度远远小于平面尺寸,承受垂直于板面方向的荷载,以弯曲变形为主。

梁:线形结构,其截面尺寸远远小于其长度,承受垂直于其纵轴方向的荷载,其变形主要是弯曲变形和剪切变形。

柱:线形结构,其截面尺寸远远小于其长度,承受平行于其纵轴方向的荷载,以压缩变形为主,偏心受压时也会发生弯曲变形。

墙:平面结构,厚度远小于墙面尺寸,承受平行于及垂直于墙面方向的荷载,以压缩变形为主,有时也发生弯曲变形和剪切变形。

杆:线形结构,其截面尺寸远远小于其长度,承受与其长度方向一致的轴力(拉伸或压缩),多用于组成桁架或网架或用于单独承受拉力的杆件。

拱:曲线结构,截面尺寸远小于其弧长尺寸,承受沿其纵轴平面内荷载的曲线形构件,以压缩变形为主,也发生弯曲变形和剪切变形。

壳:一种曲面形且具有很好空间传力性能的构件,能以极小厚度覆盖大跨度空间,以受压缩为主。

索:柔性线形结构(分直线形或曲线形),一般承受拉力。

膜:一种用薄膜材料(如玻璃纤维布、塑料薄膜)制成的构件,能受拉。

框架:框架结构是指由梁和柱以钢筋相连接而成的结构,即由梁和柱组成框架共同抵抗使用过程中出现的荷载。

桁架:由杆件通过焊接、铆接或螺栓连接而成的支撑横梁结构,是格构化的一种梁式结构。桁架结构常用于大跨度的厂房、展览馆、体育馆和桥梁等公共建筑中。

四、建筑材料方面

建筑材料是工程建筑中使用的材料的统称,可分为结构材料、装饰材料和某些专用材料。结构材料包括木材、竹材、石材、水泥、混凝土、金属、砖瓦、陶瓷、玻璃、工程塑料、复合材料、土工合成材料等。

(一)建筑材料的基本性质

(1)密实度:材料体积内被固体物质所充实的程度。

(2)孔隙率:材料中孔隙体积与材料总体积的比值,常用百分数表示。

(3)孔隙比:材料中孔隙体积与固体颗粒体积的比值。

(4)亲水性与憎水性:能否被水浸润。

(5)吸水性:材料吸水饱和时吸收水分的体积占干燥材料自然体积之比。

(6)耐水性:指材料抵抗水破坏的能力。

(7)抗渗性:材料抵抗压力水渗透的性质称为抗渗性(或称不透水性)。

(8)抗冻性:是指材料在含水状态下能经受多次冻融循环作用而不破坏,强度也不显著降低的性质。

(二)混凝土

1. 混凝土的分类

混凝土简称为“砼”,是指由胶凝材料将骨料胶结成整体的工程复合材料的统称。通常讲的混凝土是指用水泥作为胶凝材料,砂、石作为骨料,与水(可含外加剂和掺和料)按一定比例配合,经搅拌而得的水泥混凝土,也称普通混凝土,它广泛应用于各类建筑工程。

混凝土的骨料一般为砂和石。砂称为细骨料,其粒径为 0.15~4.75 mm;石称为粗骨料,其粒径大于4.75 mm。

混凝土有多种分类方法,最常见的有以下几种:

(1)按使用功能。分为结构混凝土、保温混凝土、装饰混凝土、防水混凝土、耐火混凝土、水工混凝土、海工混凝土、道路混凝土、防辐射混凝土等。

(2)按施工工艺。分为离心混凝土、真空混凝土、灌浆混凝土、喷射混凝土、碾压混凝土、挤压混凝土、泵送混凝土等。

(3)按配筋方式。分为素(无筋)混凝土、钢筋混凝土、钢丝网水泥、纤维混凝土、预应力混凝土等。

(4)按掺和料分类。为了改善混凝土性能,节约用水,调节混凝土强度等级,在混凝土拌和时掺入天然的或人工的粉状矿物质,称为掺和料。混凝土按掺和料可分为粉煤灰混凝土、硅灰混凝土、矿渣混凝土、纤维混凝土等。

另外,按每立方米水泥用量又可分为贫混凝土(水泥用量不超过170 kg)和富混凝土(水泥用量不小于230 kg)等。

2.混凝土的强度

混凝土的强度是混凝土硬化后的最重要的力学性能,是指混凝土抵抗压、拉、弯、剪等应力的能力。水灰比、水泥品种和用量、骨料的品种和用量,以及搅拌、成型、养护,都直接影响混凝土的强度。

混凝土按标准抗压强度(以边长为150 mm的立方体为标准试件,在标准养护条件下养护28 d,按照标准试验方法测得的具有95%保证率的立方体抗压强度)划分强度等级。根据《水工混凝土结构设计规范》(SL 191—2008),水利工程中常用的混凝土可分为C15、C20、C25、C30、C35、C40、C45、C50、C55、C60共10个强度设计等级。混凝土的抗拉强度仅为其抗压强度的1/10~1/20。水工建筑中常因工程量巨大,混凝土浇筑后经过较长时期后才承受设计荷载,所以在设计时也可以根据开始承受荷载和投入正常运行的时间,采用60 d或90 d龄期的后期抗压强度。

3.混凝土的外加剂

减水剂:增加流动性、减少水泥用量,密实度提高,提高抗渗、抗冻、抗化学腐蚀及抗锈蚀等能力,改善混凝土的耐久性。

早强剂:加速混凝土早期强度发展的外加剂。

引气剂:改善混凝土拌和物的和易性,显著提高抗渗性、抗冻性,但混凝土强度略有降低。

缓凝剂:延缓混凝土凝结时间。

防冻剂:降低混凝土冰点。

速凝剂:使混凝土迅速凝结硬化。

膨胀剂:提高混凝土的抗渗性和抗裂性。

(三)钢材

钢材是工程建设必不可少的重要物资,应用广泛、品种繁多,根据断面形状的不同,钢材一般分为型材、板材、管材和金属制品四大类。其主要力学指标包括:

(1)强度:钢材在静拉伸条件下的最大承载能力,它反映了材料的抗断裂抗力,单位为 MPa。

(2)塑性:对大多数的工程材料,当其应力低于比例极限(弹性极限)时,应力-应变关系是线性的,表现为弹性行为,也就是说,当载荷卸除以后,其应变也会完全消失。而应力超过弹性极限后,发生的变形包括弹性变形和塑性变形两部分,塑性变形不可逆。塑性越好,越不容易发生脆性断裂,受力过程中,应力和内力重分布就越充分,设计就越安全,破坏前的预兆越明显。

(3)冷弯性能:常温下钢材承受弯曲加工变形的能力。

(4)韧性:钢材在冲击荷载作用下,变形和断裂过程中吸收机械能的能力。

(四)土工合成材料

土工合成材料作为一种新型工程材料,它是以人工合成的聚合物(如塑料、化纤、合成橡胶等)为原料,制成各种类型的产品,置于土体内部、表面或各种土体之间,发挥加强或保护土体的作用。土工合成材料主要有土工织物、土工膜、土工格栅、土工格室和土工模袋等。

(1)土工织物。也叫土工布,是一种透水材料,分为织造(机织)型土工织物和非织造型土工织物。织造型土工织物又称有纺土工织物,采用机器编制工艺制造而成。非织造型土工织物又称无纺土工织物,通过黏合工艺加工而成,具有强度高、耐腐蚀、无方向性、渗透性强等特点。

(2)土工膜。是一种人工合成材料。它是聚乙烯或聚氯乙烯、聚丙烯等高分子材料,加入增塑剂、防老化剂及其他填充材料,经喷塑或压延形成,是坝、闸理想的防渗材料。

(3)土工格栅。由抗拉条带单元结合形成的有规则网格形式的加筋土工合成材料,其开孔可容填筑料嵌入。

(4)土工格室。由土工格栅、土工织物或具有一定厚度的土工膜形成的条带通过结合相互连接后构成的蜂窝状或网格状三维结构材料。用于软弱地基、沙漠固沙和护坡等。

(5)土工模袋。由双层的有纺土工织物缝制的带有格状空腔的袋状结构材料。充填混凝土或水泥砂浆等凝结后形成防护板块体。

(6)土工网垫。由热塑性树脂制成的三维结构,也称三维植被网。其底部为基础层,上覆泡状膨松网包,包内填沃土和草籽,供植物生长。

五、工程地质

(一)断层

断层指地壳受力发生断裂,沿破裂面两侧岩块发生显著相对位移的构造。断层的规模大小不等,大者沿走向延长可达上千米,向下可切穿地壳,通常由许多断层组成的,称为断裂带;小者长以厘米计。断层是岩层或岩体顺破裂面发生明显位移的构造,断层在地壳中广泛发育,是地壳的最重要构造之一。在地貌上,大的断层常常形成裂谷和陡崖,如著名的东非大裂谷、中国华山北坡大断崖。沿断裂面往往发育成泉水湖泊。断层处不宜兴建大坝等大型工程,易诱发滑坡等地质灾害。

(二)节理

节理也称为裂隙,是岩体受力断裂后两侧岩块没有显著位移的小型断裂构造。节理是很常见的一种构造地质现象,就是在岩石露头上所见的裂缝,或称岩石的裂缝。这是由于岩石受力而出现的裂隙,但裂开面的两侧没有发生明显的(眼睛能看清楚的)位移,在岩石露头上,到处都能见到节理。节理的发育程度和走向、倾角等对水工建筑物的稳定有一定影响。

(三)风化

风化指使岩石发生破坏和改变的各种物理、化学和生物作用。一般可定义为在地表或接近地表的常温条件下,岩石在原地发生的崩解或蚀变。崩解和蚀变的区别反映了物理作用和化学作用的差异。物理作用涉及岩石破碎而不涉及造岩矿物的任何分解。相反,化学作用则意味着一种或多种矿物的蚀变。风化作用产生在结构或成分上不同于母岩的表层物质。一般来说,水工建筑物不宜建在强风化层上。

(四)地震震级和烈度

地震是地壳快速释放能量过程中造成的震动,地震期间地震波向四面八方传播。

震级是地震大小的一种度量,根据地震释放能量的多少来划分,用"级"来表示。地震震级是衡量地震本身大小的尺度,由地震所释放出来的能量大小来决定。释放出的能量愈大,则震级愈高。地震释放的能量大小,是通过地震仪记录的震波最大振幅来确定的。

同样大小的地震,造成的破坏不一定相同;同一次地震,在不同的地方造成的破坏也不同。而地震烈度就是表示地震破坏程度的一个指标。影响地震烈度的因素有震级、震源深度、距震源的远近、地面状况和地层构造等。一般情况下仅就烈度和震源、震级间的关系来说,震级越大震源越浅、烈度也越大。一般震中区的破坏最重,烈度最高,这个烈度称为震中烈度。从震中向四周扩展,地震烈度逐渐减小。所以,一次地震只有一个震级,但它所造成的破坏在不同的地区是不同的。

六、土力学

(一)土的组成

水利工程建筑在很多情况下要利用土作为承载结构,尤其是在基础工程中。一般来说,工程中所说的土是指土体,由岩石风化而来,是由固体(土的颗粒)、液体和气体材料组成的。当土中的空隙全部被水充满时,称为饱和土。土颗粒的粒径大小不同,粒径大小及其粒径分布会影响到土体的工程性质。

(二)土的颗粒级配

土中各粒组的相对百分含量,通常用各粒组占土粒总质量(干土质量)的百分数表示,称为土的粒度成分,一般用颗粒级配累积曲线表示土颗粒的分布情况。土粒质量累计百分数为10%时,相应的粒径称为有效粒径 d_{10};小于某粒径的土粒质量累计百分数为30%时的粒径用 d_{30} 表示;当小于某粒径的土粒质量累计百分数为60%时,该粒径称为限定粒径 d_{60}。根据《岩土工程勘察规范》(GB 50021—2001)的规定,粒径>2 mm 的质量超过50%的称为碎石土;粒径>2 mm 的质量小于50%而粒径>0. 075 mm 的质量超过50%的称为砂土;粒径>0. 075 mm 的质量小于50%且塑性指数不超过10 的定为粉土;塑性指数大于1 的为黏性土。碎石土、砂土和粉土又称为无黏性土。

(三)土中的应力

土体在其自重作用下,土体内部存在一定的应力,称为土体的天然应力或初始应力。土体中的天然应力可分解为铅直应力 σ_v 与水平应力 σ_h。天然铅直应力 σ_v 通常用土体天然容重 γ 与埋藏深度 h 的乘积 γ_h 估算;天然水平应力 σ_y 通常用侧压力系数 K_0 与天然铅直应力 σ_v 估算。

(四)土的强度

土的强度指土在外力作用下达到屈服或破坏时的极限应力。由于剪应力对土的破坏起控制作用,所以土的强度通常是指它的抗剪强度。土的抗剪强度一般用摩尔-库仑强度准则表示,在一定应力范围内,抗剪强度计算式为 $\tau_f = c + \sigma\tan\varphi$,其中 c 表示土的黏聚力,σ 为土剪切面上的法向应力,φ 为土的内摩擦角,c 和 φ 用试验方法确定。

(五)土的渗透性

土的渗透性一般是指水通过土中孔隙流动的现象,是土的主要力学性质之一。一般用渗透系数作为表征土的渗透性指标。砂土的渗流基本服从达西定律,即渗流速度 $v = ki$,k 为渗透系数,i 为渗透坡降。黏性土中渗流的达西定律表达形式为:$v = k(i - i_0)$,i_0 为起始水力坡降。

(六)土体的稳定

当土体受到荷载作用后,土体内各点产生应力,可将其分解为法向应力和剪应力。若某点剪应力达到该点的抗剪强度,土体即沿着剪应力作用方向产生相对滑动。如荷载继续增加,则剪应力达到抗剪强度的区域愈来愈大,最后形成连续的滑动面,使一部分土体相对另一部分土体产生滑动,使整个土体强度破坏而失稳。

七、标准、技术规范、规程等

“标准文件”是个广义的术语。标准是在一定的范围内获得最佳秩序,对活动或其结果规定共同的和重复使用的规则、导则或特性的文件。该文件经协商一致制定并经一个公认机构的批准,以特定形式发布,作为共同遵守的准则和依据。

按照适用范围,我国的标准可分为国家标准(代号为 GB)、行业标准[适用于全国某个行业,如水利行业(代号为 SL)]、地方标准(代号为 DB)、团体标准(代号为 T)、企业标准(代号为 Q)。国家标准分为强制性标准、推荐性标准,行业标准、地方标准是推荐性标准。强制性标准必须执行。国家鼓励采用推荐性标准。

按照标准化对象可以将标准划分为产品标准、过程标准和服务标准等。

按照标准内容的功能可以将标准划分为术语标准、符号标准、分类标准、试验标准、规范标准、规程标准等。

按照标准的性质可以分为强制性标准(代号 GB、SL、NY 等)、推荐性标准(代号 GB/T、SL/T、NY/T 等)、指导性技术文件(代号 GB/Z、SL/Z、NY/Z 等)。标准名称由标准对象名称、标准用途和特征名三部分组成。

示例:

“《堤防工程设计规范》(GB 50286—2013)”为国家强制性标准,其中“堤防工程设计规范”为标准名称(“堤防工程”为标准对象,“设计”为标准用途,“规范”为特征名),

“GB” 为标准代号，“50286”为顺序号，“2013” 为发布年份。

“《灌溉与排水工程技术管理规程》（SL/T 246—2019）”为水利行业推荐性标准，其中“灌溉与排水工程技术管理规程”为标准名称（“灌溉与排水工程”为标准对象，“技术管理”为标准用途，“规程”为特征名），“SL/T”为标准代号，“246”为顺序号，“2019”为发布年份。

参考文献

[1] 杨邦柱,郭振宇. 中国水利概论[M]. 2版. 郑州:黄河水利出版社,2009.
[2] 武汉水利电力学院《中国水利史稿》编写组. 中国水利史稿[M]. 北京:水利电力出版社,1987.
[3] 顾浩. 中国治水史鉴[M]. 北京:中国水利水电出版社,1997.
[4] 冯焱. 海河卷[M]. 北京:水利电力出版社,1993.
[5] 中国农业百科全书编委会. 中国农业百科全书·水利卷[M]. 北京:中国农业出版社,1986.
[6] 中国水利年鉴编委会. 中国水利年鉴[M]. 北京:水利电力出版社,1991.
[7] 中国科学院自然地理编委会. 中国自然地理[M]. 北京:科学出版社,1985.
[8] 方子云. 水资源保护工作手册[M]. 南京:河海大学出版社,1988.
[9] 成松林. 我国的河流[M]. 北京:科学出版社,1983.
[10] 张含英. 明清治河概论[M]. 北京:水利电力出版社,1986.
[11] 邹宝山,等. 京杭运河治理与开发[M]. 北京:水利电力出版社,1990.
[12] 游琪. 中国水利概论[M]. 北京:中国水利水电出版社,1999.
[13] 郭学莽,温新丽,苏万益,等. 中国水利概论[M]. 郑州:黄河水利出版社,1999.
[14] 水利部建设司. 千秋伟业——当代中国大型水利工程建设[M]. 北京:中国水利水电出版社,1998.
[15] 水利部国际合作与科技司. 中国节水农业问题论文集[C]. 北京:中国水利水电出版社,1999.
[16]《水利辉煌50年》编纂委员会. 水利辉煌50年[M]. 北京:中国水利水电出版社,1999.
[17] 朱道清. 中国水系大辞典[M]. 青岛:青岛出版社,1993.
[18] 中国水利百科全书编委会. 中国水利百科全书[M]. 2版. 北京:中国水利水电出版社,2006.
[19] 彭程. 21世纪中国水电工程[M]. 北京:中国水利水电出版社,2006.
[20] 左其亭,窦明,吴泽宁,等. 水资源规划与管理[M]. 2版. 北京:中国水利水电出版社,2014.
[21] 黄河水利委员会. 世纪黄河[M]. 郑州:黄河水利出版社,2001.
[22] 富曾慈. 中国水利百科全书·防洪分册[M]. 北京:中国水利水电出版社,2004.
[23] 史立山. 中国水电建设管理实践与探索[M]. 北京:中国电力出版社,2013.
[24] 中华人民共和国水利部. 2014中国水利统计年鉴[M]. 北京:中国水利水电出版社,2014.
[25] 孙开畅. 流域治理工程概论[M]. 北京:中国水利水电出版社,2011.
[26] 赵纯厚,朱振宏,周端庄. 世界江河与大坝[M]. 北京:中国水利水电出版社,2000.